电子通信行业职业技能等级认定指导丛书

信息通信网络线务员
（技师、高级技师）指导教程

工业和信息化部教育与考试中心　组　编

王跃生　主　编

林士波　王军枫　副主编

李　淼　王建国　杨　晶　参　编

电子工业出版社
Publishing House of Electronics Industry
北京·BEIJING

内 容 简 介

本书依据《国家职业技能标准——信息通信网络线务员》，详细介绍了信息通信网络线务员（技师、高级技师）应具备的理论知识、实际操作技能、培训与管理知识。重点讲述了光缆施工与维护、电缆施工与维护、天馈线施工与维护、杆线施工与维护、管道敷设与维护、楼宇布线与维护方面的操作技能，简要介绍了工程验收、通信建设工程概预算、管理与培训方面的内容。

本书可作为信息通信网络线务员（技师、高级技师）的职业技能培训教材，也可作为通信行业工程技术人员和管理人员的技术参考书。

未经许可，不得以任何方式复制或抄袭本书之部分或全部内容。
版权所有，侵权必究。

图书在版编目（CIP）数据

信息通信网络线务员（技师、高级技师）指导教程 / 工业和信息化部教育与考试中心组编. —北京：电子工业出版社，2021.12

ISBN 978-7-121-42509-7

Ⅰ. ①信… Ⅱ. ①工… Ⅲ. ①计算机通信网—教材 Ⅳ. ①TN915

中国版本图书馆 CIP 数据核字（2021）第 263501 号

责任编辑：蒲　玥　　　特约编辑：田学清
印　　刷：北京盛通数码印刷有限公司
装　　订：北京盛通数码印刷有限公司
出版发行：电子工业出版社
　　　　　北京市海淀区万寿路 173 信箱　　　邮编：100036
开　　本：787×1092　1/16　印张：13.75　字数：352 千字
版　　次：2021 年 12 月第 1 版
印　　次：2025 年 4 月第 3 次印刷
定　　价：52.00 元

凡所购买电子工业出版社图书有缺损问题，请向购买书店调换。若书店售缺，请与本社发行部联系，联系及邮购电话：（010）88254888，88258888。
质量投诉请发邮件至 zlts@phei.com.cn，盗版侵权举报请发邮件到 dbqq@phei.com.cn。
本书咨询联系方式：（010）88254485，puyue@phei.com.cn。

前　言

2020年，我国正式进入5G时代，人们的生活也因这一时刻的到来而发生翻天覆地的变化。处于国际5G发展第一梯队的中国通信行业，正在全力以赴为中国从网络大国成为网络强国而奋进。建设网络强国，人才是第一资源。

为适应新一代信息通信技术发展对技术人才、技能人才提出的新要求，进一步引领技能人才培养模式，夯实人才培养基础。工业和信息化部教育与考试中心组织专家以工业和信息化部、人力资源和社会保障部发布的通信行业相关职业标准为依据，紧密结合我国通信行业技术技能发展现状，编写了这套通信行业职业技能等级认定指导图书。

本套图书内容包括信息通信网络机务员、信息通信网络线务员、信息通信网络运行管理员、信息通信网络终端维修员四个职业。

本套图书按照国家职业技能标准规定的职业层级，分级别编写职业技能相关知识内容，力求通俗易懂、深入浅出、灵活实用地让读者掌握本职业的主要技术技能要求，以满足企业技术技能人才培养与评价工作的需要。

本套图书的编写团队主要由企业一线的专业技术人员及长期从事职业技能等级认定工作的院校骨干教师组成，确保图书内容能在职业技能、工艺技术及专业知识等方面得到最佳组合，并突出技能人员培养与评价的特殊需求。

本套图书适用于通信行业职业技能等级认定工作，也可作为通信行业企业岗位培训教材以及职业院校、技工院校通信类专业的教学用书。

参加本书编写的有：李淼（第1章）、王军枫（第2章）、林士波（第3、4、6章）、王建国（第5章）、杨晶（第7、8章）、王跃生（第9章）。本书的编写过程中还得到中国联合网络通信集团有限公司辽宁省分公司、大连市分公司，辽宁邮电规划设计院有限公司，沈阳市电信规划设计院股份有限公司，辽宁省通信管理局等有关单位领导和专家的支持。

限于编者的水平以及受时间等外部条件影响，书中难免存在疏漏之处，恳请使用本书的学校、企业、培训机构及读者批评指正。

工业和信息化部教育与考试中心

目　录

第1章　光缆施工与维护 1
1.1　光缆测试 1
1.1.1　光缆的测试类型和项目 1
1.1.2　光纤损耗特性的测试方法 2
1.1.3　光纤色散特性的测试方法 3
1.1.4　常用仪器仪表 8
1.2　光缆接续 19
1.2.1　光缆接续的内容、步骤及方法 19
1.2.2　光缆的分歧接续 22
1.2.3　光缆接头盒安装和封装方法 22
1.2.4　光缆成端 26
1.3　光缆线路障碍 27
1.3.1　光缆线路障碍种类及定位 27
1.3.2　光缆线路障碍产生的原因 28
1.3.3　光缆线路障碍定位方法 29
1.3.4　光缆线路障碍的统计、计算与查修方法 30
1.3.5　光缆线路障碍抢修步骤 30
1.3.6　光缆线路障碍处理方法 32
1.3.7　光缆线路障碍处理记录 37
1.4　方案制订 37
1.4.1　光缆通信工程基本规范 37
1.4.2　光缆网的设计 41
1.4.3　光缆施工图分析 50

第2章　电缆施工与维护 55
2.1　电缆线路基础知识 55
2.1.1　电缆线路的传输指标 55
2.1.2　电缆配线方式 55
2.1.3　线路勘测的基本要点 59
2.1.4　常用的勘测工具及使用方法 61
2.2　工程施工 63
2.2.1　施工组织计划的编制 63
2.2.2　配线电缆网的调改方案 65
2.2.3　新（扩）建电缆的割接方案 68

2.3 制订施工方案 72
　　2.3.1 制订通信电缆线路工程施工方案的原则 72
　　2.3.2 制订通信电缆线路工程施工方案的步骤 72
2.4 工程验收 75
　　2.4.1 线路复测 75
　　2.4.2 电缆电气特性的测试验收 75
　　2.4.3 电缆敷设施工工艺、质量验收要点 76
　　2.4.4 竣工资料审核 80
　　2.4.5 通信电缆线路工程验收 80

第 3 章　天馈线施工与维护 82
3.1 天线的分类 82
　　3.1.1 基本天线单元 82
　　3.1.2 线状天线 82
　　3.1.3 面天线 83
3.2 微波天线的安装 84
3.3 卫星地球站天线 84
3.4 天馈线系统测试 85
　　3.4.1 移动通信基站天馈线测试 85
　　3.4.2 微波天馈线系统测试 85
　　3.4.3 卫星地球站天馈线系统测试 86
3.5 波导馈线密闭性试验 86
　　3.5.1 试验方法 86
　　3.5.2 术语和符号定义 86
　　3.5.3 试验步骤 87
　　3.5.4 优先选用的试验条件 87
　　3.5.5 有关标准应规定的细则 87
　　3.5.6 馈线接头测试 88
3.6 接地系统 92
　　3.6.1 地阻仪 92
　　3.6.2 接地系统的检查 94
3.7 天馈线维护 94
　　3.7.1 天馈线维护实施 94
　　3.7.2 天馈线维护中重大事故隐患及处理流程 95

第 4 章　杆线施工与维护 96
4.1 更换电杆 96
　　4.1.1 更换普通杆 96
　　4.1.2 更换角杆 96
4.2 假终结 96
4.3 其他类型吊线的安装 97

  4.3.1 分歧吊线 97
  4.3.2 丁字结 97
  4.3.3 十字结 98
  4.3.4 长杆挡吊线 99
 4.4 吊线辅助装置 99
  4.4.1 吊线仰/俯角辅助装置 99
  4.4.2 角杆加装辅助装置 100
 4.5 架空线路防护 101
  4.5.1 架空线路防强电 101
  4.5.2 架空线路防雷 101
  4.5.3 电杆装置避雷线 101
  4.5.4 吊线接地 104
 4.6 杆路定位测量 105
  4.6.1 电杆测量定位 105
  4.6.2 角杆角深测量 106
  4.6.3 拉线定位 107
  4.6.4 飞线杆间距测量 109
 4.7 杆路图识图 110
  4.7.1 架空杆路图图例 110
  4.7.2 架空杆路图 111
  4.7.3 吊线垂度调整 113
第 5 章 管道敷设与维护 116
 5.1 工程设计 116
  5.1.1 通信管道管孔容量的确定 116
  5.1.2 管材选择 116
  5.1.3 通信管道的埋设深度 117
  5.1.4 通信管道弯曲与段长 119
  5.1.5 通信管道铺设 119
  5.1.6 人（手）孔设置 120
  5.1.7 常用管道计算公式 122
 5.2 工程施工 125
  5.2.1 一般安全要求 125
  5.2.2 测量画线 125
  5.2.3 土方作业 125
  5.2.4 钢筋加工 127
  5.2.5 模板、挡土板 127
  5.2.6 混凝土 128
  5.2.7 铺管和导向钻孔 128
  5.2.8 砖砌体 129

	5.2.9 管道试通	129
	5.2.10 机械使用方法	130

第6章 楼宇布线与维护 132

6.1 FTTx 接入技术 132
- 6.1.1 FTTC 133
- 6.1.2 FTTB 133
- 6.1.3 FTTH 133
- 6.1.4 PON 技术 133

6.2 FTTH 常用检测仪表 137
- 6.2.1 光功率计 137
- 6.2.2 光衰减器 137
- 6.2.3 光谱分析仪 138
- 6.2.4 光时域反射仪 139

6.3 常用网络命令 140
- 6.3.1 路由跟踪 tracert 命令 140
- 6.3.2 nslookup 域名查询命令 142

6.4 综合布线技术规范 144
- 6.4.1 综合布线系统 144
- 6.4.2 综合布线系统的优点 147
- 6.4.3 综合布线施工规范 148

第7章 工程验收 154

7.1 工程验收的种类 154
- 7.1.1 随工验收 154
- 7.1.2 初步验收 154
- 7.1.3 竣工验收 154

7.2 光（电）缆工程验收 154
- 7.2.1 随工检验 154
- 7.2.2 工程初验 155
- 7.2.3 工程终验 156

7.3 管道工程验收 157
- 7.3.1 随工检验 157
- 7.3.2 工程初验 158
- 7.3.3 工程终验 159

7.4 楼宇布线工程验收 161
- 7.4.1 竣工资料验收 161
- 7.4.2 系统工程检验内容 161
- 7.4.3 验收合格标准 164

第8章 通信建设工程概预算 166

8.1 通信建设工程造价与定额 166

	8.1.1 通信建设工程造价	166
	8.1.2 建设工程定额	166
	8.1.3 建设工程定额管理	167
8.2	通信建设工程预算定额	168
	8.2.1 预算定额的作用	168
	8.2.2 预算定额的编制原则与依据	168
	8.2.3 预算定额的编制程序	169
8.3	通信建设工程费用定额	169
	8.3.1 通信建设工程的费用构成	169
	8.3.2 建筑安装工程费	170
	8.3.3 设备、工器具购置费	179
	8.3.4 工程建设其他费	180
	8.3.5 预备费	184
	8.3.6 建设期利息	184
8.4	通信建设工程概预算的编制	184
	8.4.1 概算、预算的概念	185
	8.4.2 概算、预算的作用	185
	8.4.3 概算、预算的编制依据	185
	8.4.4 概算、预算文件的组成	186
	8.4.5 概算、预算的编制方法	193

第 9 章 管理与培训 195

9.1	管理	195
	9.1.1 通信线路施工安全措施	195
	9.1.2 通信线路检修作业计划	196
	9.1.3 重大、全阻通信线路故障处理	197
	9.1.4 通信线路工程设计知识要点	198
9.2	培训	201
	9.2.1 培训准备	201
	9.2.2 培训师基本要求	204
	9.2.3 培训方法	205
	9.2.4 培训时间的分配和掌控	208
	9.2.5 培训过程中的沟通	209

参考文献 210

8.1.1	电信建设工程造价	166
8.1.2	建设工程定额	166
8.1.3	建设工程定额管理	167
8.2	通信建设工程预算定额	168
8.2.1	预算定额的作用	168
8.2.2	预算定额的编制原则与方法	168
8.2.3	预算定额的编制程序	169
8.3	通信建设工程费用定额	169
8.3.1	通信建设工程的费用构成	169
8.3.2	建筑安装工程费	170
8.3.3	设备、工器具购置费	179
8.3.4	工程建设其他费	180
8.3.5	预备费	184
8.3.6	建设期利息	184
8.4	通信建设工程概预算的编制	184
8.4.1	概算、预算的概念	185
8.4.2	概算、预算的作用	185
8.4.3	概算、预算的编制依据	185
8.4.4	概算、预算文件的组成	186
8.4.5	概算、预算的编制方法	193

第 9 章 管理与培训

9.1	管理	195
9.1.1	通信线路施工安全措施	195
9.1.2	通信线路标杆和作业牌图	196
9.1.3	重大、主要有信设备故障及处理	197
9.1.4	通信光缆工程投资控制化要点	199
9.2	培训	201
9.2.1	培训概念	201
9.2.2	培训时需注意事项	204
9.2.3	培训方式	205
9.2.4	培训师的分类和素质	208
9.2.5	培训在科研中的地位	209

参考文献 210

第 1 章 光缆施工与维护

1.1 光缆测试

1.1.1 光缆的测试类型和项目

光缆测试包括单盘光缆测试、光缆接续现场监测、光缆中继段测试。

1. 单盘光缆测试

单盘光缆测试应在光缆运达现场、分屯点后进行，主要进行外观检查和光电特性测试。

（1）外观检查：检查光缆盘有无变形，护板有无损伤，各种随盘资料是否齐全。外观检查工作应请供应单位一起进行。开盘后应先检查光缆外表有无损伤；对经过检验的光缆应做记录，并在缆盘上做好标识。

（2）光缆的光电特性测试。

光缆的光电特性测试包括光缆长度复测、光缆单盘损耗测量、光纤后向散射信号曲线观察和光缆护层的绝缘检查等内容。

① 光缆长度复测应 100%抽样，按厂家标明的折射率系数，用光时域反射仪（OTDR）测量光纤长度并计算光缆长度，对比光缆外皮标记长度，得出复测结果是否通过。

② 光缆单盘损耗应用后向散射法测试。测试时，应加 1~2km 的标准光纤（尾纤），以消除 OTDR 的盲区，并做好记录。

③ 光纤后向散射信号曲线用于观察判断光缆在成缆或运输过程中，光纤是否被压伤、断裂或轻微裂伤，同时可观察光纤随长度的损耗分布是否均匀，光纤是否存在缺陷。

④ 光缆护层的绝缘检查除特殊要求外，施工现场一般不进行测量。但对缆盘的包装及光缆的外护层要进行目视检查。

2. 光缆接续现场监测

在实际工程中，光纤连接损耗的现场监测普遍采用后向散射监测法。该方法在精确测量接头损耗的同时，还能测试光纤单位长度的损耗和光纤的长度，观测被接光纤是否出现损伤和断纤现象。在工程中应推广使用远端环回监测法，光纤连接损耗的评价应以该接头双向测试的算术平均值为准。

3. 光缆中继段测试

光缆中继段测试的内容包括中继段光纤线路衰减系数及传输长度、光纤通道总衰减、光纤后向散射信号曲线、偏振模色散（PMD）和光缆对地绝缘（直埋部分）。

（1）中继段光纤线路衰减系数（dB/km）及传输长度的测试：在完成光缆成端和外部光缆接续后，应采用 OTDR 在光纤配线架（ODF）上测量。中继段光纤线路衰减系数应取双向测量的平均值。

（2）光纤通道总衰减：包括光纤线路自身损耗、光纤连接损耗和两端连接器的插入损耗 3 部分，测试时应使用稳定的光源和光功率计经过连接器测量，可取光纤通道任一方向的总衰减。

（3）光纤后向散射信号曲线（光纤轴向衰减系数的均匀性）的测试：在光缆成端接续和室外光缆接续全部完成、路面所有动土项目均已完工的前提下，用 OTDR 进行测试。光纤后向散射信号曲线应有良好的线形且无明显台阶，接头部位应无异常。

（4）偏振模色散（PMD）测试：按设计要求测量中继段的 PMD。

（5）光缆对地绝缘测试：该测试应在直埋光缆接头监测标识引出线测量金属护层的对地绝缘，其指标为 10MΩ·km，其中，允许 10%的单盘不小于 2MΩ。测量时一般使用高阻计，若测试值较低，则应采用 500V 兆欧表测量。

1.1.2 光纤损耗特性的测试方法

光纤损耗的测量方法一般使用插入法，背向散射法作为辅助。

光纤损耗要求在已成端的连接插件状态下进行测量，插入法是唯一能够反映带连接插件线路损耗的方法。这种方法的测量结果比较可靠，其测量偏差主要来自仪表本身及被测线路连接器插件的质量。

1. 测试具体方法

（1）测试距离：由于光纤制造出来以后，其折射率基本不变，所以光在光纤中的传播速度就不变，测试距离和时间就是一致的。实际上，测试距离就是光在光纤中的传播速度乘上传播时间，对测试距离的选取就是对测试采样起始/终止时间的选取。测量时选取适当的测试距离，可以生成比较全面的轨迹图，对有效分析光纤的特性有很好的帮助，通常根据经验，选取整条光路长度的 1.5～2 倍最为合适。

（2）脉冲宽度：可以用时间表示，也可以用长度表示，在光功率大小恒定的情况下，脉冲宽度的大小直接影响着光的能量的大小，脉冲宽度越大，光的能量就越大。同时，脉冲宽度的大小也直接影响着测试死区的大小，也就决定了两个可辨别事件之间的最短距离，即分辨率。显然，脉冲宽度越小，分辨率越高；脉冲宽度越大，测试距离越长。

（3）折射率：待测光纤实际的折射率，这个数值由待测光纤的生产厂家给出，单模石英光纤的折射率为 1.4～1.6。越精确的折射率对提高测量距离的精度越有帮助。折射率对配置光路由也有实际的指导意义，实际上，在配置光路由的时候，应该选取折射率相同或相近的光纤进行配置，尽量减少不同折射率的光纤芯连接在一起形成一条非单一折射率的光路。

（4）测试波长：OTDR 激光器发射的激光的波长。在长距离测试时，由于 1310nm 衰减较大，所以激光器发出的激光脉冲在待测光纤的末端会变得很微弱，这样受噪声影响较大，形成的轨迹图就不理想，宜采用 1550nm 作为测试波长。因此，在长距离测试的时候，适合选取 1550nm 作为测试波长，而普通的短距离测试选取 1310nm 也可以。

（5）平均值：是为了在 OTDR 上形成良好的显示图样，根据用户需要，动态或非动态地显示光纤状况而设定的参数。由于测试过程中受到噪声的影响，所以光纤中某一点的瑞利散射功率是随机的，要确知该点的一般情况，减小接收器固有的随机噪声的影响，需要求其在某一段测试时间内的平均值。根据需要设定该值，如果要求实时掌握光纤的情况，就需要设定时间为实时。

（6）连接测试尾纤。

首先清洁测试侧尾纤，将尾纤以垂直方式插入仪表测试插孔中，将尾纤凸起 U 形部分与测试插口凹回 U 形部分充分连接，并适当拧固。在线路查修或割接时，被测光纤与 OTDR 连接之前，应通知该中继段对端局站维护人员取下 ODF 上与之对应的连接尾纤，以免损坏光纤连接器或法兰盘。

① 波长选择：选择测试所需波长，有 1310nm、1550nm 两种波长可供选择。

② 距离设置：首先用自动模式测试光纤，然后根据测试光纤长度设定测试距离，通常是实际距离的 1.5 倍，主要是为了避免出现假反射峰而影响判断。

③ 脉冲宽度设置：仪表可供选择的脉冲宽度一般有 10ns、30ns、100ns、300ns、1μs、10μs 等参数选择，脉冲宽度越小，取样距离越短，测试越精确；反之则测试距离越长，精度相对要低。根据经验，一般 10km 以下选用 100ns 及以下参数，10km 以上选用 100ns 及以上参数。

④ 取样时间：仪表取样时间越长，曲线越平滑，测试越精确。

⑤ 折射率设置：根据每条传输线路的要求不同而定。

⑥ 事件阈值设置：指在测试中对光纤的接续点或损耗点的衰减进行预先设置，当遇有超过阈值事件时，仪表会自动分析定位。

2．测试时的注意事项

（1）光输出端口必须保持清洁，需要定期使用无水乙醇进行清洁。

（2）仪器使用完后，要将防尘帽盖上，同时必须保持防尘帽的清洁。

（3）定期清洁光输出端口的法兰盘连接器。如果发现法兰盘内的陶瓷芯出现裂纹和碎裂现象，则必须及时更换。

（4）适当设置发光时间，延长激光源的使用寿命。

（5）清洁光纤接头和光输出端口的作用如下。

① 由于光纤纤芯非常小，所以附着在光纤接头和光输出端口的灰尘与颗粒可能会覆盖一部分输出光纤的纤芯，导致仪器的性能下降。

② 灰尘和颗粒可能会导致输出端光纤接头端面的磨损，这样将降低仪器测试的准确性。

1.1.3 光纤色散特性的测试方法

光纤色散可以从光纤的时域特性和频域特性两方面描述，包括材料色散、波导色散和模式色散。其中，材料色散和波导色散都是由于信号由不同频率成分携带而引起的脉冲展宽，所以它们也称频率色散；模式色散是由于信号由不同模式成分携带而引起的脉冲展宽。在多模光纤中，3 种色散都存在，只是模式色散远大于频率色散，因此主要考虑模式色散，并用光纤带宽来描述；在单模光纤中，只存在频率色散，用色散系数来描述。

1. 多模光纤的带宽及测量方法

由上所述,光纤带宽和脉冲展宽在实质上是一致的,假设光纤输入、输出端脉冲波形都近似为高斯分布,如图 1-1 所示。其中,图 1-1(a)是输入光脉冲波形,幅度为 $A1$,$A1/2$ 对应的宽度 $\Delta\tau1$ 为此脉冲波形宽度;图 1-1(b)是输出光脉冲波形,幅度为 $A2$,$A2/2$ 对应的宽度 $\Delta\tau2$ 为此脉冲波形宽度。脉冲通过光纤后的展宽 $\Delta\tau$ 与其输入、输出波形宽度 $\Delta\tau1$、$\Delta\tau2$ 的关系为

$$\Delta\tau = \sqrt{(\Delta\tau2)^2 - (\Delta\tau1)^2}$$

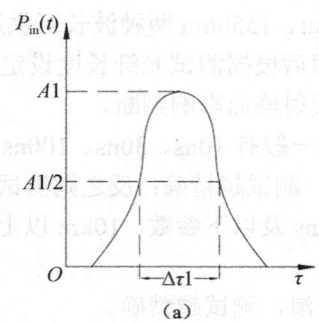
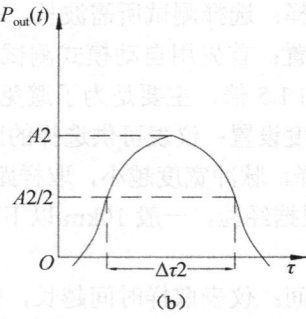

图 1-1 光纤输入、输出端脉冲波形

可见,只要测出 $\Delta\tau1$ 和 $\Delta\tau2$,然后代入上面公式中即可算出展宽 $\Delta\tau$。

如果与图 1-1(a)对应的频谱函数为 $P_{in}(f)$,与图 1-1(b)对应的频谱函数为 $P_{out}(f)$,则光纤的频率响应特性 $H(f)$ 为

$$H(f) = \frac{P_{out}(f)}{P_{in}(f)}$$

当上式等于 1/2 时,对应的频率称为光纤的带宽,用 f_c 表示,即

$$10\lg H(f_c) = 10\lg \frac{P_{out}(f_c)}{P_{in}(f_c)} = 10\lg \frac{1}{2} dB = -3dB$$

因此,f_c 是光纤的 3dB 光带宽。

但是,在实际测量光纤带宽时,总是把被测光纤的输出光功率通过光电检测器变为电信号再进行处理。由前可知,光电检测器的输入光功率与输出电流成正比,因此有

$$\frac{P_{out}(f_c)}{P_{in}(f_c)} = \frac{I_{out}(f_c)}{I_{in}(f_c)} = \frac{1}{2}$$

把 $\frac{I_{out}(f_c)}{I_{in}(f_c)} = \frac{1}{2}$ 用分贝形式表示,即

$$20\lg \frac{I_{out}(f_c)}{I_{in}(f_c)} = P_{12}(f_c)(dBm) - P_{11}(f_c)(dBm) = 20\lg \frac{1}{2} dB = -6dB$$

我们把用分贝表示的值称为电平值。

因此,f_c 又称为光纤的 6dB 电带宽,如图 1-2 所示。

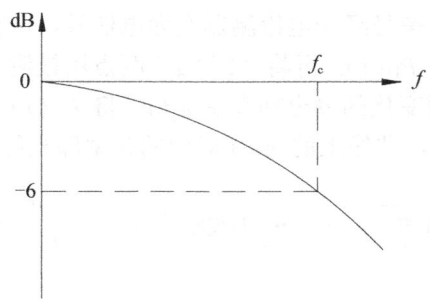

图 1-2 光纤的频率响应特性曲线

系统设计经常用到的光纤的基带带宽 B 即 f_c，B 和脉冲展宽 $\Delta\tau$ 间的关系如下：

$$B = \frac{441}{\Delta\tau}$$

式中，B 的单位为 MHz，$\Delta\tau$ 的单位为 ns。可见，知道 $\Delta\tau$ 后，根据上式即可求得光纤的基带带宽。

根据以上对光纤带宽的分析，可以从时域和频域两个角度对它进行测量，对应的方法分别是时域法和频域法，这两种测量方法也是 ITU-T 规定的基准测试方法。

（1）时域法。

时域法是通过测量光纤中的脉冲展宽进而计算出光纤带宽的一种测量方法。它的测试方框图如图 1-3 所示，测量步骤如下。

先用一脉冲发生器去调制光源，使光源发出极窄光脉冲信号，且使其波形尽量接近高斯分布，注入系统采用"满注入"方式，将符合要求的光信号耦合进光纤。首先用一根短光纤将"1""2"两点相连，即用短光纤的输出信号代替被测光纤的输入信号，这时从示波器中得到的波形相当于 $P_{in}(t)$，并测量它的宽度 $\Delta\tau1$；然后将被测光纤连到"1""2"两点之间，此时从示波器中得到的波形为 $P_{out}(t)$，并测量它的宽度 $\Delta\tau2$。将 $\Delta\tau1$ 和 $\Delta\tau2$ 代入前面所述公式中，即可算出基带带宽 B。

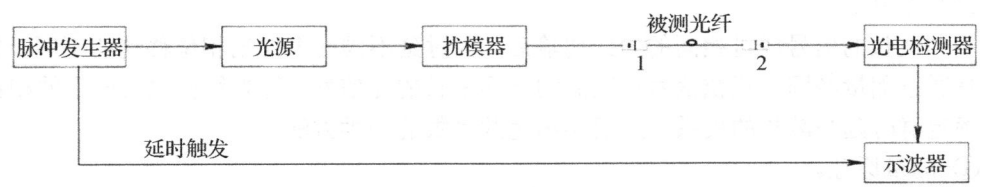

图 1-3 时域法光纤带宽测试方框图

（2）频域法。

频域法是指当光纤传输已调制的光波时，在光纤输出端经光电检测器转换，并用频谱分析仪读出电信号幅值，信号幅值的电平值下降 6dB 时对应的频率即光纤带宽。频域法光纤带宽测试方框图如图 1-4 所示，具体测试步骤如下。

由扫频信号发生器输出一个幅度不变而频率连续可调的正弦电信号，用它对光源进行强度调制，得到幅度相同而频率变化的光正弦信号，注入系统采用"满注入"方式，将符合要求的信号耦合进光纤，先将"1""2"两点用短光纤相连，即用短光纤的输出信号代替被测光纤的输入信号，此信号经光电检测器变为电信号，送给频谱分析仪，得到随不同调制频率而变化的轮入功率 $P_{11}(f)$；再将"1""2"两点用被测光纤相连，此时从频谱分析仪中得到随不同调制频率而变化的输出功率 $P_{12}(f)$，将 $P_{12}(f)-P_{11}(f)$，得到被测光纤的幅频特性曲线，如图 1-2 所示，曲线上的-6dB 对应的频率即光纤的带宽。

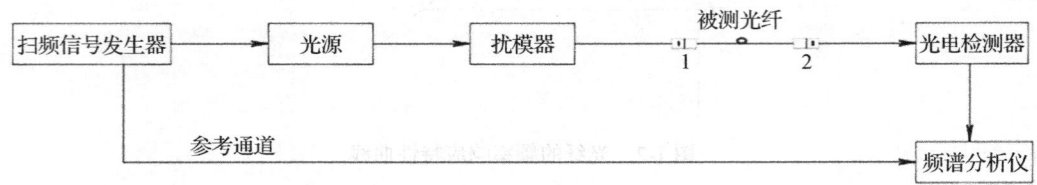

图 1-4　频域法光纤带宽测试方框图

2．单模光纤的色散系数及测量方法

由于单模光纤中只存在频率色散，所以此时的色散与光源谱线宽度密切相关，光源谱线宽度越窄，光纤的色散越小，带宽越宽，传输的信息量越大。通常用色散系数来反映单模光纤的色散大小，色散系数 D 通常用单位波长间隔内的光波走过单位长度光纤后产生的平均时延差来表示。D 的定义是在波长 λ 下，若经过单位长度光纤后产生的时延差为 $\tau(\lambda)$，则

$$D = \frac{d\tau(\lambda)}{d(\lambda)} \text{ps}/(\text{nm}\cdot\text{km})$$

它的单位表示光源谱线宽度为 1nm 时，经过 1km 单位长度光纤的脉冲展宽值是多少 ps。

既然色散系数与光纤带宽都能描述光纤色散，那么它们的关系为

$$E = \frac{441}{D \cdot \Delta\lambda}$$

式中，E 为单位光纤带宽，单位为 GHz·km；D 为色散系数，单位为 ps/(nm·km)；$\Delta\lambda$ 为光源的谱线宽度，单位为 nm。

ITU-T 对不同的光纤色散系数和相关参数都做了规定，如下所述。

（1）相移法。

不同波长的信号经过相同的光纤传输后，因时延不同而表现出相位移动的不同。相移法就是通过测量经同一正弦信号调制后的不同波长的光信号，经光纤传输后产生的相移差别来确定群时延与波长的关系，进而导出色散系数的一种方法。

① 测量原理。

设正弦调制信号的频率为 f（MHz），被测光纤长度为 L（km），输入信号的不同波长分别为 $\lambda_1, \lambda_2, \cdots, \lambda_n$，又记为 λ_i（$i=1,2,\cdots,n$），为了测量方便，设一个参考光波长为 λ_f，则对于输入不同波长的信号经过光纤传输后产生的相移差都是相对于参考波长而言的。设 λ_i 和 λ_f 经光纤传输后的时延差为 $\Delta\tau_i$，相移差为 $\Delta\varphi_i$，通过测量得到 $\Delta\varphi_i$，又因为

$$\Delta\tau_i = \frac{\Delta\varphi_i \times 10^6}{2\pi f} \text{ps}$$

所以每 km 的平均时延差为

$$\tau_i = \frac{\Delta\tau_i}{L} \text{ps/km}$$

这样，通过测量不同波长 λ_i 下的 $\Delta\varphi_i$，根据上式计算出一组 τ_i-λ_i 值，然后按不同光纤的群时延公式 $\tau(\lambda)$ 进行曲线拟合，从而求出公式中的有关系数，进而求得该光纤的色散系数 D。

② 测量装置。

图 1-5 表示出用相移法测量色散系数的一种装置，光源采用 LD 激光器，要求具有稳定的光源强度和波长；相位计用来测量参考信号与被测信号间的相移差。此装置光路部分简单，测试动态范围大；但需要多个激光器，挑选困难，价格昂贵。

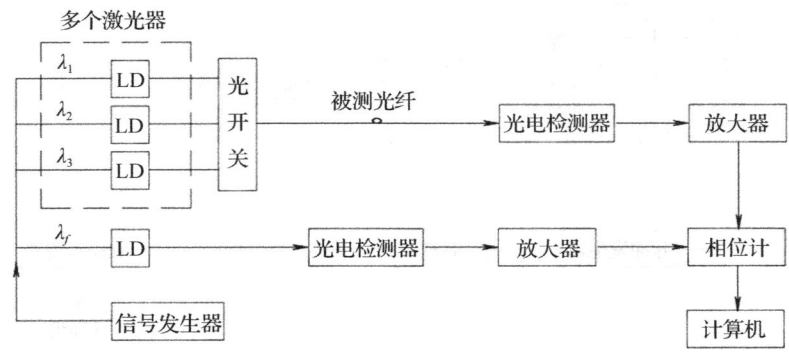

图 1-5 相移法测色散系数方框图

（2）脉冲时延法。

脉冲时延法就是通过测量经同一窄脉冲调制后的不同波长的光信号经光纤传输后产生的时延差，然后直接按定义计算出色散系数的方法，由于信号经光纤传输后会发生脉冲展宽，所以只有用足够窄的窄脉冲调制信号，才能在接收端把两个不同波长的信号区分开。

① 测量原理。

设被测光纤长度为 $L(\mathrm{km})$，输入信号的不同波长分别为 $\lambda_1,\lambda_2,\cdots,\lambda_n$，记为 $\lambda_i(i=1,2,\cdots,n)$，为了测量的需要，找一个参考光波长 λ_f，这样，输入不同波长的信号经过光纤传输后产生的时延差都是相对于参考波长而言的。设 λ_i 和 λ_f 经光纤传输后的时延差为 $\Delta\tau_i$，则通过取样示波器观察到的 $\Delta\tau_i$ 如图 1-6 所示，于是，单位长度的平均时延为

$$\tau_i = \frac{\Delta\tau_i}{L}\mathrm{ps/km}$$

到此之后，可按与相移法一样的步骤求得色散系数。

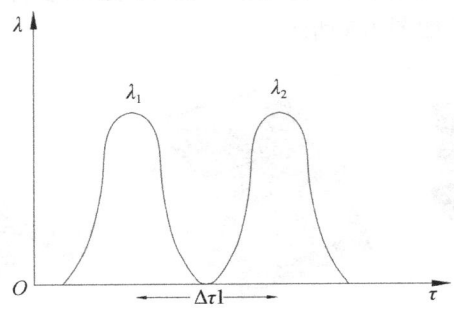

图 1-6 脉冲时延法取样示波器波形示意图

② 测量装置。

图 1-7 给出了用脉冲时延法测量色散系数的方框图，其中，光源为 LD 激光器，要求具有稳定的光源强度和波长；脉冲发生器要求能产生足够窄的窄脉冲；光电检测器要求具有足够高的响应度；取样示波器必须采用带宽极高的高速取样示波器，以观测到不同波长间的极小相对时延差。需要说明的是，脉冲发生器发出的经时延后直接送到取样示波器的脉冲是作为参考波长的脉冲信号。

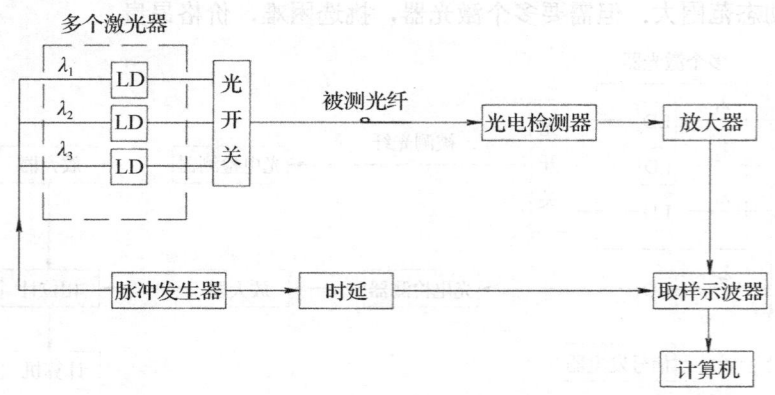

图 1-7 脉冲时延法测量色散系数的方框图

1.1.4 常用仪器仪表

要保证光缆通信工程在建设中及建成后有良好的质量，必须有配套的高质量的测试仪表。这些仪表主要有光源、光功率计、OTDR、光纤熔接机等。

1. 光纤熔接机

（1）熔接机的工作原理。

光纤熔接机主要用于光通信中，用于光缆的施工和维护。熔接机的原理是十分复杂的，它包括机械部分、接续部分和测量部分。这里不对熔接机的原理做过多介绍，主要是将切好的两根光纤置入熔接机中，对准校对后，熔接机将光纤推向电机，高压在电极中产生电弧，把光纤（注：此光纤是指光缆中的每一根纤）融化接续成一体。熔接机主要运用于各大电信运营商、工程公司、企事业单位专网等。随着熔接技术的发展，推出了各种熔接设备（如单芯熔接机、多芯熔接机等），其熔接工艺方式也是多样的，但最基本的熔接方法是电弧熔接法。熔接机样式如图 1-8 所示。

  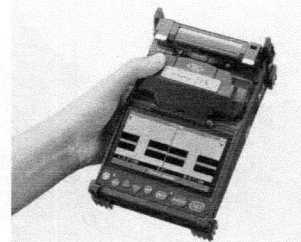

图 1-8 熔接机样式

(2) 熔接机的使用方法。

① 开剥光缆,并将光缆固定到盘纤架上。常见的光缆有层绞式、骨架式和中心束管式,对不同的光缆要采取不同的开剥方法,剥好后要将光缆固定到盘纤架上。

② 分纤,将光纤穿过热缩套管。将不同束管、不同颜色的光纤分开,穿过热缩套管。熔接完成后,可以用热缩套管保护光纤熔接头。

③ 打开熔接机电源,根据光纤类型设置熔接参数、预放电电流及时间、主放电电流及时间等,然后进行放电检查,特别是在放置与使用环境差别较大的地方(如冬天的室内与室外),应根据当时的气压、温度、湿度等环境情况,重新设置熔接机的放电电压及放电位置,使V形槽驱动器复位。没有特殊情况,一般选择自动熔接模式进行熔接。

④ 制备光纤端面。光纤端面的好坏将直接影响接续质量,因此,在熔接前,必须首先制备合格的光纤端面。用专用的剥线工具剥去涂覆层,再用带有酒精的清洁麻布或棉花在裸纤上擦拭几次,使用精密光纤切割刀切割光纤,对于 0.25nm(外涂层)光纤,切割长度为 8~16mm,对于 0.9mm(外涂层)光纤,切割长度只能是 16mm。

⑤ 放置光纤。将光纤放在熔接机的V形槽中,小心压上光纤压板和光纤夹具,要根据光纤切割长度设置光纤在压板中的位置,并正确地放入防风罩中。

⑥ 接续光纤。按下接续键后,光纤相向移动,在移动过程中,产生一个短的放电清洁光纤表面,当光纤端面之间的间隙合适后,熔接机停止运行,设定初始间隙,熔接机会测量并显示切割角度。在初始间隙设定完成后,开始执行纤芯或包层对准操作;然后熔接机减小间隙(最后的间隙设定),高压放电产生的电弧将左边光纤熔到右边光纤中;最后微处理器计算损耗并将数值显示在显示器上。如果估算的损耗值比预期的损耗值要高,则可以再次放电,放电后会再一次计算损耗。

⑦ 移出光纤并用加热器加固光纤。打开防风罩,熔接机同时存储熔接数据,包括熔接模式、数据、估算损耗等。将光纤从熔接机上取出,再将热缩套管放在裸纤中心,放到加热器中加热,加热完毕后,从加热器中取出光纤。操作时,由于温度很高,所以不要触摸热缩套管和加热器的陶瓷部分。

⑧ 盘纤并固定。将接续好的光纤盘到光纤收容盘上,固定好光纤、收容盘、接头盒、终端盒等,光纤熔接完成。

(3) 熔接损耗的测量。

通常采用两种方式进行熔接损耗的测量,即损耗评估法和后向散射测试法。

① 损耗评估法。

损耗评估法是指利用熔接机的光纤成像技术,从两个垂直方向观察光纤,确定包层的偏移、纤芯的畸变、光纤外径的变化和其他影响熔接损耗的参数,并进行计算,得出熔接损耗。由于是通过计算得到的结果,所以通常采用损耗评估法得到的熔接损耗和真实值之间存在一定的差距。

② 后向散射测试法。

后向散射测试法是利用 OTDR 直接对光纤进行测试从而得出熔接损耗的方法。采用后向散射测试法可以得到准确的熔接损耗指标,根据选取的测试地点及测试手段的不同,又可以分为以下 3 种方法。

后向测试法:通过机房的 OTDR 对熔接好的光纤线路进行测试从而得出熔接损耗。由于测试在机房进行，所以这种测试方法省略了仪表转移所需的车辆和大量的人力物力，也不需要在测试时进行熔接，其测试工作本身比较便捷。这种方法的缺点是测试人员和接续人员需要进行良好的沟通，尤其当接续地点环境恶劣且通信条件差时，这个缺点尤为突出。

前向单程测试法：在光纤接续方向之前的一个接头点使用OTDR进行测试，采用这种方法，测试点与接续点始终只间隔一盘光缆长度的距离，测试熔接损耗准确，而且便于通信联络。该测试方法要携带OTDR到每个测试点进行测试，对OTDR的便携性和野外适应能力提出了较高的要求。

前向双程测试法：在光纤接续方向之前的一个接头点使用OTDR进行测试，但在接续方向的始端将两根光纤进行短接，组成回路。由于测试原理和光纤结构上的原因，对熔接点进行单向测试有可能会出现虚假增益或虚假大衰减现象，而采用前向双程测试法，由于增加了环回点，所以能在OTDR上对熔接损耗进行双向测试，将两个方向的熔接损耗进行平均就可以得到准确的测试结果。

（4）熔接损耗过大的原因。

在实际进行光纤熔接时，经常会出现熔接损耗过大的情况。造成熔接不良的主要原因有以下几点。

① 出现痕迹。造成熔接出现痕迹的主要原因可能是熔接电流太小或熔接时间过短、电极错位、电极损耗严重等，通过更换新的电极可以解决这个问题。

② 轴心倾斜。造成轴心倾斜的主要原因可能是光纤放置偏离、光纤端面倾斜、V形槽内有异物等。通过对光纤进行准确的放置、制作合格的光纤端面、对V形槽进行清洁可以解决这个问题。

③ 产生气泡。产生气泡的主要原因可能是光纤端面制作不合格、有凹凸或不清洁等。通过制作合格的光纤端面可以解决这个问题。

④ 产生缝隙或变细。产生缝隙或变细的主要原因可能是切割光纤时预留的裸纤过短而使熔接机进行熔接时推进很难到位，或者熔接电流过大。通过预留合理长度的裸纤或对熔接机的熔接电流进行调整可以解决这个问题。

⑤ 变粗。导致熔接点变粗的主要原因可能是光纤端面预留间隙过小或光纤推进过度。可以通过加大光纤端面预留距离或调整熔接机推进距离来解决这个问题。

（5）熔接机使用注意事项。

① 保持清洁。

熔接机使用完毕后，需要去除机器外壳上的灰尘，以及夹具和V形槽内的粉尘与光纤碎末。对精密刀具（涂敷钳、切割刀）也应进行清洁，且切割刀刀片不得用清洁物之外的物品擦碰。

② 注意防潮。

熔接机内部为电子电路和高压放电电路，当机内有潮气时，容易将内部电路烧坏。在雨雪天气进行熔接时，应在帐篷内或车中进行。熔接完毕后，应将熔接机置于通风干燥处以驱除潮气。若熔接机不慎进水，则必须使用干燥剂进行干燥处理后才能开机。

③ 防止电压不稳。

在野外需要使用发电机供电进行熔接操作时，正确的操作顺序是开机时先开发电机再开熔接机，关机时先关熔接机再关发电机。这样做的目的是避免由于发电机开关时产生的不稳定电压对熔接机造成损坏。

④ 电极的清洗和更换。

熔接机上的电极的使用寿命为2000~3000次，要求每放电熔接20次就要进行清洗。当电极达到使用寿命时，熔接损耗明显增大，此时应及时更换电极，确保熔接质量。

⑤ 碎纤的处理。

不要随意丢弃切断光纤时产生的碎纤，以免伤人。

⑥ 其他。

在熔接过程中，要盖好防尘盖，否则在熔接机的放电过程中，电极棒发出的激光会伤害眼睛；不要在易燃易爆物旁进行熔接；对熔接机的任何部位不要添加润滑油。

2．光源与光功率计

光源与光功率计是日常光缆线路测试中最常用的测试仪表。在日常线路维护工作中，通常将光源与光功率计配套使用，进行光缆线路衰减测试，具体连接方法如图1-9所示。

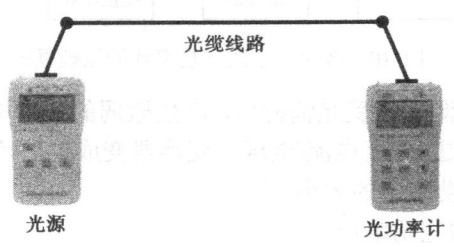

图1-9　光源与光功率计配套进行光缆线路衰减测试的具体连接方法

（1）光源与光功率计的工作原理。

如图1-9所示，光源的主要作用就是向光缆线路发送功率稳定的光信号；光功率计接收光信号并测量信号的功率值。由光源的发送功率减去光功率计的实际接收功率，就可以得到被测线路的总衰减，结合被测线路的实际长度，就可以判断被测线路是否存在误差过大的问题。在实际使用时，需要注意光源与光功率计参数的一致性。

（2）常用光源的选择。

光源与光功率计作为线路维护的基本测试仪表，产品种类繁多，在实际工作中，除了对品牌、质量的要求，主要是根据维护需要，从功能和性能上认真地进行选择。

① 具有LCD显示的光源。

光源的显示界面一般可以分为LED和LCD两种。由于大部分光源的发射功率都不可调，所以很多光源采用LED显示界面，通过简单的LED显示界面，可以了解光源目前所处的各种工作状态。和LED相比，LCD显示界面具有显示内容更加丰富、直观的优点，同时，其最重要的作用就是可以实时显示当前的实际发送功率。由于光器件的原因，任何光源的发送功率都会在其标称值附近上下浮动，即实际注入线路中的光功率值是在不断变化的，借助具有LCD显示界面的光源，就可以实时掌握这种功率变化，确定相应的基准，合理判断输出功率，从而为测试提供更加准确的数据。

② 发射功率可调的光源。

发射功率可调的光源通称为可变（可调）光源。这类光源的发射功率可以根据测试需要在一定范围内进行设定。这类光源在实际使用中具有更高的灵活性，但是其成本会成倍增加，在维护过程中，可根据实际需要进行选配。

（3）光功率计。

光功率计是测量光纤输入/输出光功率的重要仪表，某些仪表还能测量光纤的衰减和反射损耗。

① 用途与分类。

光功率计是用来测量光功率大小、线路损耗、系统富裕度及接收机灵敏度等的仪表，是光纤通信系统中最基本、最主要的测量仪表。

② 原理。

光功率计一般都由显示器（又称指示器，属于主机部分）和检测器（探头）两大部分组成。图 1-10 是一种典型的数字显示式光功率计的原理框图。

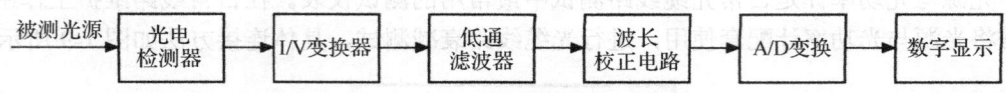

图 1-10　数字显示式光功率计的原理框图

在图 1-10 中，光电检测器在受光辐射后，产生微弱的光生电流，该电流与入射到光敏面上的光功率成正比，通过 I/V（电流/电压）变换器变成电压信号，再经过放大和数据处理，便可显示出对应的光功率值的大小。

③ 具有调制波功能的光功率计。

在对光纤线路进行衰减测试时，可以选择具有调制波功能的光源和光功率计。通过调制波功能确定被测试对象是否已正确地连接到光源和光功率计上。调制波功能的基本工作原理是：由光源向光纤线路注入特定频率的调制波，如果光功率计正确接收了光源发出的调制波，则可确定光源和光功率计正确地连接到了同一条光纤的两端。

④ 能直接读出损耗的光功率计。

在实际测试时，由于光源和光功率计不在一起，所以想要分别得到光源和光功率计的读数并进行损耗值计算比较麻烦，并且有误的可能性较大，而能直接读出损耗的光功率计可以很好地解决此问题。在进行测试前，先用一根短跳纤将光源和光功率计连接起来并进行测试，由光功率计保存读数，并默认为光源的发射功率，然后在对实际线路进行测试时，光功率计会自动将之前保存的读数与测试到的线路功率值做减法运算，从而直接得到线路损耗。

⑤ 可进行双向测试的光源和光功率计——光万用表。

对于光万用表，会在后面进行详细介绍。

⑥ 光功率计在 EPON（以太网无源光网络）系统中的应用。

光功率计主要用于测量光功率，在 EPON 系统的测试过程中，会用到两种形式的光功率计：一种是可测试连续光的普通光功率计；另一种是测试突发光功率的脉冲记录方式的突发光功率计，如图 1-11 所示。

a．普通光功率计。

在使用普通光功率计进行测试前，应先用光跳线将光功率计自带光源与测量端口短连，进行自校准；如果光功率计本身不带光源，则应采用标准光源对其进行校准。

（a）普通光功率计　　　　　（b）两种 PON 光功率计

图 1-11　光功率计

在用光跳线与仪表进行连接时，应确保连接器类型匹配，并保证连接紧密。

在完成被测试设备与仪表连接后，应选择被测试设备光源工作波段进行光功率的测量，为了保证测量准确，应进行 3 次测量并取平均值。

b．PON 光功率计。

PON 光功率计的使用与普通光功率计的使用不同。在 EPON 系统中，只有保证 ONU（光线路终端）与 OLT（光网络单元）间的光线路是连通的，ONU 才会工作，并且 ONU 发出的光信号不是连续的，因此，为了测试 ONU 的突发光功率，就要求光功率计满足以下两个条件。

- 脉冲记录方式，实现突发光功率的记录。
- 要具有两个端口，分别连接 OLT、ONU 设备，并保证对光信号的透传。

PON 光功率计测试配置如图 1-12 所示，应保证来自 OLT 设备的光跳线与 PON 光功率计的"OLT"接口相连，来自 ONU 设备的光跳线与"ONU"（或 ONT，即光网络终端）接口相连。通常，这种 PON 光功率计可以同时测出来自 OLT、ONU 双方向 3 个波段的光功率，使测试变得更加简单。

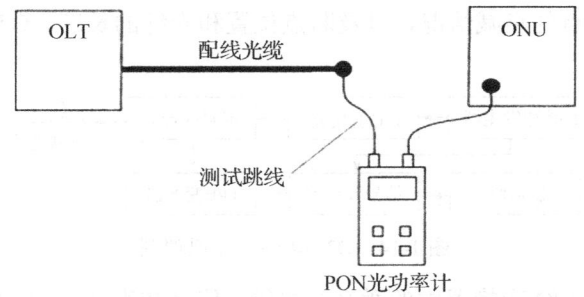

图 1-12　PON 光功率计测试配置

3．光万用表

光万用表是将光源和光功率计的功能合二为一的仪表，即同时具有光源和光功率计的功能，并且有些光万用表还提供一些附加功能，可以提高测试效率和测试的准确性。

光万用表的测试连接方法如图 1-13 所示，这是典型的光万用表的测试连接方法。

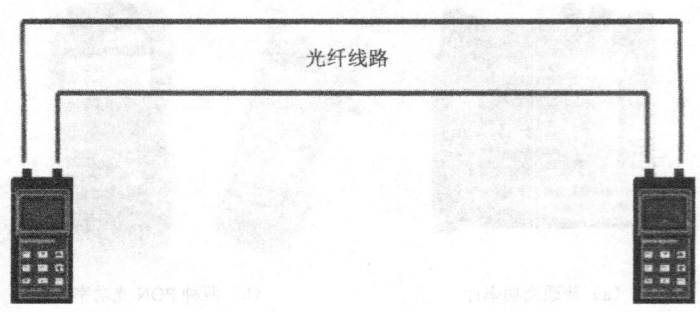

图 1-13 光万用表的测试连接方法

由于光万用表内置了光源和光功率计模块,所以在成对使用光万用表进行测试时,可以同时连接两条光纤线路进行测试,从而大大提高了测试工作的效率。目前,光万用表作为基层线路维护人员的测试工具,已经得到了广泛的应用。

4. OTDR

(1) OTDR 的工作原理。

由于光纤本身的缺陷和掺杂组分的非均匀性,使它们在光的作用下会发生散射现象,因此,当光脉冲通过光纤传输时,沿光纤长度上的各点均会引起散射(当然,如果光纤有几何缺陷或断裂面,那么也会产生菲涅尔反射),其强弱也就反映了光纤各点的衰减大小。由于散射光是向四面八方的,反射光也会形成较大的反射角,因此,这些散射光和反射光总有一部分能够进入光纤的孔径角而反向传输到输入端。

同时,如果传输通道安全中断,则从此点以后的背向散射光功率也降到零。因此,可以根据反向传输回来的反射光和散射光的情况判断光纤断点的位置与光纤长度,总之,只要能够设法将反向传至输入端的背向散射和菲涅尔反射光收集并进行适当的处理,就可以测出这段光纤沿线各点的衰减情况,以及断点位置和光纤的长度。OTDR 的工作原理图如图 1-14 所示。

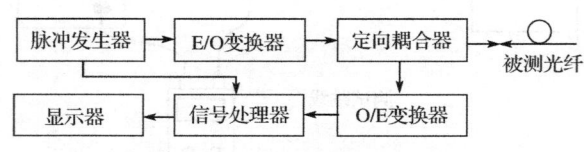

图 1-14 OTDR 的工作原理图

脉冲发生器激励 E/O 变换器中的激光二极管,使之产生光脉冲,经定向耦合器注入被测光纤中,而光纤中沿线各点产生的背向散射光将依次返回注入端,经定向耦合器到 O/E 变换器,使其成为电脉冲。但由于接收到的背向散射信号非常微弱,常常被噪声淹没,所以光脉冲必须以一定的脉冲间隔注入光纤,进行重复测量,并借助信号处理器进行平均化处理来改善信噪比,只有这样,才能在显示器上获得清晰的相对散射功率分布曲线,如图 1-15 所示,曲线的横坐标是以对反射时间间隔进行换算而得到的光纤长度来刻度的,而纵坐标则因检测信号在处理器中经对数放大处理而可直接用电平值来刻度。

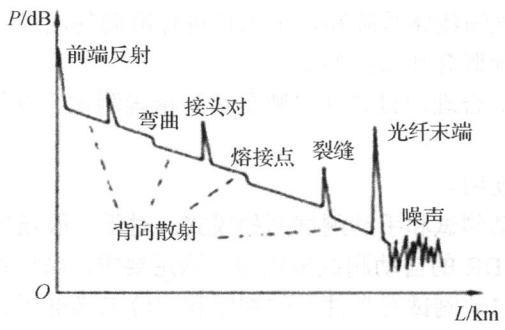

图 1-15　相对散射功率分布曲线

图 1-15 中的曲线由直线段、反射峰（尖峰）及两段直线间的台阶组成。其中，直线段代表连续的光纤，因为这里只看到背向散射信号，并且随着光纤长度的增加的信号功率变得越来越小，所以直线的斜率代表光纤的衰减系数（dB/km）。而曲线上的一个台阶则代表功率的瞬时变化，通常表明了光纤熔接点或弯曲处没有反射事件出现的条件下引起的损耗。曲线上的尖峰代表了光纤中的反射点，它们是由各类不良接续或断裂引起的，尽管其反射量仅有入射能量的百分之几，但仍比背向散射信号大得多，从而形成尖峰。由此可见，通过对相对散射功率分布曲线进行观测和运算，可以测量光纤的各类损耗及其分布特性，并能推算光纤长度和障碍点的位置。

OTDR 的主要工作特性包括动态范围、盲区和分辨率等。其中，动态范围是指背向散射曲线上起点电平与噪声电平之差，决定了 OTDR 能测量的最远距离，并在一定程度上决定着测量精度；而盲区则是指从反射峰起点到它几乎回归到背向散射电平处的距离，直接影响 OTDR 对两个反射点的分辨及反射峰附近损耗参数的测量；动态范围和盲区这两个参数都与发送光脉冲的宽度与接收机的性能有关，因为背向散射信号电平与入射能量成正比，所以增大脉冲宽度可以提高发射功率，使背向散射信号电平高于噪声电平，从而扩大动态范围，延长测试距离。但由于反射峰的宽度也与脉冲宽度成正比，故脉冲宽度的增大也意味着盲区的扩展。另外，灵敏度高的接收机可以检测出电平很低的反射信号，有利于扩大动态范围，但因其反应速度很慢，所以经历一个事件后，曲线的恢复需要更长的时间，这又将导致盲区的扩大。同时，OTDR 的高增益接收也将会在出现菲涅尔反射时不可能使放大器饱和而产生非线性失真，从而影响测量准确度。为此，OTDR 中还采用了掩蔽电路，作用是对强反射信号实施阻断以确保弱信号的接收。由此可见，扩大动态范围与减小盲区两者对脉冲宽度和接收灵敏度的要求是相互矛盾的。测试时要兼顾测量距离和分辨率，合理地选择脉冲宽度，以满足不同测试的要求。由前面 OTDR 的工作方式可知，为通过平均化处理以确保背向散射信号的稳定显示，测试时应采用周期性测试脉冲，使其重复频率与最大测量长度相适应，以避免"鬼影"的出现。现代 OTDR 大都是装有微处理器的智能化仪器，内置数字信号处理单元，可以借助 A/D、D/A 变换对检测信号进行数字化平均处理和对数运算，而数字化显示方式的采用，要求必须合理地选择取样间隔和测量点数，以满足一定的分辨率。

以上对 OTDR 的散射机理进行了定性的描述。同时较为详尽地描述了 OTDR 的具体工作原理，以及 OTDR 在进行实际测量时的几个特性参数的作用，通过这些描述，对 OTDR 背向散射测试法已经有了比较初步的认识，但是这点认识并不能保证我们能对高级别的光缆干线线路工程，以及光缆线路故障和日常维护进行准确的测量。下面将结合具体的施工情况逐一描述重要的物理概念和特性参数。

了解 OTDR 的操作，合理地设置其参数是达到精确测试光纤的前提，在实际的测试工作中一定要引起重视。

（2）OTDR 的操作使用。

OTDR 一般具备自动测试和手动测试两种模式。对于一般精度要求不高的测试，操作者只需选择波长，用 OTDR 的自动测试模式即可满足要求，操作也很方便。但在超短距离和超长距离的测试中，自动测试对事件点的判断和定位未必准确，可能会出现误判、漏判的现象。有时同样一根光纤，先后多次自动测试的结果可能不一致，在这些情况下，最好采用手动测试模式。

手动测试模式要求操作者根据被测光纤的距离选择合适的测试参数，如工作波长、脉冲宽度、测量范围、获取时间等，测试参数选择的恰当与否直接影响测试结果的精确度。

① 工作波长。

光系统的行为与传输波长直接相关，不同的波长有各自不同的光纤衰减特性及光纤连接中不同的行为。对于同种光纤，1550nm 比 1310nm 对弯曲更敏感、1550nm 比 1310nm 的单位长度衰减更小、1310nm 比 1550nm 测得熔接或连接器的损耗更大。为此，光纤测试应与系统传输的波长相同，这意味着 1550nm 光系统需要选择 1550nm 的波长。

② 脉冲宽度。

脉冲宽度的选择取决于被测光纤的长度，当需要测试长距离的光纤时，应尽量选用较大的脉冲宽度；而若要测试短距离光纤，则最好选择较小的脉冲宽度，由于脉冲宽度的大小决定了空间分辨率且长脉冲也将在 OTDR 曲线波形中产生更大的盲区，所以测试时，在曲线信噪比许可的情况下，应尽量选择小的脉冲宽度，这样会得到事件点更准确的结果。脉宽周期通常以 ns 来表示。

③ 测量范围。

OTDR 测量范围是指 OTDR 获取数据取样的最大距离，此参数的选择决定了取样分辨率的大小。测量范围通常设置为待测光纤长度的 1.5~2 倍，以防止光纤末端二次反射的影响。

④ 获取时间。

由于后向散射光信号极其微弱（大约每米 100 光子），所以一般采用统计平均的方法来提高信噪比，获取时间越长，信噪比越高。平均时间（或平均次数）的设置应视具体情况灵活掌握，一般来讲，平均处理一定次数（如 300 次或 3min）后，效果不再明显。

（3）OTDR 常见测试曲线。

① 正常测试曲线。

OTDR 常见正常测试曲线如图 1-16 所示，其中，A 为盲区，B 为测试末端反射峰。测试曲线是倾斜的，随着距离的增长，总损耗会越来越大。用总损耗（dB）除以总距离（km）就是该段纤芯的平均损耗（dB/km）。

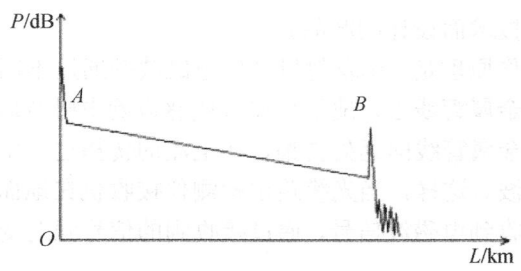

图 1-16 OTDR 常见正常测试曲线

② 光纤存在跳接点。

在测试曲线中间多了一个反射峰，出现这种情况，凭以往经验判断，很有可能是中间有一个用尾纤连接起来的跳接点，当然也会有例外的情况。总之，能够出现反射峰，很多情况下是因为末端的光纤端面是平整光滑的，端面越平整，反射峰越高。

③ 异常情况。

光纤插接件、连接器件不清洁，物理连接性能不良都可能引起较大的测试误差，这在日常测试中经常碰到，它可以使曲线上产生严重的噪声和毛刺，甚至曲线不能测出；再有就是断点位置比较近，所使用的距离、脉冲宽度又比较大，看起来就像光没有打出去一样，在出现这种情况时，首先看看 OTDR 的设置，把距离、脉冲宽度调小一点；其次要检查尾纤连接情况及连接器件是否清洁，如果还是这种情况的话，则可以判断尾纤有问题或 OTDR 上的识配器问题，还有可能是断点十分近，OTDR 不足以测试出距离来。如果是尾纤问题，则只要换一根尾纤即可；否则应试着擦洗识配器，或者就近查看纤芯。

（4）OTDR 的选择。

OTDR 一般分为台式、便携式和手持式，如图 1-17 所示，台式 OTDR 的体积较大，测试精度高，价格相对比较昂贵，适用于机房及实验室使用；便携式 OTDR 的体积相对较小，便于携带，并且具有比较丰富的外设接口，适合于施工、验收、线路维护等野外及机房测试；手持式 OTDR 的体积小巧，便于携带和操作，其功能主要面向光缆线路维护人员，是一种针对性比较强的维护测试仪表。

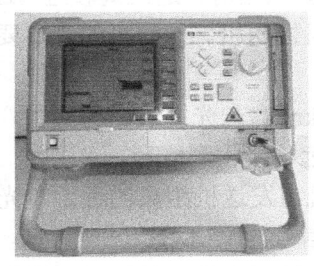  

台式 OTDR　　　　　　　　便携式 OTDR　　　　　　　　手持式 OTDR

图 1-17 OTDR 的类型

5. 光缆路由探测仪

（1）光缆路由探测仪的工作原理。

光电缆路由探测仪是以电磁感应原理为基础、以跨步电压理论为依据，结合数字滤波、无线接收、软件控制等技术而设计的产品。

电磁感应的基本工作原理是：由发射机产生电磁波并通过不同的发射连接方式将发送信号传送到地下被探测金属管线上，地下金属管线感应到电磁波后，在其表面产生感应电流，感应电流就会沿着金属管线向远处传播，在电流的传播过程中，又会通过该地下金属管线向地面辐射出电磁波。这样，当光缆路由探测仪接收机在地面探测时，就会在地下金属管线正上方的地面接收到电磁波信号，通过接收到的信号强弱变化就能判别地下金属管线的位置和走向。

电磁感应原理实现的条件：首先，要有能发出足够电能的信号源，在具备传输电能的线路中形成电流，电流在流动过程中又在该线周围产生磁场；其次，要有能接收这一特定磁场的电路，把磁场的变化过程以电信号形式显示出来。这个由电变磁再由磁变电的过程就是光缆路由探测仪的基本原理。

跨步电压理论成立的条件：首先，要保证线路中的电能有流向大地的点（漏电点），这样，在此点周围就会形成电场，它以漏电点为中心，以电势的形式均匀递减向外扩散，同一圆周电势相等；其次，要有能检测电势差的电路，测出等电势圆周，圆心即漏电点（电缆故障点）。这就是光缆路由探测仪跨步电压定点的理论根据。

（2）光缆路由探测仪的使用方法。

① 地线接线法。

在使用光缆路由探测仪时，应注意输出地线沿线缆垂直方向尽量拉到远处，寻找一处比较方便的地面且接地电阻较小的位置插入地钎，若地面过硬，则可泼些水或压上重物，这样可以使放音信号在光缆与大地间构成一个较好的回路，同时缩小"盲区"的范围。

② 放音线接法。

放音线接法也称监测尾缆芯线选择法，需要将放音线接至相应光缆的外护套或加强芯对应的监测尾缆芯线上。不能为图方便而将放音线与监测尾缆的数根芯线同时连接，这样会大大减弱所测方向光缆上的信号（若反方向对地绝缘不好，则减弱现象会更明显），缩短了能测到的距离。

③ 频率选择：一般采用低频，可以减小外界电流的干扰，但相对传送距离较近（2km左右）时，若需要连测几个接头段，则应调至较高频率，而且发送机、接收机的频率要同时调整，使其在同一频率下工作。

④ 输出功率选择：其大小根据探测距离而定，一般在2km盘长光缆段内探测时，只需调至中间功率即可，距离加长，功率适当调大，以便能在远端接收到信号。

⑤ 接收灵敏度调整：接收机接收到的信号会随着接收机与发送机距离的远近、光缆埋深的深浅而改变，要及时调整接收机灵敏度，以保证接收信号的输出质量。

⑥ 确认过程：在开始探测之前，一定要先确认各种状态是否正常。若信号已在光缆与大地之间产生回路，则发送机会连续发出"嘀嘀嘀"音（音量可调），然后将接收机调到峰点接收，拿到待测光路由（离发送机不宜太近）上，判断放音线所接监测尾缆芯线是否正确，若接收机未接收到信号，则重新调整放音线所接的监测尾缆芯线，直至接收机接收到正常信号。

⑦ 初始寻找线缆位置：在平常工作时，有时会发生很长时间寻找不到线缆的位置的

情况，在仪表正常时可能存在以下两种错误：监测尾缆芯线接错方向（工程施工时接续错误），此时应把输出线调换与监测尾缆芯线的连接；地线输出线较短，发射机就在监测标石旁边且发射机输出功率较大、接收机增益较大，在接收机附近探测感觉到处都是线的位置，此时应在距发射机 3m 以外探测。

⑧ 探测位置的准确度的掌握：在探测路由时，根据探头的转角不同，有两种测试方法：一种为峰值法，即探头与探杆成 90°且平行于地面，并与缆线走向垂直进行探测，当接收信号最强（表头指针指示最大、声音增强）时，此处就是光缆的位置；另一种为空值法，即探头与探杆平行且垂直于地面，当在缆线正上方时，接收信号最弱（表头指针指示最小，声音最弱，即哑点）。

以上两种方法应注意的是探头与探杆的角度一定要准确。在探测时还应注意拐弯点，为了提高拐弯点的位置定位的准确度，应对拐弯点附近（最好在 1m 范围内）两边的缆线仔细进行探测，多定几个位置点，连点成线而构成夹角，夹角处就是拐弯处，且线位置一般在夹角点处内侧 5cm 范围内，并根据峰值法和空值法进行判断，此时光缆路由探测仪的摆动应在角的平分线上并以缓慢的速度接近拐弯点。

⑨ 光缆埋深的探测：在确定线路路由后，把探头转成与探杆成 45°的位置，探头筒轴线端贴近地而垂直对准缆线的走向，左右水平移动，当接收到的信号第一次出现空值时，记下该点的位置，该点与缆线的直线距离即埋深。由于探测埋深的准确度会受土壤条件、相邻线缆金属材料的影响，因此，在探测时，最好在线缆两边定点，再采取平均方法取值，这样测得的结果更贴近实际深度值。当缆线旁边地面高于缆线地面位置时，应根据旁边的地面高度使探头高出地面水平进行探测，探测完成后，所量的距离应减去探头与缆线地面间的距离；当缆线旁边地面低于缆线地面位置时，探头在缆线地面位置水平进行探测，所量的距离即缆线深度。

1.2　光　缆　接　续

1.2.1　光缆接续的内容、步骤及方法

光缆接续的内容包括光纤接续、金属护层和加强芯的处理、接头护套的密封及监测线的安装。光缆接续的一般要求为：光纤接续前应核对光缆端别、光纤线序，并对端别光纤线序做识别标志。固定接头光纤接续应采用熔接法，活动接头光纤接续应采用成品光纤连接器。

光纤固定接续是光缆线路施工中较常见的一种方法，其接续方法有熔接法和非熔接法两种。目前，光纤固定接续大都采用熔接法，这种方法的优点是光纤的连接损耗低、安全可靠、受外界影响小，最大的缺点是需要价格昂贵的熔接设备。接续操作过程一般分为剥除光纤涂覆层、光纤端面处理、光纤熔接、光纤接头保护、余纤的盘留等。

1. 光缆接续各步骤的具体操作方法

（1）剥除光纤涂覆层。

利用涂覆剥除器（MLER 钳）剥除光纤涂覆层 30～40mm，然后用浸有无水酒精的清

洁纸或纱布擦拭光纤表面，直至擦得发出"吱吱"的响声。在剥除中应注意用力要适中、均匀，用力过大会损伤纤芯或切断光纤，用力小了光纤护层剥不下来。

（2）光纤端面处理。

光纤端面处理是光纤接续处理技术的关键，端面的好坏直接影响接续的质量。光纤切割是利用石英玻璃的脆性来达到光纤切断面的光滑、无毛刺的。如果操作不当，则会出现光纤断面倾斜、有缺口、有毛刺或纤芯损伤等现象，造成接续不良。纤芯切断长度根据熔接机的限制或热缩套管的长度确定，一般为(16±0.5)mm。

（3）光纤熔接。

将制作好端面的光纤放置在熔接机的 V 形槽中，按下熔接机的"SET"键，即可完成整个熔接过程（其中包括调间隔、调焦、清灰、端面检查、对纤芯、熔接、检查及推定损耗等动作），在操作过程中，应避免断面与任何地方接触，保持纤芯干净。

（4）光纤接头保护。

光纤接头保护主要是为了增加接头处的抗拉、抗弯曲的强度。将套有热缩套管的纤芯轻轻地移到熔接部位（熔接之前，将保护管预先放入光纤的某一端），熔接部位一定要在保护管的中心，并将保护管放入熔接机的加热器中，用左侧光纤轻轻下压，使左侧光纤钳合上；再轻轻地压下右侧光纤，使右侧光纤钳合上，然后关闭加热器盖；按下"HEAT"键，面板上的红灯亮，此时加热器开始加热，直至保护套管端部完全收缩。同时应注意确保光纤被覆部位的清洁，保持光纤笔直，不要扭曲光纤熔接部位。如果收缩不均匀，则可延长加热时间；如果加热时产生气泡，则可降低加热温度。

（5）余纤的盘留。

为了保证光纤的接续质量和有利于今后接头的维修，光纤都要在接头的两边留有一定长度的余纤，一般用于盘纤，接续的余纤长度应大于 1m。不同的光缆接续盒有不同的处理方法，大致的方法都是将余纤盘绕在接续盒的托盘上，尽量盘大圈，一般其弯曲半径应不小于 3.5cm。

2．整个光缆接续的过程

光缆接续一般是指光缆护套的接续和光纤的接续。在接续前，一般应检查光纤芯数、结构程式等是否一致。

（1）专用光缆开剥工具。

① 常规光纤工具箱。

常规光纤工具箱包含双口光纤剥线钳、钢丝剪断钳、斜口钳、尖嘴钳、老虎钳、十字螺丝刀、一字螺丝刀、光缆横向开缆刀、酒精泵、剪刀、卷尺、美工刀、内六角螺丝刀、皮老虎、记号笔、活动扳手、试电笔、松套管开剥刀、紧套管剥除钳。

② 纵向开缆刀。

纵向开缆刀刀片采用超合金特制而成，刀口锋利，开剥外径有 4 种规格，适用于室外光缆割接时束管的纵向开剥；开中心束管的外径有 4 种选择，所开束管为上下双面开口，易于抽纤。

（2）光缆开剥。

光缆有室内和室外之分，室内光缆借助工具很容易开剥；而由于室外光缆内部有钢丝接线，所以给光缆开剥增加了一定的难度，这里主要介绍室外光缆开剥的方法。

光缆开剥的主要方法如下。

① 方法一。

第一步：光缆开剥前，首先清洁光缆外皮大约 2m，要剪掉光缆端头 0.5m，以保证在光缆接续时有一个良好的开端；然后用光缆环切刀开剥外部的聚乙烯外护套。一般光缆开剥长度为 1.2~1.5m，边旋转松套管开剥刀边进刀，此时一定要把握好环切刀的深度和力度，不要损伤光纤套管。

第二步：在光缆开口处找到光缆内部的两根钢丝，用斜口钳剥开光缆外皮，用力向侧面拉出一小截钢丝。

第三步：拉出钢丝，一只手握紧光缆，另一只手用斜口钳夹紧钢丝，向身体内侧旋转地拉出钢丝，然后用同样的方法拉出另外一根钢丝。

第四步：用束管钳将任意一根旋转钢丝剪断，留一根以备在光纤配线盒内固定。当两根钢丝被拉出后，外部聚乙烯外护套就被拉开了，用手剥开保护套，然后用斜口钳剪掉拉开的聚乙烯外护套，再用紧套管剥除钳将钢塑复合带剪剥后抽出。

第五步：继续松套管，用紧套管剥除钳将松套管剪剥开，并将其抽出，由于这层松套管内部有油状的填充物，故应用棉球擦干。至此，光缆开剥完成。

② 方法二。

第一步：同方法一的第一步。

第二步：使用光缆纵向开缆刀，根据光缆的类型、缆径调节刀片的高低，查看好刀片方向，将光缆放入调整好的刀具中，用刀具夹住光缆，用双手握紧工具手柄并用力向光缆头端拉出，即可纵向剥开光缆。

③ 方法三。

第一步：光缆开剥前，首先清洁光缆外皮大约 2m，要剪掉光缆端头 0.5m，以保证在光缆接续时有一个良好的开端，在聚乙烯外护套的适当位置用美工刀沿光缆横截面方向开剥（环切），此时把握好美工刀的切割深度和力度，这个过程可以感觉出切到钢丝位置还是钢塑复合带（钢丝位置浅一点，钢塑复合带位置深一点）。

第二步：通过第一步可找出钢丝位置，用美工刀从第一步的环切口且在钢丝同侧下刀，深度刚好到钢丝位置，沿着钢丝一直切到光缆头端，此时这条钢丝就会部分裸露出来。在另一条钢丝一侧用同样的方法切割，同样会使这一侧的钢丝裸露出来。

第三步：用斜口钳在光缆头端找出钢丝头，一拉就可以轻松地把钢丝剥出外护套，两条钢丝都要拉出到环切口过一点的位置。

第四步：双手分别放在环切口两端，轻微用力向四周轻折，重复多次，钢塑复合带会从中断开，将钢塑复合带连带外护套轻轻抽出，露出松套管。

第五步：用紧套管剥除钳将松套管剪开，并将其抽出，由于这层松套管内部有油状的填充物，故应用棉球擦干。至此，光缆开剥完成。

光缆开剥方法分析。

方法一：最普通、最标准的做法，对施工者的工作经验要求不高，是在高职、高专教学中常用的开剥方法。这种方法的缺点是耗时较多，使用的工具比较多。在实际应用中，光纤熔接工作人员一般不采用此方法。

方法二：光缆的纵向开剥主要看施工者的技术和经验，这种方法主要用于维修施工。例如，光缆某段的部分纤芯断，用纵向开剥来开天窗进行维修非常有效快捷。

方法三：是在这么多年的实践中结合其他光纤熔接工作人员的一些手法总结出来的非常实用的方法，工具简单、方法有效快捷。经过实践验证，该方法比方法一和方法二都要快，而且成功率非常高。

1.2.2 光缆的分歧接续

目前，为了使主干光缆与城区网络连接都能构成网络，在主干光缆上都会给各用户单位留有分支点，各引接任务已基本完成，其引接接续过程与光缆接续过程大致相同，但在分支引接前应注意以下几个问题。

一是被分支的光纤应与机房资料一致，作业前应做到心中有数；二是打开接头盒后应与机房取得联系，确认被引接的光纤后，方可作业，并做好登记；三是在作业时应保持其他光纤不动，同时应做好相应的保护；四是在原接头盒的基础上作业，动作不能过大，以免造成其他线路中断。

光纤接续时，现场应采取OTDR监测光纤连接质量，并及时做好光纤连接损耗和光纤长度记录。光纤连接损耗应达到设计规定值。直埋光缆接续前后应测量光缆金属护层的对地绝缘电阻，以确认单盘光缆的外护层完好和接头盒安装密封良好；光缆加强芯在接头盒内必须固定牢固，金属构件在接头处一般应电气断开。预留在接头盒内的光纤应保证足够的盘绕曲率半径，盘绕曲率半径应≥30mm，并无挤压、松动现象。带状光缆的光纤带不得有"S"弯。

1.2.3 光缆接头盒安装和封装方法

1. 光纤准备

（1）去除光缆外皮（如果有，则请去除屏蔽及铠装），然后去除各绕包层至露出松套管。具体方法请按光缆厂家推荐的标准方法步骤进行，预备长度3m。

（2）用清洁剂清洁松套管及加强芯护套，去除多余的填充套管，用所提供的砂纸打磨光缆外皮150mm。

2. 光缆安装

（1）按光缆外径选取最小内径的密封环，并将两个密封环套在光缆上。

（2）将光缆放入相应的入孔内。

（3）连接屏蔽及接地。

（4）在两个密封环之间缠绕上自黏密封胶带，使密封胶带绕到与密封环外径平齐，以形成一个光缆密封端。

（5）将光缆密封端按入光缆入孔内。

（6）用喉箍穿过光缆加强筋固定座和缆芯支架，将光缆固定在接头盒底座上，旋紧喉箍螺钉，直至喉箍抽紧。

（7）在光缆上扎上尼龙扎带，剪断余长。

(8) 对于其余不用的光缆孔,请用堵头密封。堵头上同样缠绕上密封胶带。

(9) 将加强构件缠绕在熔接盘支座的沉头螺钉上并压紧。

3. 光纤接续

(1) 预备上盘后盘绕 1.5 圈的光纤,随后将余纤全部盘绕在盒体内。

(2) 单芯光纤上盘请用单芯缓冲管,带状光纤上盘请用带状缓冲管。在熔接盘的进口处用尼龙扎带扎紧。

(3) 按规定方法对接两根(带)光纤,将接头卡入熔接单元卡槽中,余长请在盘内盘绕。

(4) 将熔接盘盖上,使其卡到位。

(5) 根据接头盒需要的容量不同决定熔接盘叠加的盘数,其叠加形式便于今后熔接单元的检查和维护。熔接盘每两只一叠加,可以将橡胶折页上的 6 个孔分别卡住上下两个盘上的各 3 个凸扭;对于 4 只橡胶折页,盘两边对称位置各两只。例如,叠加 5 个熔接盘,依照上述方法,将二层盘与三层盘扣住,三层盘和四层盘扣住,四层盘和五层盘扣住,依次类推,5 个盘就稳定地叠加在一起了。当需要查看或维护某一层盘的熔接情况时,只要将该盘单面的上层扣住的两只橡胶折页拆下,熔接盘即可如翻书页一样被打开。

4. 盒体密封

(1) 盒体封装:在盒体封装前,先将气门嘴与接地螺钉并紧。将密封条嵌入盒体四周的密封槽内;在接头盒两端的"U"槽处也分别用密封条嵌入槽内。注意:在使用密封条时,切勿人为拉动密封条,以免泄漏。

(2) 将接头盒上盖轻轻合上,旋入紧固螺栓,紧固顺序按盖上标明的数字顺序旋紧,用力矩扳手紧固,力矩达到 25N·m。

(3) 等待 5min,再用力矩扳手顺序旋紧,力矩仍达到 25N·m。

5. 盒盖拆卸

(1) 按顺序松开 10 只紧固螺栓,此时盖和座仍在一起。

(2) 取 4 只紧固螺栓,分别插入盒体四角,对称、均匀地旋入四角顶盖,使盖和座分离高达 6mm。

(3) 等待 5min 再均匀顶盖,使盖和座分离>6mm,直至可轻易地用手分离盖和座。注意:分离时必须轻轻地移开盖,以免熔接光纤受损。

(4) 如果增容或检查结束,则需要重新合盖,必须清除旧的密封条,重新敷设密封条到密封槽,包括"U"槽电缆入口端处的密封。

6. 光缆接头护套的密封处理

光缆接头护套的密封处理是接头护套封装的关键。不同结构的连接护套的密封方式也不同。在具体操作过程中,应按照接头护套的规定方法,严格按操作步骤和要领进行。对于光缆密封部位,均应做清洁和打磨处理,以提高光缆与防水密封胶带间可靠的密封性能。注意:打磨砂纸不宜太粗,打磨方向应沿与光缆垂直方向旋转打磨,不宜沿与光缆平行方向打磨。

光缆接头护套封装完成后,应做密封检查和光电特性的复测,以确认光缆接续良好。至此,接续完成。

7. 光缆接头的安装固定

(1) 埋式光缆。

埋式光缆的接头坑应位于路由前进方向的右侧,个别因地形限制而位于路由前进方向左侧时,应在路由竣工图上标明。直埋光缆接头坑示意图如图 1-18 所示,光缆接头的埋深应符合该位置埋式光缆的埋深标准,坑底应铺 10cm 厚的细土,接头护套上方应加盖水泥盖板保护,如图 1-19 所示。

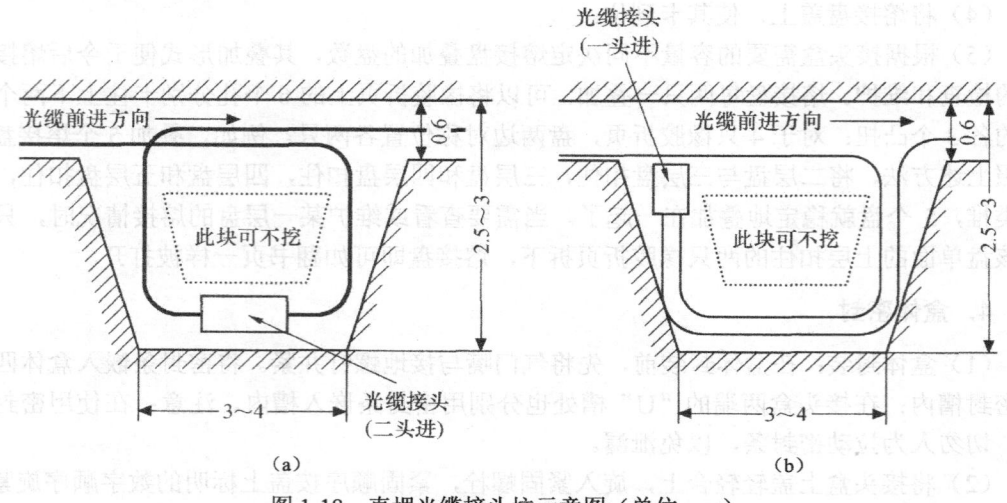

图 1-18　直埋光缆接头坑示意图(单位:m)

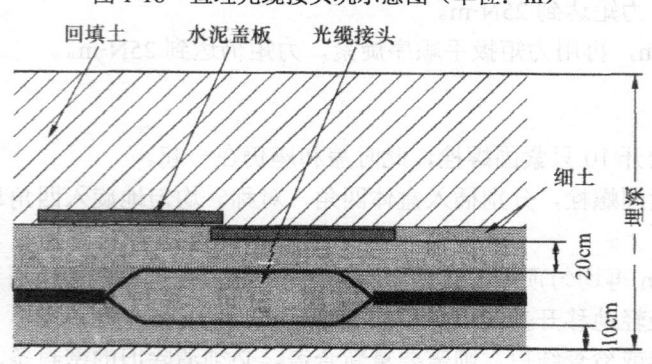

图 1-19　直埋光缆接头安装示意图

(2) 架空光缆。

架空光缆的接头一般安装在杆旁,并应做伸缩弯,如图 1-20 所示。接头的余留长度应妥善地盘放在相邻杆上,可以采用塑料带绕包或用盛缆盒(箱)安装,如图 1-21 所示。图 1-22 是适合于南方、接头位置不做伸缩弯的一种安装方式,对于气候变化不剧烈的中负荷区,这种安装方式应在邻杆上做伸缩弯。

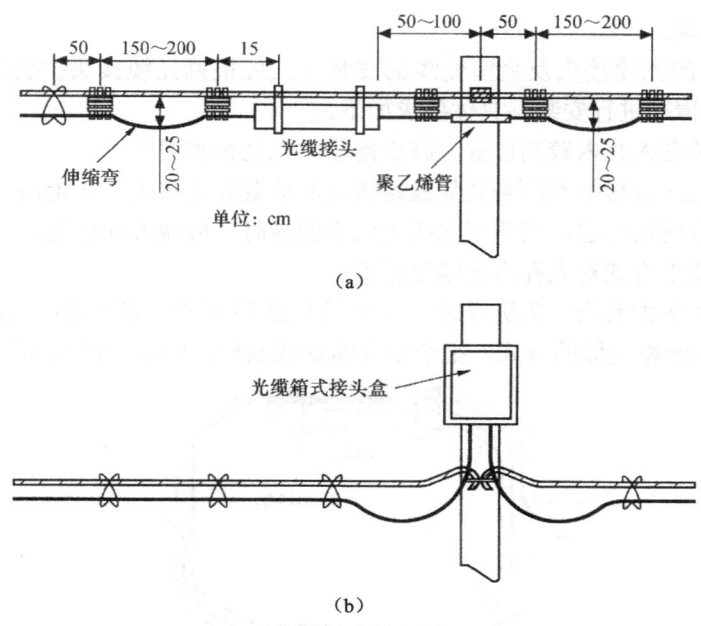

图 1-20 架空光缆接头安装示意图

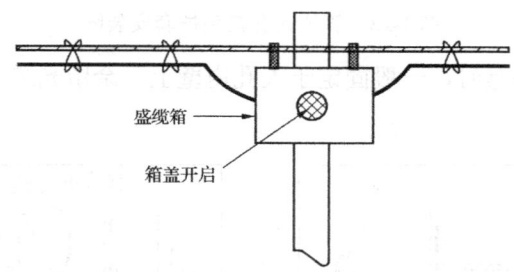

图 1-21 架空余留盛缆箱安装示意图

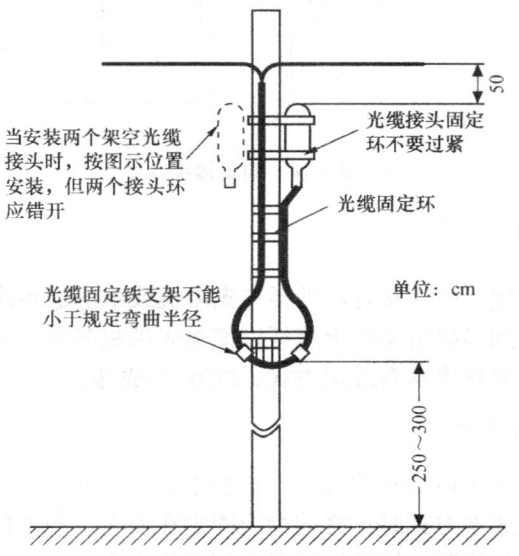

图 1-22 架空光缆接头及余留光缆安装图

(3) 管道光缆。

管道人孔内的光缆接头及余留光缆的安装方式应根据光缆接头护套的不同和人孔内光（电）缆占用情况进行安装。具体要求如下：

① 尽量安装在人孔内较高位置，减少雨季时人孔积水浸泡。

② 安装时应注意尽量不影响其他线路接头的放置和光（电）缆走向。

③ 光缆应有明显标志，当两根光缆走向不明显时，应做方向标记。

④ 按设计要求方式对人孔内光缆进行保护。

⑤ 当采用接头护套为一头进缆时，可按图 1-23 所示的方式安装；当两头进缆时，可按与图 1-24 所示的相类似的方式，把余留光缆盘成圈后，固定于接头的两侧。

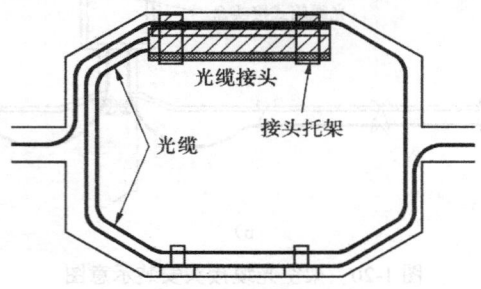

图 1-23　管道人孔接头护套安装图

⑥ 当采用箱式接头盒时，一般固定于人孔内壁上，余留光缆可按图 1-24 所示的两种方式进行安装和固定。

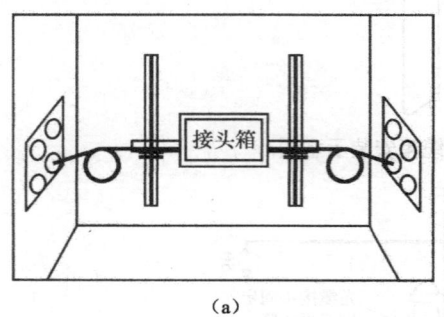 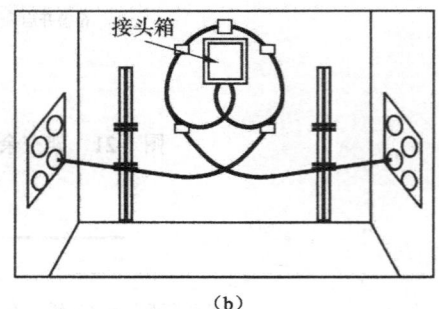

（a）　　　　　　　　　　　　　　　　　（b）

图 1-24　箱式接头盒

1.2.4　光缆成端

当光缆线路到达局端、中继站时，需要与光端机或中继器相连接，这种连接称为光缆成端，一般指的是光缆到局端后熔接上尾纤以便与光端机等设备相连接。

光缆成端的方式主要有终端盒成端方式、ODF 架成端方式。

1. 光缆成端的技术要求

（1）光缆进入机房前应留足够的长度（一般不少于 12m）。

（2）当采用终端盒成端方式时，终端盒应固定在安全、稳定的地方。

（3）成端接续要进行监测，接续损耗要在规定值之内。

（4）当采用 ODF 架成端方式时，光缆的金属护套、加强芯等金属构件要安装牢固，光缆的所有金属构件要做终结处理，并与机房保护地线连接。

（5）从终端盒或 ODF 架内引出的尾纤要插入机架的适配器（法兰盘）内，空余备用尾纤的连接器要带上塑料帽，防止落上灰尘。

（6）光缆成端后，必须对尾纤进行编号，同一中继段两端机房的编号必须一致。无论施工还是维护，光纤编号不宜经常更改。尾纤编号和光缆色谱对照表应贴在 ODF 架的柜门或面板内侧。

2．光缆成端的操作步骤

（1）将金属加强芯与光缆终端盒上的接地端子紧固连接，使光缆金属件良好接地，避免雷击。

（2）将光纤套管用塑料扎带在光缆终端盒内绑扎整齐，每个套管对应一个熔纤盘。

（3）将光纤套管开剥一定的长度，将光纤与尾纤进行熔接，然后将尾纤和光纤在熔纤盘内盘放整齐。

（4）将光缆吊牌固定在光缆上面，对光缆进行标识。

（5）将光纤各纤芯对应的开放路由填入光缆终端盒的资料标签上，以便维护查找。

1.3 光缆线路障碍

光缆线路障碍主要是指由于某种原因造成光缆内的部分或全部纤芯损耗升高或阻断，从而导致该条光缆传输的部分或全部光系统严重误码或完全中断的情况，如光纤接头处损耗升高、光纤自然断裂、外力作用造成光缆损坏、光纤过度弯曲等都会使光系统传输严重误码或中断。

1.3.1 光缆线路障碍种类及定位

光缆线路障碍处理前需要对障碍进行定位，掌握光缆线路障碍的定位方法及修复技术，并且，具有快速应变能力也是对光缆线路维护工作人员的基本要求。

（1）光缆线路障碍按对光纤的损坏程度可分为隐含的断纤障碍、系统障碍和全阻障碍 3 种。

隐含的断纤障碍是指某条光缆的某些备用纤芯阻断而不能及时被察觉的障碍。

系统障碍是指光传输链路在某处出现问题而造成系统传输严重误码或中断的情况。

全阻障碍是指一条光缆线路的全部纤芯在某处中断，通信受阻。

（2）光缆线路障碍按性质（对通信的影响程度）可分为一般障碍、严重障碍和重大障碍 3 种。障碍性质的界定随着时间的推移和运行维护质量的提高，以及用户对通信安全性要求的提高会越来越严格。

一般障碍是指由于光缆线路原因造成的部分在用业务阻断的障碍。

严重障碍是指由于光缆线路原因造成的全部在用业务阻断的障碍。

重大障碍是指在执行重要通信任务期间，因光缆线路原因造成的全部业务阻断并产生严重后果的障碍。

（3）光缆线路障碍按处理时长可分为未超时障碍和超时障碍两种，原则上除不可抗拒的意外原因外，不允许出现超时障碍。

未超时障碍是指在规定的障碍处理时限内恢复通信的障碍。

超时障碍是指在规定的障碍处理时限内未恢复通信的障碍。

1.3.2 光缆线路障碍产生的原因

根据统计资料分析，在光纤通信系统中，使通信中断的主要原因是光缆线路障碍，约占统计障碍的 2/3。而在光缆线路障碍中，由于挖掘原因引起的障碍占一半以上。在由挖掘引起的障碍中，又分事先未通知电信公司和已通知电信公司两种情况。未通知电信公司所造成的事故约占 40%；虽然事先通知了电信公司，但由于对光缆的精确位置和对光缆位置的标记不清而造成的事故也占 40%。

光缆线路障碍的产生原因与光缆的敷设形式有关，敷设形式主要有地下（直埋和管道）和架空两种。地下光缆线路不易受到车辆、射击和火灾的损坏，但受挖掘的影响很大。架空光缆线路不大受挖掘的影响，但受车辆、射击和火灾的伤害严重。总体来说，地下光缆和架空光缆发生障碍的概率没有多大区别。如果能设法最大限度地减少由挖掘引起的障碍，则地下光缆要比架空光缆安全。

引起光缆线路障碍的原因主要有以下几点。

1．挖掘

挖掘是光缆损坏的最主要原因。有人做过统计，在调查的 650 次障碍中，有 280 次是由挖掘引起的，占光缆线路障碍的 58%，在建筑施工、维修地下设备、修路、挖沟等工程中，均可产生对光缆的直接威胁。

2．技术操作错误

技术操作错误是由技术人员在维修、安装和其他活动中引起的人为障碍。在调查的障碍中，有 35 次属于这类障碍，占光缆线路障碍的 7.4%，仅次于由挖掘引起的障碍次数，占第二位。其中，在对光缆进行维护的过程中，由于技术人员不小心引起的障碍占多数。例如，在光纤接续时，光纤被划伤、光纤弯曲半径太小、接续不牢等；在切换光缆时，错误地切断正在运行的光缆等。

3．鼠害

各类啮齿动物啃咬光缆造成光缆破裂或光纤断纤约占光缆线路障碍的 4.8%，在调查的障碍中，大约有 20 次属于此类障碍，占第三位。无论地下、架空还是楼内的光缆，都同样受到鼠害的威胁。

4．车辆损伤

在调查的障碍中，此类障碍有 19 次，占光缆线路障碍的 4%。其中只有 3 次是对地下光缆的损害，其余均是对架空光缆的损害。架空光缆受损害主要有两种情况：一种是车辆撞倒电杆使光缆拉断；另一种是在光缆下面通过的车辆拉（挂）断了吊线和光缆。其中大多由于吊线、挂钩或电杆的损坏引起光缆下垂，也有的是因为穿过马路的架空光缆高度不够或车辆超高引起的。

5．火灾

架空光缆和楼内光缆受火灾损坏也很多。在统计的障碍中，有15次是由火灾引起的，占光缆线路障碍的3.2%。其中以光缆路由下方堆积的柴草、杂物等起火导致的线路损坏和架空光缆附近农民焚烧秸秆引发光缆障碍最为常见。

6．射击

在统计的障碍中，架空光缆因各类枪支射击、子弹爆炸和冲击共发生13次障碍，占光缆线路障碍的2.7%。这类障碍一般不会使所有光纤中断，而是使部分光缆部位或光纤损坏，但这类障碍查找起来比较困难。近几年，随着国家枪支管理的加强，这类障碍已发生较少。

7．洪水

由于洪水冲断光缆或光缆长期浸泡在水中而使光纤进水引起光纤衰减增大。在统计的障碍中，这类障碍共有7次，占光缆线路障碍的1.5%。

8．温度的影响

温度过低或过高都对线路产生影响。在低温事故中，有两次是由于接头盒内进水结冰造成的，两次是由于架空光缆护套冬天纵向收缩，对光纤施加压力产生微弯使衰减增大造成的。当光缆距暖气管道很近时，会使光缆护套损坏。在调查的障碍中，有8次是由这类原因引起的，占光缆线路障碍的1.7%。

9．电力线的破坏

当高压输电线与光缆或光缆吊线相碰时，强大的高压电流会把光缆烧坏。在统计的障碍中，这类障碍约占1.5%。

10．雷击

当光缆线路或其附近遭受雷击时，在光缆上容易产生高电压，从而损坏光缆。

从以上的光缆线路障碍分析中可以看出，由于光缆本身的质量问题和由自然灾害引起的障碍所占的比例较小，大部分障碍是属于人为性质的。因此，在维护工作中，应充分注意这一情况。

1.3.3　光缆线路障碍定位方法

目前，光缆线路障碍定位的主要方法是使用OTDR对光纤长度及光纤线路中某点的损耗进行测量。通过对OTDR测量出的背向散射信号曲线上异常点的位置及其对应的损耗台阶或菲涅尔反射峰等进行分析，获得光纤沿线上各特征位置（包括接头位置、跳接位置、断裂位置、损耗过高位置等）对应的长度量值。这为障碍定位提供了科学有效的数据，再结合光缆线路的实际路由情况和预留情况，就可以找到线路的障碍点。

OTDR的常规化使用容易掌握，但在实际的光缆线路维护工作中，由于障碍情况的特殊性、多样性、复杂性,所以怎么针对实际情况,结合 OTDR 的测量数据,快速准确地判断出障碍位置,对光缆线路障碍的查修极为重要。

1.3.4 光缆线路障碍的统计、计算与查修方法

1. 光缆线路障碍的统计

由于光缆线路的原因影响通信质量而使用单位同意继续使用的情况称为光缆线路的勉通状态。光缆线路的勉通状态不作为光缆线路障碍,但维护单位应设法积极排除。勉通次数、历时应如实报上级线路主管部门,作为分析光缆线路质量和改进维护工作的依据。

由于光缆线路原因造成业务系统障碍倒换至备用系统,或者备用系统和远供系统发生障碍而未影响通信的情况也不记为光缆线路障碍。光缆线路维护单位要积极查明原因,拟订修复方案报上级主管单位批准后实施。光缆线路障碍的实际次数、历时应如实报上级线路主管部门,作为分析和改进维护工作的依据。

同一条光缆同时在一处无论阻断几芯光纤均只记障碍一次。同一中继段内的同一业务系统同时阻断多次,记障碍一次。光缆线路障碍的实际次数、历时应如实报上级线路主管部门。

光缆线路障碍历时以系统业务出现阻断时开始计算,至光缆线路修复(或倒通)以传输站验证可用时为止。

2. 障碍计算

光缆线路障碍计算包括平均每百系统千米障碍次数计算和平均每百系统千米障碍历时计算:

$$平均每百系统千米障碍次数 = \frac{障碍总次数(次)}{系统总长度(系统千米)} \times 100(系统千米)$$

$$平均每百系统千米障碍历时 = \frac{障碍总历时(分)}{系统总长度(系统千米)} \times 100(系统千米)$$

式中,系统总长度指所辖光缆线路在用的业务系统总千米数,单位为系统千米。

例如,某系统使用 12 芯光缆 80km,其中 10 芯开通 5 个业务系统,2 芯用作备用系统,则系统长度为 5×80km=400 系统千米。在进行障碍计算时,一般要求保留小数点后两位有效数字。

1.3.5 光缆线路障碍抢修步骤

故障初步定位后,光缆抢修施工按流程可分为到达、准确定位、取缆、开剥、接续、恢复 6 个环节。

1. 到达

要进行维修作业,首先要使维修人员、设备、材料能够尽快到达现场。维护工具的机载化是实现快速到达的重要途径。这一方面是要保证人员及设备能够尽快地到达故障地点;另一方面是通过设备的合理集载与布置保证在施工现场可迅速完成作业环境搭建,按程序有条不紊地开展施工。

2. 准确定位

由于在事故发生后，初步测算的故障点与实际故障点通常有一定的差异，因此，到达现场后往往还需要经过进一步的探查。只有进行故障点的精确定位后，才能执行标准的维修程序。

对于陆地上的光缆，常用的办法有以下几种。

（1）通过目测观察线路故障现场情况，找到故障点。

（2）在故障点附近用接头盒进行测试，测算出准确的故障位置。

（3）对于路由不明的直埋线路，用路由探测设备找出光缆的准确路由。

3. 取缆

对于埋式光缆，取出光缆意味着开挖。由于光缆是直接敷设在泥土中的，所以可供使用的余留长度经常是很缺乏的，需要根据现场情况开挖接头坑。接头坑的规格只有按照不小于 2m 宽、4m 长、深度至少低于在用光缆 30cm 的要求才能方便操作。如果现场地形不允许开挖这么大的面积，则至少要开挖至可进行操作。尽可能选择有一定转弯的地形，将光缆沟开挖更长的距离，使光缆腾空，留更多的长度适合开剥/熔接等操作。开挖后将光缆清洗干净，并将操作台放入坑底，要求便于施工人员操作。长期以来，直埋光缆维修时一直依靠人力完成，已成为维护耗时最长、机械化程度最低的一个环节，其主要原因是找不到一种能够保证光缆安全的开挖工具。不过，目前已有一些厂家开始研制融合电子技术的新型安全开挖机械设备，这些设备将能够大幅度提高安全开挖的效率。

对于架空光缆，应尽量选择有盘留光缆的电杆，解松余留并放下来即可。如果无法就近找到余留的地点，则放松相邻几个杆档的光缆挂钩，使光缆放下至地面进行操作。如果修复部位在接头盒上，则将架空接头盒从杆上安全取下。如果发现架空接头盒密封胶脱落、加强芯抽出等异常情况，则应先在杆上采取保护措施，然后取下，以防移动过程中发生意外阻断情况。

对于管道光缆，由于光缆敷设在管孔中，所以在选择作业点的时候，应尽量选择原有余留缆的人井或接头井，以便将光缆拉出人井外进行割接操作。接头处可利用旧接头盒，也可对光缆开天窗，这样可避免逐井拉余留的工作。

4. 开剥

在开剥环节，应依据事先制订的计划，以及要求和规范的开剥程序，采用专用的工具进行开剥，在开剥时应注意不要造成二次故障。

5. 接续

接续是光缆修复的核心环节，在这个环节中，通常采用临时抢通和永久接续两种方式。在抢修过程中，也可根据情况先采用冷接做临时接续，准备完毕再进行热接。

6. 恢复

在接续作业完成后，要进行施工现场的恢复。对光缆接头盒进行固定，并采取必要的保护措施，线路恢复后要确认光缆是否已修好。

1.3.6 光缆线路障碍处理方法

1. 隐含的断纤障碍查修

城乡建设施工部门在施工前往往不与通信部门联系,事先也没有任何施工迹象,并且一般都是在夜间进行的,光缆线路的日常巡护很难发现。这种施工碰断某条光缆的非占用光纤的 1 芯或数芯的情况比较多,从而造成隐含的障碍,这种障碍很可能很长时间不得知晓。

光缆备用纤芯的定期和不定期测试是发现隐含的光缆纤芯阻断障碍的重要手段。非占用纤芯的阻断在大多数情况下只能通过定期和不定期的备纤测试来发现。备用纤芯的不定期测试是指有时传输要占用某纤,通过测试发现有障碍,不能用,或者由于其他原因需要对光纤进行测试,结果发现了障碍。需要对备用纤芯进行定期测试,结合产权单位的规定,应对备用纤芯每年至少进行一次背向散射信号曲线测试。只要做到对备用纤芯进行完全而认真地测试,就能够把隐含的断纤障碍全部找出来。在进行备用纤芯的背向散射信号曲线测试时,最好双向测试,这可顺便检测出尾纤(或尾纤的活动连接器头)存在的隐含障碍。

查找出隐含的断纤障碍后,应根据传输需求的轻重缓急和障碍处理的易难程度,制订出修复方案,待主管部门批准后实施。

为了尽可能地避免发生隐含的断纤障碍,当日常巡护人员发现涉及通信线路的施工时,一定要核实施工时间、地段和该地段内的光缆。虽然当时没有出现光系统中断障碍,但也有必要对各条光缆的备用纤芯进行测试,以看是否有隐含的光纤障碍。

2. 系统障碍查修

造成系统障碍的原因也是很多的,如外施工铲挖、风钻破路等擦伤;挤断光缆内的部分光纤;管道内的其他电信线路施工踩伤,锯坏光缆的部分光纤;接头老化,受到振动而松动进水,使光纤接头异化,损耗增大或中断;自然断纤;局内尾纤与跳线的活动接头松动造成光路阻断;尾纤和跳线的余长盘放不当,久而久之自然下坠造成在某点弯曲过大而使传输中断等。在一般情况下,系统障碍相对来说对通信的影响较全阻障碍要小得多,但障碍点的隐蔽性较强,测试人员要具有熟练的测试技术和精确的数据分析能力,有时还要参考竣工文件并结合其他手段才能确定障碍点的位置或范围。以下分几种情况来介绍系统障碍的查修方法。

(1)外施工造成的系统障碍的查修。

对于因外力施工作用造成的系统障碍,一般情况下,光缆可能有 1 芯或数芯光纤被弄断,其中有占用光纤,也可能有非占用光纤。首先从局端通过 OTDR 测试获得障碍光纤的长度(对非占用光纤要逐一进行测试,以确定共有多少断纤),并结合光缆的路由走向和余留情况推断出障碍点的大致范围,然后沿途仔细查看。

① 对于外施工造成的系统障碍,一般说来,在障碍点区域路面会留下比较明显的施工痕迹,不难查找到。

② 通信管线每年的建设量也是很大的,在施工中误伤、误碰甚至锯坏在用光缆的情况屡见不鲜,这类障碍绝大多数发生在人井里。因此,要结合光缆线路巡视人员掌握的施工情况和通过测试判断的断纤位置,认真仔细地检查范围内人井里的光缆。光缆被锯或被

其他利器弄伤的伤口比较隐蔽，难以发现。要把光缆擦干净，用手捋着一点一点查看，有时甚至需要反复查看才能发现障碍点。

一条光缆部分光纤阻断的修理根据实际情况大致有以下几种处理方式。

① 对于光缆被从上向下的外力直接作用而弄断部分纤芯的硬伤障碍，不管是在管道内还是在人井里，障碍点两边的光缆不会受到拉抻，两边附近不会再有断纤情况。若障碍点两边有余留光缆且能串移到障碍点并达到够接续用，则可以在障碍点处纵剥光缆，做一个接头直接把断纤接上，使通信恢复。注意：在做接续处理时要特别小心，不要弄断其他无障碍的光纤。

② 若障碍点两边没有余留光缆可向障碍点串移或有余留光缆但串移不动，那么这时在障碍点便无法修复光缆，遇到这种情况，一般需要换段修复。

③ 障碍点两边的余留光缆虽然不能向障碍点串移，但在障碍点两边附近具备光缆接续操作的条件，这样可不直接完全换段。用接头盒把障碍点光缆保护起来（把未断的光纤保护起来，使之安全），再介入一段光缆，从障碍点两边临时修复阻断的光纤，待条件具备时再考虑通过换段来完全修复光缆。

④ 经常会遇到这样的情况：一条光缆的部分甚至大部分光纤在一点阻断了，未断的光纤中传输着重要的系统，障碍点具备处理和接续光缆的操作条件。这时采取方式①怕碰断未断的光纤，进而产生更大的影响，可采取方式③进行修复。

（2）自然断纤造成的系统障碍的查修。

由于光纤的质量原因，光缆内出现自然断纤而造成系统障碍的情况也偶有发生，这种情况虽然极少，但查修起来很困难。路面上和光缆上无任何痕迹，障碍点的位置难以确定。测试人员要有高超的测试技术，熟悉光缆线路情况。测试时要选择准确的测试折射率和恰当的测试脉宽，断点菲涅尔反射的强弱、光纤和光缆的胶合率、光缆长度和路面长度的差、各处的余留情况等都要考虑，并使之准确。必要时，可从光缆两端进行双向测试，务必要弄准断纤在哪一段管道内或哪两杆之间，或者哪两块标石之间，然后才好进行修理。一般说来，这种障碍确定不了准确的位置，但要把障碍点的范围缩减到最小。在绝大多数情况下，这种障碍只能采取换段割接的方式修复。

如果光缆本身没有受到损伤，且备用光纤比较多，那么中断的系统很容易倒跳通，在短时间内不会影响系统开通使用，此时可以认为其中的好光纤是安全的，暂时没有必要因为个别光纤障碍而大动作地换段修复光缆。

（3）局内和接头内断纤造成的系统障碍的查修。

① 尾纤和光跳线障碍查修。

出现系统障碍后，若用 OTDR 从局端测试确定的障碍点在局端或中间跳接局内的尾纤或光跳线上，则首先要仔细检查尾纤和光跳线有无异常，活动连接器的连接是否松动，进一步，还可用红光发生器检测尾纤和光跳线故障。跳线有故障更换即可；若尾纤有故障，则修复比较麻烦一些，要先把中断的传输系统通过其他光纤临时倒跳通，待尾纤修复后复原。

② 接头盒内光纤障碍查修。

对于光缆接头盒内光纤连接损耗增大或断裂等造成的系统障碍，熟悉光缆线路情况的维护人员用 OTDR 测试可以很容易地确定障碍点。对于这种障碍，要先仔细检查接头两边的光缆有无伤痕，把余留光缆理顺后看障碍是否消除；再考虑打开接头盒检查光纤。千万不要不检查就贸然打开接头盒。虽然 OTDR 测试判断障碍点在接头盒里，但由于 OTDR 有测试误差，所以也有可能障碍点不在接头盒内而在接头盒外 2m 或 3m 的范围内。

注意：要设法及时把中断的系统倒跳通，再查找障碍。查找光缆接头盒内光纤障碍一般要求在夜间进行。因为开启接头盒操作存在着碰坏光纤的危险。夜间操作要安排机务配合，以防意外情况发生。

3. 全阻障碍查修

全阻障碍的危险性极大，特别是对于没有双物理路由保护的段落，可能会造成该方向的传输系统完全中断。一条光缆线路发生全阻断，往往会发生严重障碍或重大通信阻断障碍，要求抢修人员以最快的速度恢复系统通信，把因通信阻断给用户造成的影响，以及给通信运营企业带来的经济损失和社会影响减到最小。

全阻障碍多数是外力作用造成的，如挖掘、钻孔、车挂等，其特点是障碍现场有明显的痕迹，维护人员很容易发现。对于全阻障碍，一般情况下是网管监测和传输维护人员首先发现在某个方向上有很多光系统传输中断告警，光缆线路维护部门要根据网管监测和传输维护人员提供的情况与光缆线路自动监测系统测试的数据判断涉及阻断光缆的段落。光缆线路查修人员和巡视人员要同时行动前往局内测试并进行现场查找，往往是巡视人员先发现障碍现场。要依据现场情况，采取灵活的应急恢复通信的措施。若现场不具备马上就能接续光缆的条件，那么光缆线路查修人员要配合传输人员尽快把一些重要的光系统通过其他光缆甚至迂回路由临时倒跳通。若能把所有阻断的光系统都临时倒跳通则最好，这样可缓冲一下光缆抢修工作，使光缆抢修能稳妥进行，更好地保证光缆线路的修复质量。

对于全阻障碍，如果光缆断点两边没有被拉神，则 OTDR 测试各纤长度一致，背向散射信号曲线在断点处的菲涅尔反射峰都很明显，可从两边把光缆向断点移动，达到够接续的长度，进行修复接续。对于管道光缆，当光缆发生障碍时，大多数情况下，管道也肯定受到了损伤，因此，在光缆修复且通信恢复正常后，应修复管道，并在光缆抢修接头处增做一个人井或手孔，以放置光缆接头盒保护有关的线路。

对于管道光缆，如果断点两边光缆受到拉抻，则在人井或手孔的拐点处，光缆受力不平衡，可能会有部分纤芯被抻断，有的光纤可能出现两处甚至多处阻断现象。对于这种情况，在初步确定障碍的性质和位置后，还要进一步确定断点附近是否还存在断纤现象。若断点附近几米内还有断纤，则由于测试误差，用 OTDR 从局端光缆尾纤测试是很难确定的。最好的方法是用 OTDR 从断点向两边测试（测非占用光纤，因为占用光纤的光端机在发着光，所以最好不要用 OTDR 测试），测试时介入一段 200～500m 的测试光纤，依次和每根光纤耦合进行测试，测试脉宽要尽可能小一些以获得长度上的最大分辨率。若发现断纤，就把曲线展宽细测，并与从局端得到的测试数据一起进行综合分析，一般可以比较准确地确定断纤位置。若非占用光纤的测试未发现有其他的断纤位置，则应继续对占用光纤进行测试。对于占用光纤，由于光端机在发着光，所以可先用光功率计做接收测试以判断是否有断纤情况，再用 OTDR 确定断纤位置。如果障碍点距离局端的长度在红光发生器的测试范围内，则用红光发生器判断障碍点附近是否还存在断纤情况就比较容易了。用红光发生器从局端向光纤发光，在障碍点能看见红光，说明障碍点两边附近没有断纤情况；若看不见红光，则说明障碍点两边附近还有断纤情况，需要进一步判断断纤的大概位置，然后介入一段光缆尽快抢修，千万不要在测试上耽误时间。

处理全阻障碍一定要考虑周到，要了解光缆路由的走向，查看相关人井或手孔中的光缆是否有明显的受力点，如果盲目地在光缆的断点处匆忙地进行抢修接续，则会由于光缆在其他处可能存在部分断纤情况而在光缆接续完毕后某些光系统不能恢复，使抢修工作陷入被动局面，障碍历时延长甚至超时限，从而造成更为严重的损失。若在断点处无法直接通过对接修复光缆，则需要换段修复。换段时应考虑两边附近两三个人井内有无接头或其他隐患，应从接头做起并能消除其他隐患；否则应急抢修换段应控制得越短越好（但不要低于 30m），这样可缩短抢修时间和节省材料。

对于较大芯数的光缆线路，在纤芯占用比较多的情况下，在进行全阻障碍抢修接续时，一般情况下不主张对占用纤芯用 OTDR 测试，光纤接续时要从重要系统、一般系统到非占用纤芯顺序接续。对于占用纤芯，接续损耗以熔接机显示的值为参考，肉眼观察有无异常，系统端机立即恢复正常即可。对占用纤芯用 OTDR 测试极有可能弄错光缆尾纤通过跳线连接端机的纤序，尾纤和跳线重新连接时也极易出现问题，弄得不好会使系统恢复延迟很长时间。对于非占用纤芯，应当用 OTDR 监测接续和进行全程背向散射信号曲线测试，资料存档。

全阻障碍查修要根据现场情况灵活地采用不同的测试方式，要以尽快恢复通信为原则，不能由于测试的滞后而耽误抢修时间，更不要已经看到光缆的明显破坏点还要用精确的测试结果来确认，这样做会耽误很长时间。在大多数情况下，太精确的断点距离的确认对光缆的修复没有必要。有时候只要知道障碍在哪一段管道内或哪一段杆路上就已经足够了。

4. 直接修复和应急抢代通的选择

障碍点的处理分两种情况：实施障碍点的应急抢代通或障碍点的直接修复。线路障碍的排除是采用直接修复，还是先布放应急光缆实施抢代通，再进行原线路修复，取决于光缆线路修复所需的时间和障碍现场的具体情况。

（1）直接修复。

一般在下述情况下应直接进行修复。

① 网络具有自愈功能时。

② 临时调度的通路，可以满足通信需要时。

③ 障碍点在接头处，且接头处的余缆、盒内余纤够用时。

④ 架空光缆的障碍点，直接修复比较容易时。

⑤ 直接修复与抢代通作业所用时间差不多时。

（2）应急抢代通。

光缆线路障碍产生后，为了缩短通信中断时间，可以实施光缆线路抢代通作业。抢代通就是迅速地用应急光缆代替原有的障碍光缆，实现通信的临时性恢复。抢代通作业的实施单位必须装备有抢代通器材和工具等。一般抢代通系统装备到县级维护单位较为合理。

① 在下列情况下，需要先布放应急光缆实施抢代通，再做正式修复。

　　a. 线路的破坏因素尚未消除时，如在遭遇连续暴雨、地震、泥石流和洪水等严重自然灾害的情况下。

　　b. 原线路的正式修复无法实行时。

　　c. 光缆线路修复所需的时间较长时，如光缆线路遭遇严重破坏，需要修复路由、管道或考虑更改路由。

　　d. 线路障碍情况复杂，障碍点无法准确定位时。

　　e. 主干线或通信执行重要任务期间。

② TRS-9702 光缆应急抢代通系统。

下面以 TRS-9702 光缆应急抢代通系统为例介绍应急抢修器材的构成及操作细则。

TRS-9702 光缆应急抢代通系统主要用于架空、管道和直埋等光缆线路的临时性应急抢修。当光缆线路发生障碍并通过人工或其他搬运方式将本系统携带至障碍现场时，采用可重复使用的光纤接续子的机械连接方式，将应急光缆接入障碍线路中，即可临时恢复通信，待用永久性接续方式恢复线路后，将应急光缆撤离光缆线路，并收回至收容盘，以便下次障碍抢修时使用。

　　a. 主要技术指标。

　　b. 系统构成。TRS-9702 光缆应急抢代通系统由以下几部分构成。

一是应急光缆和光缆收容盘部分。应急光缆为进口特种轻型光缆，由 6 根紧套单模光纤组成，长度为 100m。光缆收容盘由铝合金材料制成，为满足抢修中的实际需要，将收容盘设计成连体的主、副两盘，应急光缆 10m 长的一端在副盘中绕放，其余部分（90m 或更长）绕放在主盘中。

二是光纤接续子与接续专用工具。采用 SIECOR 公司（德国）的 CAM splice 光纤接续子，机械式连接光纤，具有连接损耗小、稳定、易操作、能重复使用等优点。用接续子连接光纤有两种操作方式：一种是手动操作方式，不需要接续专用工具；另一种是利用接续专用工具的操作方式。采用后一种方式，能使连接光纤的端面在接续子内接触良好，从而获得较小的连接损耗。因此，在 TRS-9702 光缆应急抢代通系统中采用专用工具连接光纤的操作方式。AT-1 型接续专用工具具有操作简单、易于掌握、可靠等优点，可大大提高光纤的接通率。

三是光缆应急抢修接续盒。光缆应急抢修接续盒是专门为应急抢修设计的，具有体积小、质量轻、密封防水和易操作等特点。接续盒采用上下两半结构，由 6 个活动搭扣将两半壳体固定在一起，接合部分用胶条密封。接续盒内采用叠层方式固定光纤收容盘，最多可放 4 层，每盘可容纳光纤 6 根，因此可收容 24 根光纤。接续盒壳体采用高强度、耐腐蚀塑料制成，障碍光缆和应急光缆从同侧引入，另一侧有挂钩孔，以便悬挂安装。为便于应急光缆的引入和固定，并缩短抢修时间，专门设计了应急光缆引入装置。该装置平时和应急光缆一并与光纤预接保护盒连接，这样，在抢修现场抢修只需去掉光纤预接保护盒，把引入装置（连同应急光缆端头）置入接续盒的应急光缆引入孔内，即可完成对应急光缆的处理。

四是光纤预接保护盒。为缩短抢修时间，专门设计了应急光纤预接保护盒，允许在抢修前把应急光缆端头事先做好端面处理，并与光纤接续子相连接，置于光纤预接保护盒之内进行保护。

五是工具和器材。工具和器材配套齐全，能满足工程中常用的各种结构光缆和光纤接续要求的是多功能支架。它主体采用框架结构，由稀土铝管材加工而成，具有质量轻、强度高、耐用等优点。该支架具有多种功能，可以满足抢修及工程的需要。

c. 使用操作。利用 TRS-9702 光缆应急抢代通系统进行线路障碍抢修的主要操作过程可分为以下4步。

第一步：应急光缆端头预处理。应急光缆端头预处理就是将应急光缆主收容盘中的光缆引出端从收容盘上放出适当长度（约 2m），在外护层上绕一层密封胶带，并用应急光缆固定环把应急光缆固定在引入装置上。将应急光缆中的每根光纤依次剥除套塑、一次涂覆层，并做端面处理。在接续专用工具上用光纤接续子将应急光纤进行预接，并将连接好接续子的光纤收放在光纤预接保护盒内，将接续子置于接续子嵌入槽内。对应急光缆的另一端做同样的预处理。将应急光缆回收到光缆收容盘上，并将两端的光纤预接保护盒也固定在光缆收容盘上。

第二步：装载和搬运。根据不同的道路条件，可采用背负、抬行或拖行等多种方式携带光缆应急抢代通系统。

第三步：应急抢代通。在线路障碍地段布放主收容盘上的应急光缆，并取下副收容盘一端的光纤预接保护盒，放出副收容盘上的光缆。开剥障碍光缆，并固定到接续盒内。将应急光缆一端的光纤预接保护盒除去，并将应急光缆固定在接续盒内。再进行光纤接续工作，即把每根应急光纤和障碍光纤用接续子连接。将连接好的光纤接续子嵌入收容盘固定槽内，并在收容盘内盘放好余纤。安装好接头盒并固定保护。

第四步：应急光缆的回收。待用永久性接续方式修复线路后，可将应急光缆撤离障碍光缆线路。

1.3.7 光缆线路障碍处理记录

在光缆线路故障处理过程中，要准确做好各时间段的记录，以供编制障碍报告和其他有关方面备查使用。

记录内容主要包括接到报警时间、到达现场时间、确定障碍时间、开始处理障碍时间、第一个系统恢复时间、所有系统恢复时间、光缆修复完成时间、倒跳接业务情况等。

1.4 方案制订

1.4.1 光缆通信工程基本规范

光缆通信工程主要包括光缆线路工程和设备安装工程两部分，它们多数属于基本建设项目。公用电信网的光缆通信工程按行政隶属关系可分为部直属项目（如光缆一级干线工程）和地方项目（如光缆二级干线工程、本地网光缆）。本地光缆通信工程多数属于某一个建设项目中的一个单项或单位工程。光缆通信工程的建设程序可以划分为规划、设计、准备、施工和竣工投产5个阶段，如图 1-25 所示。

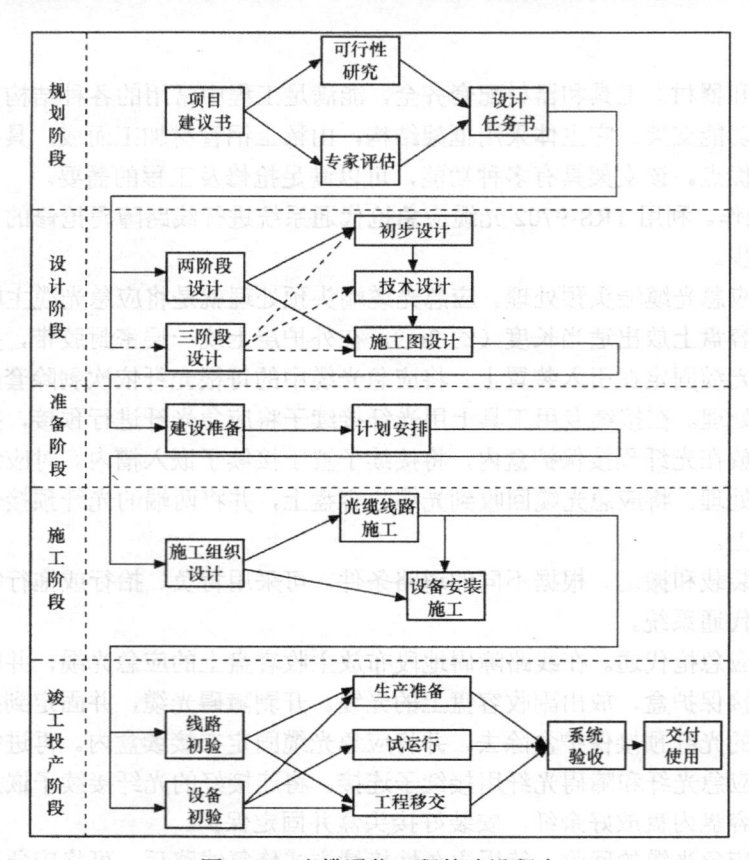

图 1-25 光缆通信工程的建设程序

1. 规划阶段

规划阶段是光缆通信工程建设的第一阶段,包括项目建议书的提出、可行性研究、专家评估及设计任务书的编写,一般中大型光缆项目才有此阶段。

(1)项目建议书的提出。

项目建议书是工程建设程序中最初阶段的工作,是投资决策前拟定该工程项目的轮廓设想。项目建议书主要包括如下内容。

① 项目提出的背景、建设的必要性和主要依据,介绍国内外主要产品的对比情况和引进理由,几个国家同类产品的技术、经济分析。

② 建设规模、地点等初步设想。

③ 工程投资估算和资金来源。

④ 工程进度和经济、社会效益估计。

项目建议书提出后,可根据项目的规模、性质报送相关计划主管部门审批。批准后即可进行可行性研究工作。

(2)可行性研究。

可行性研究是对建设项目在技术上、经济上是否可行的分析论证,也是工程规划阶段的重要组成部分。可行性研究的主要内容如下。

① 项目提出的背景,投资的必要性和意义。

② 可行性研究的依据和范围。
③ 电路容量和线路数量的预测，提出拟建规模和发展规划。
④ 实施方案论证，包括通路组织方案、光缆和设备造型方案、配套设施。
⑤ 实施条件，对于试点性质工程尤其应阐述其理由。
⑥ 实施进度建议。
⑦ 投资估计及资金筹措。
⑧ 经济及社会效果评价。

通信基建项目规定，凡是大中型项目、利用外资项目、技术引进项目、主要设备引进项目、国际出口局新建项目、重大技术改造项目等都可以进行可行性研究。

有时也可以将项目建议书的提出同可行性研究合并进行，但对于大中型项目，还是应分两个阶段进行。

（3）专家评估。

专家评估是指由项目主要负责部门组织有理论、有实际经验的专家，对可行性研究的内容做技术、经济等方面的评价，并提出具体的意见和建议。专家评估报告是主管领导决策的依据之一。目前，对于重点工程、技术引进项目等进行专家评估是十分必要的。

（4）设计任务书的编写。

设计任务书是确定建设方案的基本文件，是编制设计文件的主要依据。在编写设计任务书时，应根据可行性研究推荐的最佳方案进行。它包括以下主要内容。
① 建设目的、依据和建设规模。
② 预期增加的通信能力，包括线路和设备的传输容量。
③ 光缆线路的走向，设备安装局/站地点及其配套情况。
④ 经济效益预测、投资回收年限估计，以及技术引进项目的用汇额、财政部门对资金来源等的审查意见。

2．设计阶段

设计阶段的主要任务就是编制设计文件并对其进行审定。

光缆通信工程设计文件的编制同其他通信工程设计文件的编制一样，是分阶段进行的。设计阶段的划分是根据项目的规模、性质等不同情况而定的。一般大中型工程采用两阶段设计，即初步设计和施工图设计。而对于大型、特殊工程项目或技术上比较复杂而缺乏设计经验的项目，实行三阶段设计，即初步设计、技术设计和施工图设计。小型工程项目也可以采用一阶段设计，如设计施工比较成熟的市内光缆通信工程项目。

各个阶段的设计文件编制出版后，将根据项目的规模和重要性，组织主管部门，设计、施工建设单位，物资，银行等单位的人员进行会审，然后上报批准。初步设计一经批准，执行中不得任意修改变更。施工图设计是承担工程实施部门（具有施工执照的线路、机械设备施工队）完成项目建设的主要依据。

3．准备阶段

准备阶段的主要任务是做好工程开工前的准备工作，包括建设准备和计划安排。

建设准备主要指完成开工前的主要准备工作，如勘察工作中水文、地质、气象、环境等资料的收集；路由障碍物的迁移、交接手续；主材、设备的预订货及工程施工的招投标。

计划安排是要根据已经批准的初步设计和总概算编制年度计划，对资金、材料设备进行合理安排，要求工程建设保持连续性、可行性，以保证工程项目的顺利完成。

4. 施工阶段

光缆通信工程的施工包括光缆线路的施工和设备安装施工两大部分。为了充分保证光缆通信工程施工的顺利进行，开工前还必须积极做好施工组织设计工作。建设单位在与施工单位签订施工合同后，施工单位应及时编制施工组织设计并做好相应的准备工作。施工组织设计的主要内容如下。

（1）工程规模及主要施工项目。
（2）施工现场管理机构。
（3）施工管理，包括工程技术管理，器材、机具、仪表、车辆管理。
（4）主要技术措施。
（5）质量保证和安全措施。
（6）经济技术承包责任制。
（7）计划工期和施工进度。

光缆施工阶段是指按施工图设计规定内容、合同书要求和施工组织设计，由施工总承包单位组织与工程量相适应的一个或几个光缆线路施工队和设备安装施工队施工。工程开工前，必须向上级主管部门呈报施工开工报告，经批准后方可正式施工。

光缆线路施工是光缆通信工程建设的主要内容，对投资比例、工程量、工期及传输质量的影响等都是十分重要的。对于一级干线工程，由于线路长、涉及面广、施工期限长，光缆线路施工就显得尤为重要。

设备安装施工即机械设备安装，是指光设备及配套的电设备的安装与调测，主要包括铁件预制、安装，局内光缆布放，光/电端机的安装、调测，局内本地联测，以及端机对测、全系统调测。

5. 竣工投产阶段

为了充分保证光缆通信工程的施工质量，工程结束后，必须经过验收才能投产使用。竣工投产阶段的主要内容包括工程初验、生产准备、工程移交、试运行、竣工验收（系统验收）等几方面。

光缆通信工程项目按批准的设计文件内容全部建成后，应由主管部门组织设计、施工和监理等单位进行初验，并向上级有关部门递交初验报告。初验后的光缆线路和设备一般由维护单位代维。大中型工程的初验一般分线路和设备两部分分别进行，而小型工程则可以一起进行。

初验合格后的工程项目即可进行工程移交，开始试运行。

生产准备是指工程交付使用前必须进行的生产、技术和生活等方面的必要准备。生产准备主要包括如下内容。

（1）培训生产人员。一般在施工前配齐人员，并可直接参加施工、验收等工作，使他们熟悉工艺过程、方法，为今后独立维护打下坚实的基础。

(2) 按设计文件配置好工具、器材及备用维护材料。
(3) 组织好管理机构、制定规章制度并配备好办公、生活等设施。

试运行是指工程初验后到正式验收、移交之间的设备运行。一般试运行期为 3 个月，大型或引进的重点工程项目的试运行期可适当延长。试运行期间，由维护部门代维，但施工部门负有协助处理故障、确保正常运行的职责，同时应将工程技术资料、借用器具及工程余料等及时移交给维护部门。

试运行期间，应按维护规程要求检查证明系统已达到设计文件规定的生产能力的传输指标。试运行期满后，应写出系统使用情况报告，提交给工程竣工验收主管单位。

竣工验收是光缆通信工程的最后一项任务。当系统的试运行结束并具备了验收交付使用的条件后，由相关部门组织对工程进行系统验收，即竣工验收。竣工验收是对整个光缆通信系统进行的全面检查和指标抽测。对于中小型工程项目，可视情况适当地简化验收程序，将工程初验同竣工验收合并进行。

1.4.2 光缆网的设计

1. 光缆网的构成

光缆网的构成应包括长途线路网、本地线路网和接入网，如图 1-26 所示。

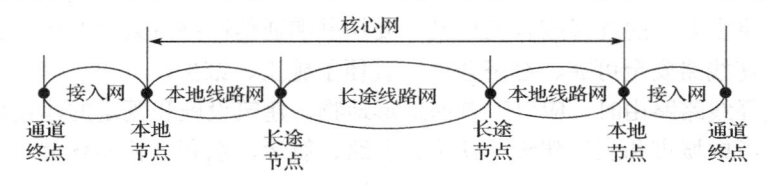

图 1-26 光缆网的构成

2. 光缆网的设计应符合以下规定

（1）光缆网应安全可靠，向下逐步延伸至通信业务最终用户。

（2）对于光缆网的容量和路由，在通信发展规划的基础上，应综合考虑远期业务需求和网络技术发展趋势，确定建设规模。

（3）长途光缆的芯数应按远期需求而定，本地线路网和接入网应按中期需求配置，并应留有足够的冗余。

（4）接入网光缆线路应根据业务接入点、用户性质、发展数量、密度、地域和时间的分布情况，充分考虑地理环境、管道杆路资源、原有光缆的容量，以及宽带光纤接入系统建设方式等多种因素，选择合适的路由、拓扑结构和配纤方式，构成一个调度灵活、纤芯使用率高、节省投资、便于发展、利于运营维护的网络。

（5）在新建光缆线路时，应考虑共建共享的要求。

（6）光缆线路在城镇地段敷设应以管道方式为主，对不具备管道敷设条件的地段，可采用塑料管保护、槽道或其他适宜的敷设方式。

（7）光缆线路在野外非城镇地段敷设时宜采用管道或直埋方式，也可采用架空方式。

（8）光缆线路在下列地段可采用架空敷设方式。

① 穿越峡谷、深沟、陡峻山岭等采用管道或直埋敷设方式不能保证安全的地段。

② 地下或地面存在其他设施，施工特别困难、原有设施业主不允许穿越或赔补费用过高的地段。

③ 因环境保护、文物保护等原因无法采用其他敷设方式的地段。

④ 受其他建设规划影响，无法进行长期性建设的地段。

⑤ 地表下陷、地质环境不稳定的地段。

⑥ 管道或直埋方式的建设费用过高，采用架空方式能保证线路安全且不影响当地景观和自然环境的地段。

（9）在长距离直埋或管道光缆的局部地段采用架空方式时，可不改变光缆程式。

（10）对于跨越河流的光缆线路，宜采用桥上管道、槽道或吊挂敷设方式；当无法利用桥梁通过时，其敷设方式应以线路安全稳固为前提，并应结合现场情况按下列规定确定。

① 河床情况适宜的一般河流可采用定向钻孔或水底光缆的敷设方式。当采用定向钻孔时，根据实际情况可不改变光缆护层结构。

② 当遇到河床不稳定、冲淤变化较大、河道内有其他建设规划，或者河床土质不利于施工，无法保障水底光缆安全时，可采用架空跨越方式敷设。

3．通信线路路由的选择

（1）线路路由方案的选择应以工程设计委托书和通信网络规划为基础。工程设计应保证通信质量，使线路安全可靠、经济合理，且便于施工、维护。

（2）在选择线路路由时，应以现有的地形地物、建筑设施和既定的建设规划为主要依据，并应充分考虑城市和工矿建设、铁路、公路、航运、水利、长输管道、土地利用等发展规划的影响。

（3）在符合大的路由走向的前提下，线路宜沿靠公路或街道，应顺路取直，并应避开路边设施和计划扩改地段，以及可能受到化学腐蚀和机械损伤的地段。

（4）线路路由应选择在地质稳固、地势较为平坦、土石方工程量较少的地段，应避开滑坡、崩塌、泥石流、采空区及岩溶地表塌陷、地面沉降、地裂缝、地震液化、沙埋、风蚀、盐渍土、湿陷性黄土、崩岸等对线路安全有危害的、可能因自然或人为因素造成危害的地段；应避开湖泊、沼泽、排涝蓄洪地带，宜少穿越水塘、沟渠，在障碍较多的地段应绕行，不宜强求长距离直线。

（5）线路不应在水坝上或坝基下敷设。

（6）线路不宜穿过大型工厂和矿区等大的工业用地；当需要在该地段通过时，应考虑对线路安全的影响，并应采取有效的保护措施。

（7）线路在城镇地区应利用管道进行敷设。在野外敷设时，不宜穿越和靠近城镇、开发区及村庄；当需要穿越或靠近时，应考虑当地建设规划的影响。

（8）线路宜避开森林、果园及其他经济林区或防护林带。

（9）线路路由选择应考虑建设地域内的文物保护、环境保护等事宜，并应减少对原有水系及地面形态的扰动和破坏，维护原有景观。

（10）线路路由选择应考虑强电影响，不宜选择在易遭受雷击和有强电磁场的地段。

（11）在扩建光缆网时，应结合网络系统的整体性，优先考虑在不同道路上扩增新路由，增强网络安全性。

（12）针对光缆路由穿越河流的情况，当河流地点附近存在可供敷设的永久性坚固桥梁时，线路宜在桥上通过。当采用水底光缆时，应选择在符合敷设水底光缆要求的地方，并应兼顾大的路由走向，不宜偏离过远。但对于河势复杂、水面宽阔或航运繁忙的大型河流，应着重保证水线的安全，此时可局部偏离大的路由走向。

（13）在保证安全的前提下，可利用定向钻孔或架空等方式敷设光缆线路过河。

（14）当光缆线路遇到水库时，应在水库的上游通过，当沿库绕行时，敷设高程应在最高蓄水位以上。

4．光缆线路敷设安装

（1）一般规定。

① 光缆在敷设安装中，应根据敷设地段的环境条件，在保证光缆不受损伤的原则下，因地制宜地采用人工或机械敷设。

② 敷设安装中应避免光缆和接头盒进水，保持光缆外护套的完整性，并应保证直埋光缆金属护套对地绝缘良好。

③ 光缆敷设安装的最小曲率半径应符合规定要求，如表 1-1 所示。

表 1-1 光缆允许的最小曲率半径

安装后/时	无外护层或 04 型	53、54、33、34 型	333、43 型
安装后（静态弯曲）	10 倍光缆外径	12.5 倍光缆外径	15 倍光缆外径
安装时（动态弯曲）	20 倍光缆外径	25 倍光缆外径	30 倍光缆外径

④ 光缆线路在施工过程中要考虑光缆必要的预留长度，主要包括光缆接头处的预留长度、光缆弯曲增加长度、局站内预留长度等。光缆的预留长度要严格按照要求实施，特殊地段可结合工程现场实际情况确定，如表 1-2 所示。

表 1-2 光缆增长和预留长度参考值

项 目	单 位	敷 设 方 式		
		直 埋	管 道	架 空
光缆接头重叠长度	m	5～10	5～10	5～10
人（手）孔内自然弯曲增加长度	m	—	0.5～1	—
光缆沟或管道内弯曲增加长度	‰	7	10	—
架空光缆弯曲增加长度	‰	—	—	7～10
地面局站内每侧预留（进线室内）长度	m	10～20，可按实际需要调整		
因水利、道路、桥梁等建设规划导致的预留长度	m	按实际需要确定		

⑤ 光缆在各类管材中穿放时，光缆的外径不宜大于管孔内径的 90%。光缆敷设安装后，管口应封堵严密。

⑥ 光缆敷设后应便于使用和维护中的识别，有清晰永久的标识。除在光缆外护套上加印字符或标志条带外，管道和架空敷设的光缆还应加挂标识牌，直埋光缆可敷设警示带。

(2) 直埋光缆敷设安装要求。

① 直埋光缆线路应避免敷设在将来会建筑道路、房屋和挖掘取土的地点，且不宜敷设在地下水位较高或长期积水的地点。

② 光缆埋深应符合表 1-3 的规定。

表 1-3 光缆埋深标准

敷设地段及土质		埋深/m
普通土、硬土		≥1.2
沙砾土、半石质、风化石		≥1.0
全石质、流沙		≥0.8
市郊、村镇		≥1.2
市区人行道		≥1.0
公路边沟	全石质（坚石、软石）	边沟设计深度以下 0.4
	其他土质	边沟设计深度以下 0.8
公路路肩		≥0.8
穿越铁路（距路基面）、公路（距路面基底）		≥1.2
沟渠、水塘		≥1.2
河流		按水底光缆要求

注：a. 边沟设计深度为公路或城建管理部门要求的深度。
　　b. 全石质、半石质地段应在沟底和光缆上方各铺 100mm 厚的细土或沙土，此时光缆的埋深相应减小。
　　c. 表中不包括冻土地带的埋深要求，其埋深在工程设计中应另行分析取定。

③ 光缆可同其他通信光缆或电缆同沟敷设，但不得重叠或交叉，缆间的平行净距不宜小于 100mm。

④ 直埋光缆接头应安排在地势较高、较平坦和地质稳固之处，并应避开水塘、河渠、沟坎、道路、桥上等施工、维护不便或接头有可能受到扰动的地点。光缆接头盒可采用水泥盖板或其他适宜的防机械损伤的保护措施。

⑤ 当光缆线路穿越铁路、轻轨线路、通车繁忙或开挖路面受到限制的公路时，应采用钢管保护，或者定向钻孔地下敷管，但应同时保证其他地下管线的安全。当采用钢管时，应伸出路基两侧排水沟外 1m，光缆埋深距排水沟沟底不应小于 0.8m。钢管内径应满足安装子管的要求，但不应小于 0.8m。钢管内应穿放塑料子管，子管数量视实际需要确定，但不宜少于两根。

⑥ 当光缆线路穿越允许开挖路面的公路或乡村大道时，应采用塑料管或钢管保护；当穿越有动土可能的机耕路时，应采用铺砖或水泥盖板保护。

⑦ 当光缆线路通过村镇等动土可能性较大地段时，可采用大长度塑料管、铺砖或水泥盖板保护。

⑧ 当光缆穿越有疏浚和拓宽规划或挖泥可能的较小沟渠、水塘时，应在光缆上方覆盖水泥盖板或砂浆袋，也可采取其他保护光缆的措施。

⑨ 当光缆敷设在坡度大于 20°且坡长大于 30m 的斜坡地段时，宜采用"S"形敷设。当坡面上的光缆沟有受到水流冲刷的可能时，应采取堵塞加固或分流等措施。在坡度大于 30°的较长斜坡地段敷设时，宜采用特殊结构光缆。

⑩ 当光缆穿越或沿靠山涧、溪流等易受水流冲刷的地段时，应根据具体情况设置漫水坡、水泥封沟、挡水墙或其他保护措施。

⑪ 光缆在地形起伏比较大的地段敷设时，应满足规定的埋深和曲率半径要求。光缆沟应因地制宜地保证光缆的安全，采取措施防止水土流失，当高差为 0.8m 及以上时，应加护坎或护坡保护。

⑫ 光缆在桥上敷设时，应考虑机械损伤、振动和环境温度的影响，并应采取相应的保护措施。

⑬ 直埋光（电）缆与其他建筑设施间的最小净距应符合表 1-4 的要求。

表 1-4 直埋光（电）缆与其他建筑设施间的最小净距

名　　称	平行时/m	交越时/m
通信管道边线（不包括人/手孔）	0.75	0.25
非同沟的直埋通信光（电）缆	0.5	0.25
埋式电力电缆（交流35kV 以下）	0.5	0.5
埋式电力电缆（交流35kV 及以上）	2.0	0.5
给水管（管径小于 300mm）	0.5	0.5
给水管（管径 300～500mm）	1.0	0.5
给水管（管径大于 500mm）	1.5	0.5
高压油管、天然气管	10.0	0.5
热力管、排水管	1.0	0.5
燃气管（压力小于 300kPa）	1.0	0.5
燃气管（压力 300kPa 及以上）	2.0	0.5
其他通信线路	0.5	—
排水沟	0.8	0.5
房屋建筑红线或基础	1.0	—
树木（市内、村镇大树、果树、行道树）	0.75	—
树木（市外大树）	2.0	—
水井、坟墓	3.0	—
粪坑、积肥池、沼气池、氨水池等	3.0	—
架空杆路及拉线	1.5	—

注：a. 当直埋通信光（电）缆采用钢管保护时，与水管、燃气管、输油管交越时的净距不得小于 0.15m。

b. 对于杆路、拉线、孤立大树和高耸建筑，还应符合防雷要求。

c. 大树指胸径为 0.3m 及以上的树木。

d. 在穿越埋深与光（电）缆相近的各种地下管线时，光（电）缆应在管线下方通过并采取保护措施。

e. 当最小净距达不到表中要求时，应按设计要求采取行之有效的保护措施。

（3）管道光缆敷设安装要求。

① 管道光缆占用的管孔位置可优先选择靠近管群两侧的适当位置。光缆在各相邻管道段占用的孔位应相对一致，当需要改变孔位时，其变动范围不宜过大，并应避免由管群的一侧转移到另一侧。

② 在水泥、陶瓷、钢铁或其他类似材质的管道中敷设光缆时，应视情况使用塑料子管保护光缆。在塑料管道中敷设时，大孔径塑料管中应敷设多根塑料子管以提高管孔利用率。

③ 子管的敷设安装应符合下列规定。

a. 子管采用耐久性好、环境相容性好的塑料管材。

b. 子管数量根据管孔直径及工程需要确定，数根子管的总等效外径不宜大于管孔内径的 90%。

c. 一个管孔内安装的数根子管应一次性穿放，子管在两人（手）孔间的管道段应无接头。

d. 子管在人（手）孔内应伸出便于施工操作的长度，可为 200～400mm。

e. 对于本期工程不用的子管，管口应进行防水封堵。

④ 光缆接头盒在人（手）孔内宜安装在常年积水水位以上的位置，采用保护托架或其他方法承托。

⑤ 人（手）孔内的光缆应固定牢靠，宜采用塑料管保护，并应有醒目的识别标志或光缆标牌。

（4）架空光缆敷设安装要求。

① 当架空线路与其他设施接近或交越时，间隔距离应符合下列规定。

a. 杆路与其他设施的最小水平净距应符合表 1-5 的规定。

表 1-5　杆路与其他设施的最小水平净距

其他设施名称	最小水平净距/m	备　注
消火栓	1.0	指消火栓与电杆之间的距离
地下管、缆线	0.5～1.0	包括通信管、缆线与电杆间的距离
火车铁轨	地面杆高的 4/3 倍	—
人行道边石	0.5	
地面上已有其他杆路	地面杆高的 4/3 倍	以较长标高为基准。其中，对 500～750kV 输电线路不小于 10m，对 750kV 以上输电线路不小于 13m
市区树木	0.5	缆线到树干的水平距离
郊区树木	2.0	缆线到树干的水平距离
房屋建筑	2.0	缆线到房屋建筑的水平距离

注：在地域狭窄地段，当拟建架空光缆与已有架空线路平行敷设时，若间距不能满足以上要求，则可杆路共享或改用其他方式敷设光缆线路，并应满足间距要求。

b. 架空光（电）缆在各种情况下架设的高度不应小于表 1-6 的规定。

表 1-6　架空光（电）缆在各种情况下架设的高度

名　称	与线路方向平行时		与线路方向交越时	
	架设高度/m	备　注	架设高度/m	备　注
市内街道	4.5	最低缆线到地面	5.5	最低缆线到地面
市内里弄（胡同）	4.0	最低缆线到地面	5.0	最低缆线到地面
铁路	3.0	最低缆线到地面	7.5	最低缆线到轨面
公路	3.0	最低缆线到地面	5.5	最低缆线到路面
土路	3.0	最低缆线到地面	5.0	最低缆线到路面

续表

名称	与线路方向平行时		与线路方向交越时	
	架设高度/m	备注	架设高度/m	备注
房屋建筑物	—	—	0.6	最低缆线到屋脊
			1.5	最低缆线到房屋平顶
河流	—	—	1.0	最低缆线到最高水位时的船桅顶
市区树木	—	—	1.5	最低缆线到树枝的垂直距离
郊区树木	—	—	1.5	最低缆线到树枝的垂直距离
其他通信导线	—	—	0.6	一方最低缆线到另一方最高缆线

c. 架空光（电）缆交越其他电气设备的最小垂直净距不应小于表 1-7 的规定。

表 1-7 架空光（电）缆交越其他电气设备的最小垂直净距

其他电气设备名称	最小垂直净距/m		备注
	架空电力线路有防雷保护设备	架空电力线路无防雷保护设备	
10kV 以下电力线	2.0	4.0	最高缆线到电力线条
35～110kV 电力线（含 110kV）	3.0	5.0	最高缆线到电力线条
110～220kV 电力线（含 220kV）	4.0	6.0	最高缆线到电力线条
220～330kV 电力线（含 330kV）	5.0	—	最高缆线到电力线条
330～500kV 电力线（含 500kV）	8.5	—	最高缆线到电力线条
500～750kV 电力线（含 750kV）	12.0	—	最高缆线到电力线条
750～1000kV 电力线（含 1000kV）	18.0	—	最高缆线到电力线条
供电线接户线	0.6		—
霓虹灯及其铁架	1.6		—
电气铁道及电车滑接线	1.25		—

注：a. 当供电线为被覆线时，光（电）缆也可在供电线上方交越。
　　b. 当光（电）缆必须在上方交越时，跨越挡两侧电杆及吊线安装应做加强保护装置。
　　c. 通信线应架设在电力线路的下方位置，且应架设在电车滑接线和接触网的上方位置。

② 光缆接头盒可安装在吊线或电杆上，并应固定牢靠。

③ 光缆吊线应每隔 300～500m，利用电杆避雷线或拉线接地，每隔 1km 左右加装绝缘子进行电气断开。

④ 光缆宜绕避可能遭到撞击的地段，确实无法绕避时，应在可能撞击点采用纵剖硬质塑料管等进行保护。引上光缆应采用钢管保护。

⑤ 光缆在架空电力线路下方交越时，应做纵包绝缘物处理，并应对光缆吊线在交越两侧加装接地装置，或者安装高压绝缘子进行电气断开。

⑥ 光缆在不可避免跨越或临近有火险隐患的各类设施时，应采取防火保护措施。

⑦ 墙壁光缆的敷设应符合下列规定。

a. 墙壁上不宜敷设铠装光缆。

b. 墙壁光缆离地面高度不应小于 3m。

c．当光缆跨越街坊、院内通路时，应采用钢绞线吊挂，其缆线最低点距地面应符合架空光（电）缆架设高度的规定。

5．光缆网组网

光缆网是所有业务的传输平台，其架构示意图如图1-27所示。光缆网建设应符合国家和企业的相关政策、体制、标准和规范的要求，重点遵循统一规划、分步实施、垂直分层、水平分区的原则进行建设。

（1）统一规划。光缆网是各业务网的基础，需要统筹考虑技术、网络、光缆网现状、机房、管道等情况，统一规划，以满足各业务网的需求。

（2）分步实施。光缆网建设应以规划的光缆网结构、容量为基础，根据业务需求、市政规划、战略投资、网络安全优化等分步实施。由于业务需求等引起的接入主干环以上光缆网的建设，必须严格按规划结构、容量建设。

（3）分层、分区建设。光缆网建设应充分考虑省内各地市经济发展水平、用户密度、业务发展策略等因素，统筹考虑各层面和接入业务需要，分层、分区进行规划和建设。逐步完善核心层、汇聚层、接入层的清晰层次架构。水平分区原则上应依据地理状况、商业楼宇、办公楼、住宅小区、村镇等将覆盖区域细分为多个综合业务接入区进行统筹分析，并逐步实现以综合业务接入区为范围进行业务汇聚。

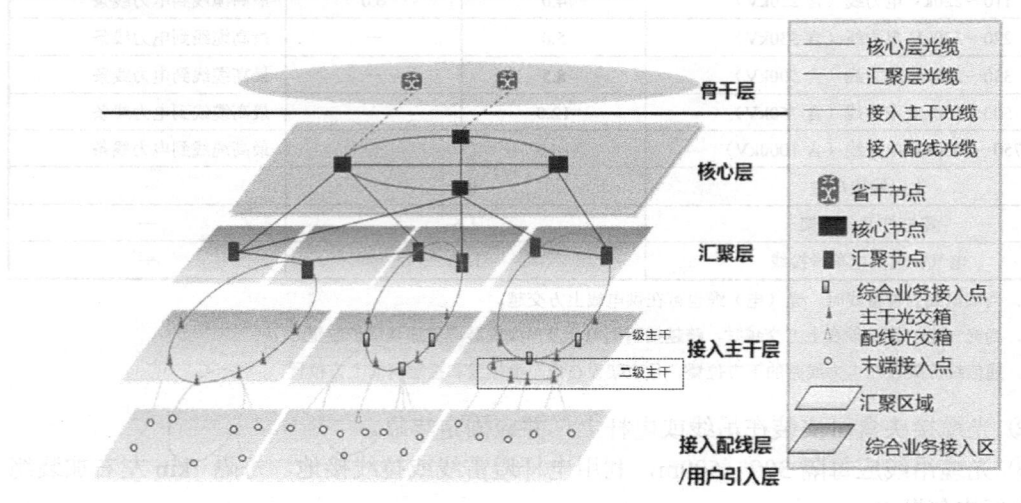

图1-27 光缆网架构示意图

一个理想的光缆网必须满足整体结构的长期稳定性和区域部分结构的灵活性这两个特点，以适应新业务和技术的飞速发展。

6．光缆网拓扑结构目标

光缆网应结合网络架构的定位进行建设，光缆网的拓扑应具有灵活性和升级能力，同时应考虑网络安全。网络拓扑结构应逐步完善。

核心层光缆建设目标为网状结构；汇聚层光缆建设目标为以环形结构为主，逐渐向网状演进；接入主干层光缆建设目标为以环形结构为主，以链形结构为辅；接入配线层光缆建设目标为以星形结构为主，对于有特殊成环组网需求的，采用环形结构，如图1-28所示。

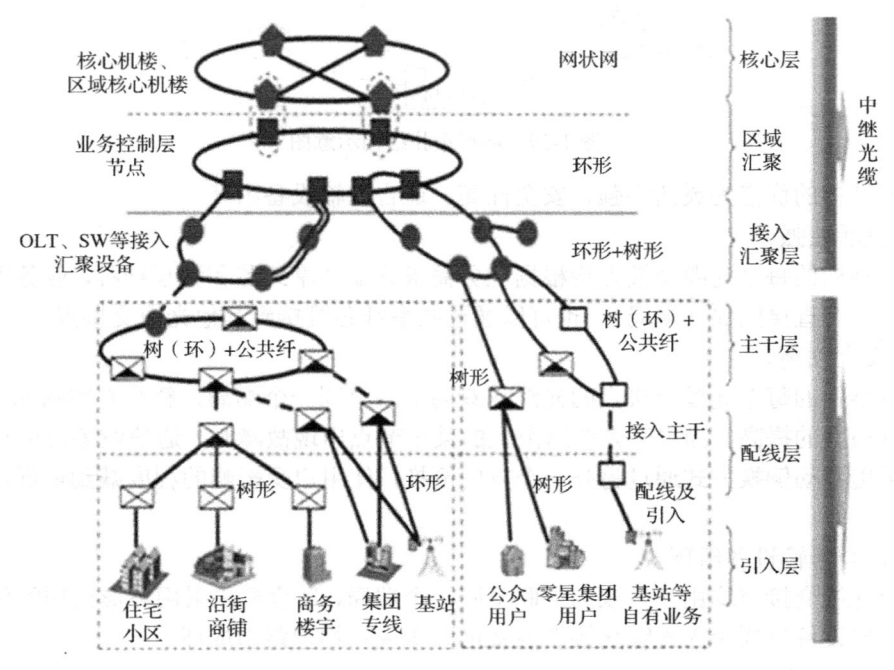

图1-28 光缆网拓扑结构目标示意图

7．光缆网建设原则

（1）核心层光缆建设原则。

核心层光缆为核心节点间光缆。核心层光缆既要考虑核心节点的业务现状，又要考虑有利于业务的发展和网络结构的演变。目前，大多数运营商采用的是环形网向网状网结构过渡，终极目标为网状网。

（2）汇聚层光缆组网原则。

汇聚层光缆为核心节点与汇聚节点或汇聚节点间的光缆。汇聚层节点通常数量较多，都是重要业务节点。出于对网络安全性和灵活性的考虑，汇聚层光缆网络结构以环形结构为主，并分别接入核心层光缆网络的核心节点，保证每个汇聚层节点上连有两个以上核心节点。

（3）本地主干光缆组网原则。

本地主干光缆是指从局端至光缆交接点（光交箱或光交间）间的光缆。目前，本地主干光缆主要采用交接配线方式建设。受城市、地域及需求的影响，常用的本地主干光缆主要有两种结构，分别为环形结构和链（树）形结构。

① 环形结构。

环形结构是指同一条光缆由端局开始，经过多个光缆交接点，再回到同一端局的网络拓扑结构。环形结构的光缆交接点可以是光缆交接箱（光交箱）、光缆交接间等，如图1-29所示。

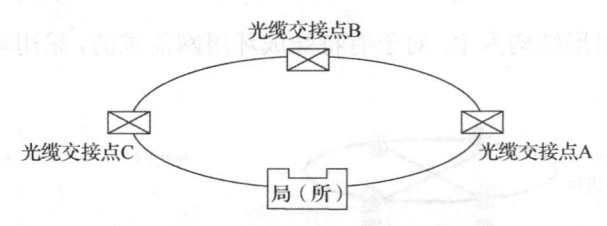

图 1-29　环形拓扑结构示意图

环形结构的优点为灵活性强、安全性高、适合传输设备组环。

a．灵活性强。

环形结构的每个光缆交接点均根据业务需求分配共享纤芯和独享纤芯，业务可以灵活利用独享纤芯直接回局（端局），也可以通过共享纤芯跳接到其他光缆交接点。

b．安全性高。

环形结构的每个光缆交接点的光纤均双向上联至同一个端局，整个光缆网的安全性、可靠性有很大的提高，当主干光缆路由上的某个节点出现故障时，通信业务可以在很短的时间内采用手动倒换方式通过另外一个方向倒换，使用户受影响的程度减到最低，甚至无感知。

c．适合传输设备组环。

每个光缆交接点均由光纤双向上联至同一个端局，适合要求采用环形结构的传输设备组网，传输设备只要接入光缆交接点内就可以实现双物理路由成环。

② 链形结构。

链形结构是指一条光缆由端局开始，经多个光缆交接点而不回到端局的建设方式。光缆交接点可以是光缆交接箱、光缆交接间或模块局等，如图 1-30 所示。

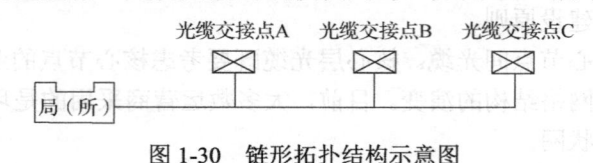

图 1-30　链形拓扑结构示意图

链形结构的优点为配置灵活、成本低、工期短。

a．配置灵活。

链形结构是点到多点的典型配置结构，纤芯的选择可以结合光缆交接点附近的业务需求进行，随机性较大，不受光缆环纤芯分配的束缚，光缆交接点的设置可以根据业务需求逐步完成，不用一次到位。

b．成本低。

光缆芯数可变，其投资较环形结构低，并且可以分期建设。

c．工期短。

链形光缆普遍距离短，建设周期较环形结构短。

1.4.3　光缆施工图分析

1. 管道光缆施工图分析

接入网点管道光缆施工图主要包括主体和辅助两部分，如图 1-31 所示。

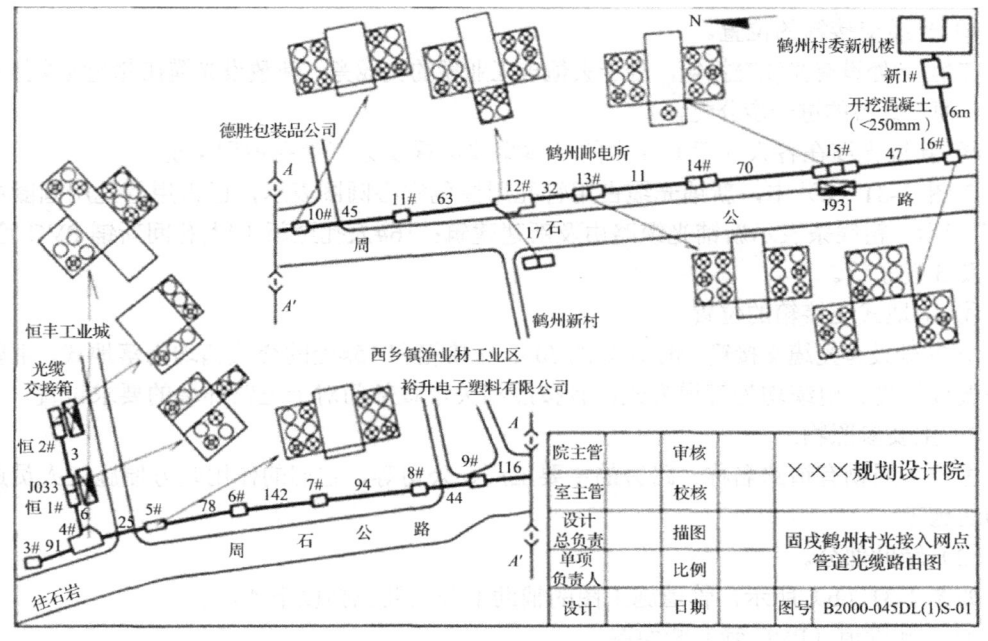

（a）主体部分

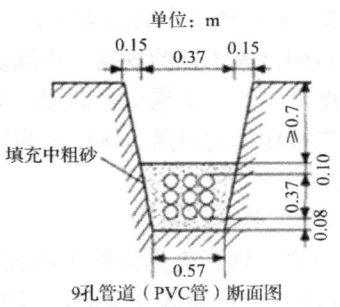

（b）辅助部分

图 1-31　管道光缆施工图分析

（1）主体部分。

如图 1-31（a）所示，管道光缆施工图的主体部分主要包括以下 5 项。

① 人（手）孔位置、类型、编号及间距。

如图 1-31（a）所示，在周石公路与往恒丰工业城去的分支处、鹤州邮电所旁去鹤州新村的三岔路口均设有三通型人孔，分别为 4#及 12#；鹤州村委新机楼旁设有局前人孔新 1#，其余的均为普通的直通型人孔，编号为 3#、5#、6#、7#、8#、9#、10#、11#、16#；为降低成本，在光缆交接箱、电缆交接箱 J033 两处设有两页手孔，分别是恒 2#、恒 1#，在 13#、14#及去往鹤州新村 12#设有两页手孔，并在交接箱 J931 处设有三页手孔，编号为 15#；人（手）孔间的数字表示它们之间的间距（单位为 m）。这些东西的确定都是依据原有管道条件、建设地段的地理环境，通过到现场的仔细查看来进行的。

② 光缆交接箱的位置。

在恒 2#处设有光缆交接箱，处于去恒丰工业城的支线旁。新敷设光缆在此光缆交接箱处成端，便于纤芯的进一步分配。

③ 新铺光缆在各人（手）孔中的具体穿放位置及原有管孔占用情况。

在图 1-31（a）中，新铺光缆占用管孔用黑色空心圆圈表示，已占用管孔用圆圈中加"×"表示。粗线条表示新铺光缆路由及新建建筑；16#人孔至新 1#人孔间新铺 PVC 管（9 孔）及 5 孔子管。

④ 落地式交接箱的位置。

恒 2#处设有光缆交接箱，恒 1#处的 J033 交接箱和 15#处的交接箱均为落地式，主要原因是敷设的光、电缆均为管道方式，且按照相关市政部门对于道路环境的要求设置。

⑤ 主要参照物。

主要参照物有道路名称，路旁的主要工厂、公司等，它们的作用是方便施工人员进行准确的施工。

（2）辅助部分。

如图 1-31（b）所示，管道施工图的辅助部分主要包括以下 4 项。

① 9 孔管道（PVC 管）断面图。

该断面图说明 PVC 管的具体施工、埋设方法及技术要求。这是因为这段 6m 长的管道是新建部分，在路由图上无法表示清楚它的具体技术要求，故在旁边另外画图说明。

② 新机楼引上管的布放。

按照国家规范的规定，详细说明引上管的数量（考虑建设期需要）及安装技术要求，这里根据需要安装 9 根引上钢管，本次使用 5 根，另外 4 根预留封存。引上管的长度为机楼墙基至二楼楼顶的距离。这样做的好处是方便施工人员按图施工和进行工程概预算，准确计算工程量。

③ 主要工程量表。

主要工程量表为做施工图预算提供依据，要做到这一点，就要求施工图中的技术说明（或标注）一定要详细全面，因为预算是付款的依据。

④ 图例和标题栏。

图例和标题栏主要是为了便于施工人员看图及了解工程项目名称的。

2. 架空光缆施工图分析

图 1-32 为架空光缆施工图，它主要包括以下 4 部分。

（1）架空杆路和架挂的架空吊线。

在图 1-32 中，P022#、P023#、P024#、P025#、P026#及入局的小段，共计近 160m。在 P022#至 P023#间利用厕所作为支撑而省去了一根电杆。3 次跨越马路，要注意选择合适的杆长，以保证光缆线路的净空高度。在角杆 P025#处，新设了两根高桩拉线，它们跨越马路的宽度是 12m，高桩的高度应视净空要求并结合 P025#的高度来共同决定，一般不应与 P025#一样高，因为必须保证角杆 P025#的拉线有适当的距高比。之所以设立了两根高桩拉线，这是由角杆 P025#的角深来决定的（请读者参阅拉线设计的相关内容）。高桩拉线的运用场合是落地拉线施工遇到了障碍，此处的障碍显然是和平大道这条马路。此外，在

P026#电杆处设立了 V 形终端拉线。

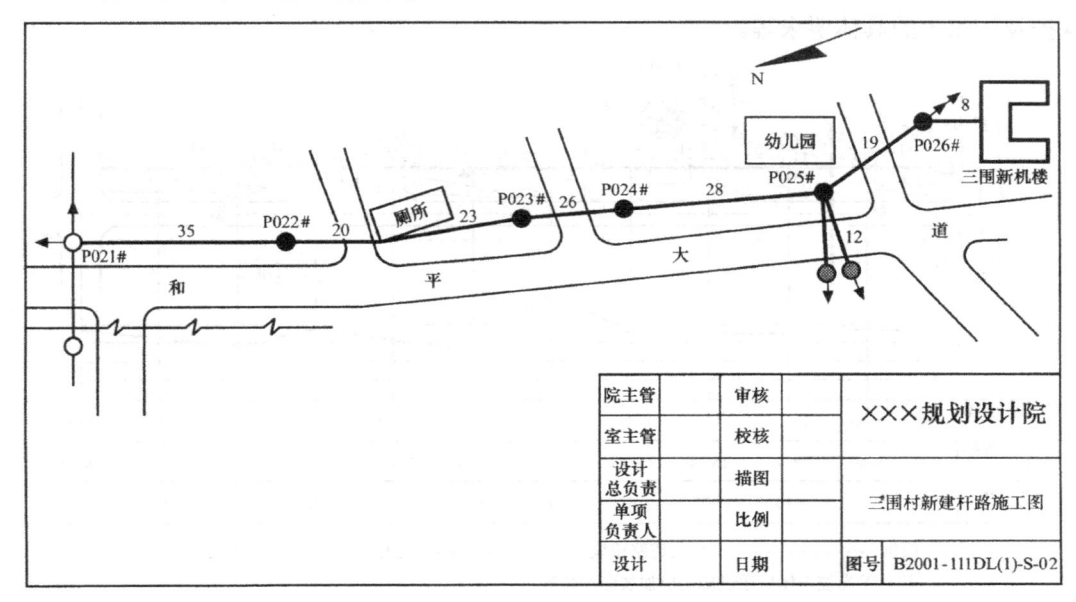

图 1-32　架空光缆施工图

（2）原有杆路部分。

P021#电杆为原有电杆，原设有一根顺线拉线，因为新杆路的增加，所以必须新做一根拉线，以稳固该电杆。

（3）新建机楼。

新建机楼为三围新机楼。

（4）重要参照物。

重要参照物主要有和平大道及原有电力线。

3．直埋光缆施工图分析

图 1-33 为直埋光缆施工图，它主要包括以下 4 部分。

（1）新敷光缆线路路由的具体位置及重要参照物。

该直埋光缆线路路由沿新生路平行敷设，途中经过铁路、房屋、草地、碎石堆等，还要经过一间民用临时性房子。它离现有道路中心线的距离为 7.2m。

（2）地面高程示意曲线。

每隔 50m 的对应位置均标有该点的地面高程、沟底高程及相应的挖深，通过这些数据可以看出地面上地势高低的起伏情况，这就决定了施工时的具体开挖要求（请思考一个问题：这里的地面高程、沟底高程指的是绝对高程还是相对高程？为什么？）。

（3）光缆埋设时的技术处理要求。

光缆入沟前先填 10cm 厚的细土，放入光缆后，再次填入 10cm 厚的细土，然后铺砖保护，最后才是回土/石并夯实至路平，沟的实际挖深为 1.1m。

（4）相关部分的技术处理方法。

在图 1-33 中，用①②③④⑤⑥⑦标注了 7 处重点部位的技术处理措施，如穿越铁路、临时性房屋的方法及已经取得的批准函函号、经过屋后如何处理、标石的设置、过马路的保护及回填土的具体要求等。

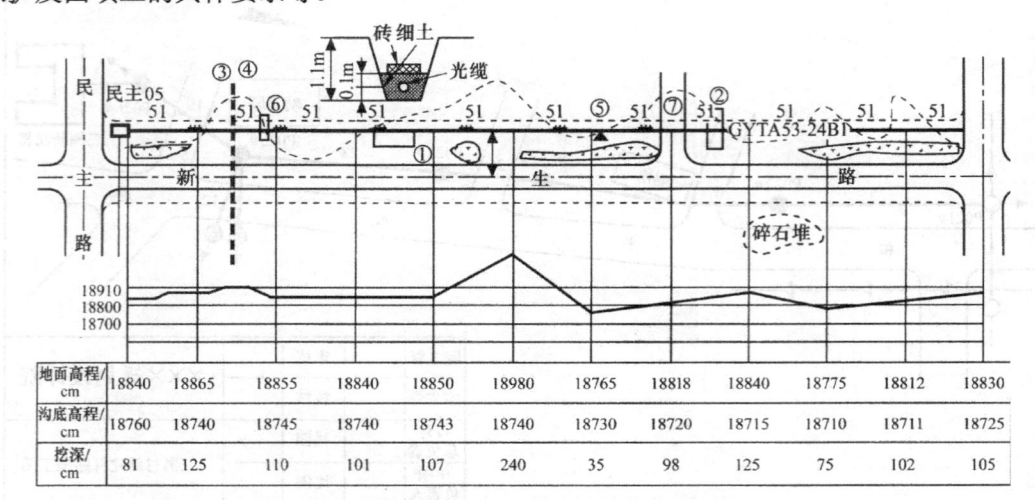

地面高程/cm	18840	18865	18855	18840	18850	18980	18765	18818	18840	18775	18812	18830
沟底高程/cm	18760	18740	18745	18740	18743	18740	18730	18720	18715	18710	18711	18725
挖深/cm	81	125	110	101	107	240	35	98	125	75	102	105

图例：------- 计划道路边线　　——— 现有道路中心线　　单位：m

注：①光缆于屋后通过施工应加装保护装置。
②光缆需要穿越该临时性的小屋且已征得屋主同意，竣工后应速修复。
③跨越铁路施工问题，已征得XX铁路管理局第XXX号函同意。
④该铁路交通量大，故在跨越处采用顶管法，具体施工方法步骤见XXX号图纸。
⑤直埋光缆个别地点距现有地面不足70cm处，回土时应填高至70cm。
⑥直线路由上标志位置可视实际需要情况，施工时调整放设。
⑦过马路用钢管或硬塑管保护。

图 1-33　直埋光缆施工图

第 2 章 电缆施工与维护

通过对电缆的传输指标、配线方式的了解，进一步了解电缆施工组织计划、施工方案制订、施工验收的要求。

2.1 电缆线路基础知识

2.1.1 电缆线路的传输指标

电缆线路传输设计应确定传输设备（包括电缆和终端）的形式和种类，并对电缆线路采取有效的技术措施，以满足 YDN 088—1998《自动交换电话（数字）网技术体制》中有关电话传输质量标准及信号电阻限值的要求。

（1）交换局至用户之间的用户电缆线路的传输损耗不应大于 70dB。

（2）当用户电缆线路的传输损耗大于 70dB 时，应采取其他技术措施解决。

（3）对于少数边远地区的用户电缆线路，当采取其他技术措施而引起投资过大时，其传输损耗可以允许超出限值，但其超过数值不得大于 2dB，且在一个用户电缆线路网中，此类用户数不得超过用户总数的 10%。

（4）用户电缆环路电阻应不大于 1800Ω（包括话机电阻），特殊情况下允许不大于 3000Ω；馈电电流应不大于 18mA。

（5）由于热杂音和线对间串音在用户线上会引起杂音，所以其话机端测量值不超过 100pW（≈70dBmp）。

（6）同一配线点的两对用户线之间，用户电缆线对对于 800Hz 的串音衰减应不小于 70dB。

（7）用户电缆的线径必须同时满足传输损耗分配和交换设备的用户环路电阻限制两个要素。用户电缆的线径品种应简化和统一，基本线径为 0.4mm，特殊情况下可使用 0.6mm。

2.1.2 电缆配线方式

常见的电缆配线有主干电缆网配线、配线电缆网配线，用于整个电缆线路的配线技术。

1. 主干电缆网配线

主干电缆网布局应具备整体性，并应考虑技术经济的合理性。主干电缆的满足年限一般为 5 年左右，芯线使用率应为 85%～90%。用户主干线路的确定应以用户预测、交接区划分、道路规划等情况为依据。主干电缆网配线路由的选择应符合以下要求：根据主干电缆网规划要求,按照交接区分布位置选择对交接箱送线最短捷、安全的路由;施工、维护方便,同时应合理利用原有线路设施,使线路经济合理;应避开电气和化学腐蚀地段,避免与高压输电线路、电气铁道长距离平行接近;当所选路由在城市规划定型地区时,应取得相关主管部门的批准。

主干电缆网中目前主要的配线方式分以下几种。

(1) 直接配线。

主干电缆直接配线是指由局内总配线架经馈线电缆延伸出局,将电缆芯线直接分配到分线设备上,分线设备之间及电缆芯线之间不复接,如图 2-1 所示。

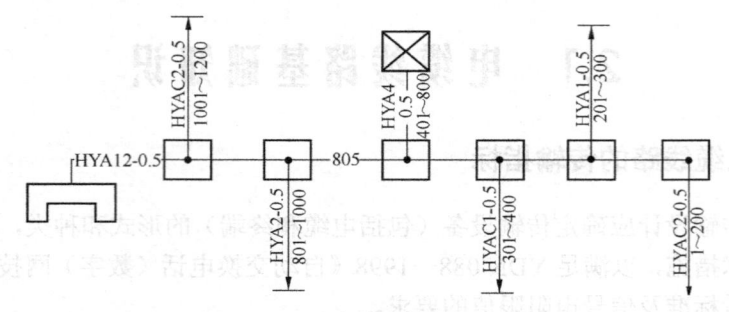

图 2-1 主干电缆直接配线示意图

(2) 复接配线。

全部复接通常是指两条配线电缆的对数和电缆的线序分配相同,而这两条电缆的分线箱(盒)的数目和电缆的线序分配也可以不一样。这种配线方式适合在一定期限以后发展为两个单独配线区。部分复接是指配线电缆中的部分电缆线序相复接。一般在主干与配线电缆递减时较多采用互相复接的方式,其灵活性使得它比全部电缆复接的应用更广泛。主干电缆复接配线示意如图 2-2 所示。

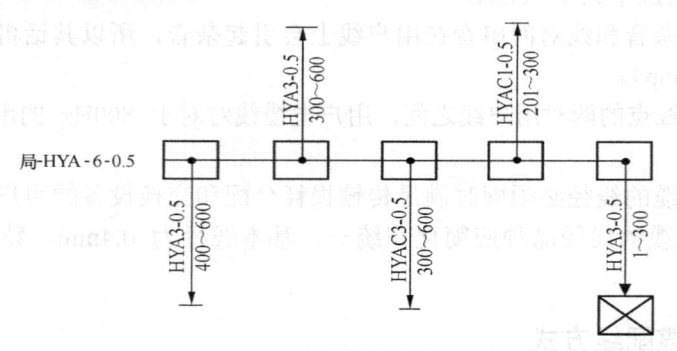

图 2-2 主干电缆复接配线示意图

(3) 交接配线。

交接配线是目前采用最为广泛的一种配线方式,是经过交接设备内跳线的跳接,灵活连接主干电缆和配线电缆的配线方式,在交接箱内能分隔线对,因此,对障碍线对的调度、测试等维护工作都比较方便。交接配线分为两级电缆交接法、三级电缆交接法和缓冲交接法。三级电缆交接配线示意图如图 2-3 所示。

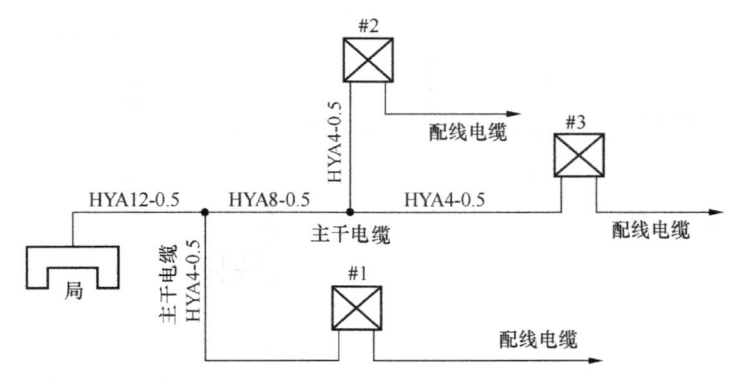

图 2-3　三级电缆交接配线示意图

缓冲交接法除一般交接箱外，在适当地点装有附加的交接间，称为缓冲交接间。不同方向的主干线路与某些交接箱的一部分线对经过缓冲交接间交接后接入电话局；而另一部分线对则直接接入电话局。由于缓冲交接间的采用可以使用少量的电缆供给较多的交接区使用，因而这种交接方式可作为对原有交接区的一种增援的扩建方式，在用户较密集地区，即在连片交接区的地区，交接箱除了各自分别接入专用固定的配线，在发展到一定时期时，接入配线部分也可共用复接配线，供各交接箱任意使用；也可当联络线使用。但采用这种方法增加复接点会使损耗增大，如图 2-4 和图 2-5 所示。

图 2-4　缓冲交接配线之一

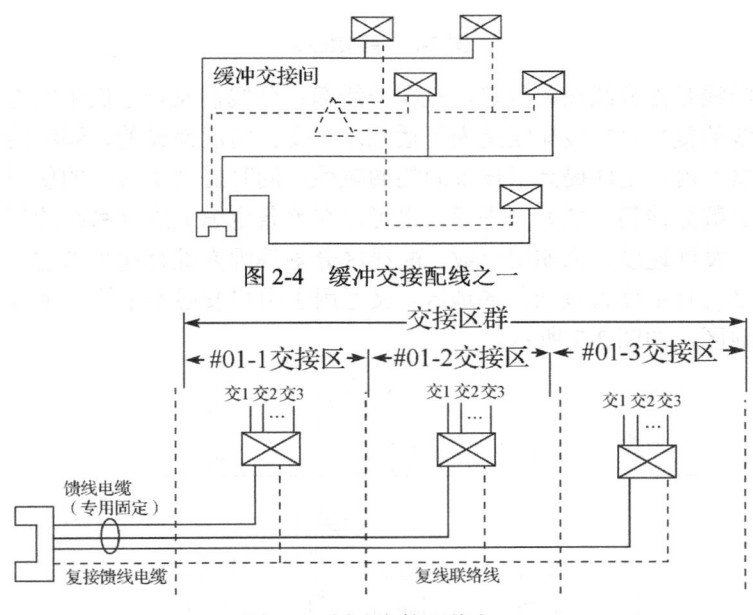

图 2-5　缓冲交接配线之二

2. 配线电缆网配线

（1）直接配线　直接把电缆芯线分配到分线设备上，分线设备之间不复接，彼此无通融性，如图 2-6 所示。电缆芯线对数一般都采取递减方式。不递减时也不复接，只在该接头中把多余的芯线作为甩线处理。

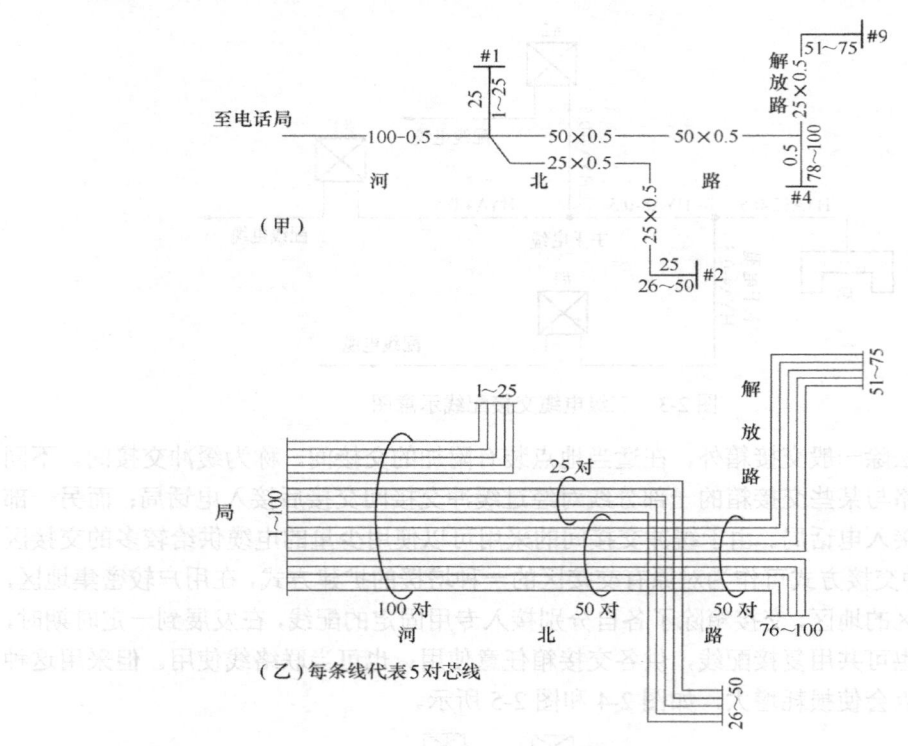

图 2-6 直接配线

（2）复接配线是指分线设备复接，是在分线箱、分线盒及端子板中的电缆（线序）与电缆接口内芯线的复接。复接配线是为了适应用户变化情况而设的，即将同一线对接入两三个分线箱（盒）内，这样提高了设备间的通融性，同时提高了芯线的使用率。复接配线可以按需要在少数分线箱（盒）间进行，也可以在整条电缆上进行系统的复接。复接配线应把用户密度、发展速度、末期用户数、配线区分割等因素综合起来考虑，使之既适用于用户发展较为平均且密度大致均匀的地区，又适用于用户发展不平均和密度不均匀并需要较高通融性的地区，如图 2-7 所示。

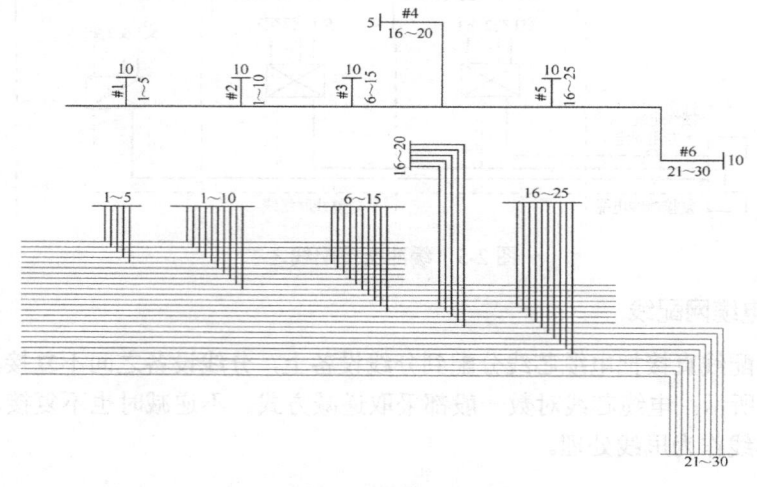

图 2-7 复接配线

（3）交接配线一般适用于用户密集区域，其范围是由交接箱配出若干条配线电缆，以每100对电缆覆盖的地区作为一个交接配线区，将电缆（线序）直接分配至各分线箱（盒）设备上，配线区的芯线利用率在70%左右。这是目前最常用的配线方法。

其中对交接配线电缆的要求如下。

① 从交接箱引出的配线电缆应根据电缆的条数顺序编成交01#、交02#……电缆。

② 交接箱之间如果设有联络电缆，则编号为联交1#、联交2#等。

③ 为了保证交接设备的正常维护使用，应做到MDF、交接箱（盒）等设备与图纸、用户卡片、交接配线表等与原始记录准确相符。

（4）自由配线。

架空电缆线路使用全塑全色谱电缆，是可以在任何需要配线的地方提取电缆中任何一对芯线的配线方法，称为自由配线，如图2-8所示。

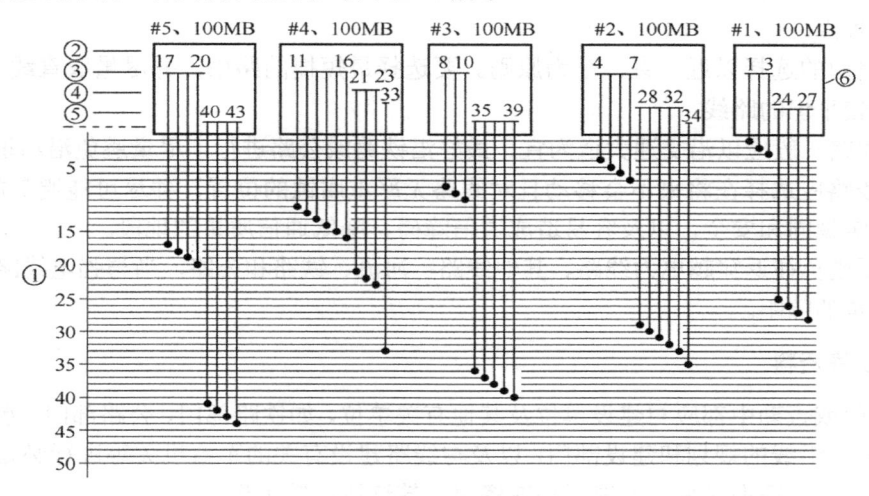

图2-8　自由配线

2.1.3　线路勘测的基本要点

通信电缆线路工程的路由勘测可以为设计提供翔实的现场资料，是通信电缆线路工程的竣工验收和竣工资料的编制归档，以及确保工程质量和运行维护的重要内容。勘测的目的是为设计与施工提供必要的原始资料，勘测又是设计与施工的基础。勘测工作通常包括查勘和测量两部分内容。

1．查勘

对新建线路来说，查勘的主要任务是初步选定路由，估计全线距离，了解沿途情况；对改建工程来说，主要是了解原有线路设备的利用情况，初步选定改建线路；对于大修和加挂工程，主要是为了调查原有线路设备的利用情况，登记有关资料。

2．路由选择

线路通过的路径叫作路由。线路建设是否安全稳固、能否保证通信质量，建设投资和业务费用是否经济合理，维护是否便利都和路由选择有着密切的关系。

(1) 选定路由的基本条件。

线路的建设必须符合技术经济原则，即应当在满足质量要求的前提下尽可能地节约投资、降低业务费用和成本、提高劳动生产率、降低有色金属的消耗。为了达到这样的目的，在选择路由时，必须满足下列条件。

① 路由安全稳固，使通信不发生阻断。
② 保证通信质量，使之符合传输要求。
③ 投资经济合理。
④ 施工与维护便利。
⑤ 线路形状美观。

注意：在无法兼顾的情况下，应该首先满足前两点要求。

(2) 选择路由的一般要点是为了满足路由选择的基本条件，在选择路由时，一般应该注意下列各点。

① 路由的选择以近、直、平为原则。要选择最短捷的路由，并尽量取直线、减少转弯，选择较平坦的路线。
② 线路一般应以沿交通大道为宜，最好沿铁路或公路进行，尽量避免沿河道走。
③ 线路应选择在将来不会移动且对线路无严重腐蚀的位置，并尽可能避免施工维护困难、影响稳固和安全，以及容易造成通信障碍、降低通信质量的地段。
④ 要避免往返穿越电力线路、其他线路、河流、铁路和公路，当与强电线路平行时，应保持一定的隔距。

3. 收集资料

查勘前或查勘中都应与建设单位及其他有关单位，如铁路部门、公路部门、水利部门、电力、矿山、沿线的规划和建设部门，以及与线路建设有关的军事机关等进行必要的联系，做好了解情况、征询意见、洽谈后获取资料、签订协议等工作。

(1) 向建设单位收集的内容。

① 核对设计任务书或有关文件的内容，了解计划内容和技术规定有无变动（如线路起讫地点、必经地点、路程、等级、分线地点、杆面形式、线对、线质、线径、端别、发展远景，对选择路由、特殊装置地点的要求和意见等）。
② 对任务书或有关文件中的疑难问题请求解释或解答。
③ 指定沿途需要联系的单位及人员或参加查勘工作的人员。
④ 其他未规定但必须事先了解和解决的事项。

(2) 与电力或铁路部门的联系。

应收集路由附近输电线路的各项资料，解决相互交越的要求等问题。如果所选定的路由不能与输电线路或铁路线路等保持规定的隔距，则应该重点收集以下资料。

① 电信线路路由和输电线路平行接近位置图，并注明接近距离和接近长度。
② 向电力部门索取短路电流曲线图和沿线大地导电率实测值；输电线路和电气铁道电线数据，如工作电压、导线程式、平均架挂高度、排列方式及线间距离，架空地线材料、直径、条数，以及交越地段与电力线交越时的隔距高度和长度等。
③ 向铁路部门了解路由附近铁路有无改线或增设复线的计划，火车站或调车场等有

无扩建计划，铁路通信线路的建筑规格、机械设备程式、端别、增音站地点、位置等。对自动闭塞信号线路或电气化铁路输电线，必须收集好相关资料。

（3）与其他部门的联系。

① 向公路部门了解路由附近的公路有无改道、扩展路面或增建车站/车场等计划。

② 与水利部门联系，收集与路由有关的河流堤岸的变迁和水文资料（最高和最低水位通航情况等），并征求对立电杆设线地点的意见。

③ 与农林部门或地方政府联系，解决砍伐森林通道和研究在农田、城市及与其他部门管辖的相关地点的施工问题。

④ 与当地工矿企业联系，了解与路由有关的厂矿有无扩建计划，线路通过厂矿区域时应签订协议。

⑤ 与航空部门联系，了解与路由邻近的机场有无扩建计划，结合机场方面对路由的意见签订协议。

⑥ 与各级政府或市政建设单位联系，了解与路由有关的市政建设规划、改造计划征求对拟选路由的意见等。

⑦ 与气象部门联系，了解并索取线路沿途地区的最高和最低温度、最大风速和风向、导线结冰凌情况、雨季、结冰和解冻月份、10 年（5 年）内遭受的最大风灾或凌灾等气象资料。

⑧ 与维护单位联系，对于新建工程，应征求有关局（站）的意见；对于改建大修工程，要征求有关维护单位和相关负责人的意见，并了解各种气象资料、沿线地势、地形土质及河流、山谷和其他情况，以取得帮助。

⑨ 与当地群众联系，了解收集气象、河流、土质、地形、交通等情况。

（4）交通运输及生活情况的调查。

① 了解沿线交通情况、运输工具、运费单价和装卸费用等。

② 记录沿线囤放线路材料的地点和运距。

③ 对其他与设计、供应、施工等有重大关系的问题，也应注意调查和记录。

根据每一设计阶段的设计内容深度的不同，通信电缆线路工程查勘的内容深度和重点有所不同，应该根据具体设计阶段内容要求进行相应的查勘工作和资料的搜集与整理。

4．通信电缆线路工程内容及主要勘测方法

通信电缆线路工程包括测量、新建杆路、原有杆路、原有管道敷设电缆，挖沟、直埋电缆，新设电缆交接箱、安装电缆配线箱和分线盒，综合布线，电缆的成端和接续，电缆段落测试，电缆线路防护等施工工序。

主要勘测方法：了解管线资源现状、制订初步的线路方案，针对线路路由涉及的杆路、管道进行测量，同时对线路两端线路走向进行详细测量，绘制施工草图。

2.1.4　常用的勘测工具及使用方法

1．轮式测距仪

轮式测距仪（见图 2-9）由支架、滚轮、刻度表盘 3 部分组成，其工作原理是滚轮圆周长与刻度表盘数字成正比，主要用于城区线路的测量。轮式测距仪的使用方法：取出轮式测距仪,打开折叠手柄,直到关节锁住,放下支架;按下清零按钮,读数清零,开始测量,读取数据。注意:在读取数据时,根据精度不同,保留整数或小数点后一位,一般线路测量数据为整数(采取四舍五入的方式),填报竣工资料保留小数点后一位。

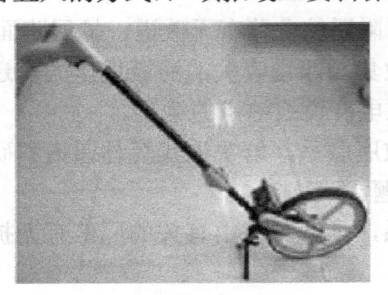

图 2-9 轮式测距仪

2. 激光测距仪

激光测距仪(见图 2-10)主要由光学(发射镜、接收镜、观察镜)部分、按键(模式、单位、操作)部分、电池(9V)组成,其工作原理在工作时向目标射出一束很细的激光,由光电元件接收目标反射的激光束,由计时器测定激光束从发射到接收的时间,计算出从观测者到目标的距离,主要用于测量野外或有障碍物线路的长度,量程为 6~1200m 和 6~1500m。激光测距仪的使用方法:安装好电池(注意正负极),按 ACTIOM(或 RUN)键 2s 启动,对准测量目标,按 ACTIOM(或 RUN)键开始测量对数(M)。长度和数据读数保留整数或小数点后一位;一般线路单位为 m,测量数据为整数(采取四舍五入的方式)。

图 2-10 激光测距仪

3. 其他辅助工具

(1)安全标志服:起安全警示作用,能有效避免意外伤害。《通信工程勘察设计安全操作规程》明确规定,在危险地段或位置勘测时,必须穿反光背心。

(2)锤子(大锤):用于敲击不好开启的人(手)孔井盖,有助于活动井盖,便于井盖开启。注意:不要损坏井盖。

(3)井盖启子(井钩子):用于开启和移开人(手)孔井盖。注意:最后井盖要回复原位,盖好。

(4)梯子:下人孔井用。

(5)PVC 路锥:放置在道路中间、危险地区和道路施工地段;设在需要临时分隔车流、引导交通的地段,以指引车辆绕过危险路段;设在保护施工现场设施和人员等场所周围或其他适当地点。

2.2 工程施工

通信电缆线路工程施工人员要熟悉施工组织计划的编制；伴随着城区的调整，要掌握电缆配线电缆网的调改方案，并结合新建局（所）掌握电缆的割接方案。

2.2.1 施工组织计划的编制

施工组织计划通常包括工程概况、施工队伍组成、组织管理、施工进度计划及实施保证措施、技术方案、客户投诉处理及工程回访计划6部分内容。

1．工程概况

工程概况指涉及工程项目的名称、建设规模、建设地点、工程范围、工程量、监理单位、建设单位及单项工程组成等。

2．施工队伍组成

根据项目的施工内容，结合实际现场情况，组织各专业工程技术管理人员、技术工人，以及投入项目的机械设备、器材、仪表。

（1）拟投入施工人员情况。

① 队伍组织架构分为领导小组、后勤材料组、技术组、质检组、安全组、组料组、工程协调组。

② 主要项目负责人及技术人员表：项目经理、项目主管、各工作组组长、工程主管等。

（2）投入项目的主要机械设备、器材、仪表包括发电机、抽水机、吊车、工程车、压接工具、压接钳、兆欧表、万用表等。

3．组织管理

（1）工程配合和综合协调。

① 项目各阶段的沟通协调。

② 与设计单位及监理单位的协调。

③ 对建设单位工作的配合。

④ 与当地维护部门的配合。

⑤ 项目内部各专业有效地协调沟通。

（2）工程实施管理流程。

工程实施管理贯彻施工单位的经营理念，做到精心施工、科学管理，根据工程量和进度要求，随时增配人员和设备资源，确保工程进度，其流程包括合同签署、施工现场查勘、施工准备阶段、施工阶段、竣工结束阶段、竣工验收阶段等。

（3）材料、设备的交接、管理安排。

① 施工材料组织管理。

② 施工材料的检验和试验工作。

③ 搬运、储存和防护工作。

④ 产品标识和可追溯性控制。
⑤ 施工剩余材料清退。
（4）文明施工及安全措施。
① 安全生产组织机构。
② 安全文明施工责任制。
③ 安全生产技术管理措施。
④ 文明及环保施工措施。
⑤ 安全教育和培训。
⑥ 施工人员安全纪律。
⑦ 安全检查。
（5）文件和资料管理。
专职资料员要对每天的施工进度、随工质量检查记录表、工程变更单等相关资料进行整理、填报后及时上报资料组，资料组负责相关施工资料的收集汇总、修改核实及登记存档工作。竣工资料要做到数据准确、资料完备。专职资料员组织施工班组进行现场复核，填报竣工资料并及时交给相关部门组织工程验收，按照实际工程量编制工程结算资料。
（6）统计报表和工程信息管理。
① 统计报表包括进度日报、进度周报、工程质量管理报告。
② 工程信息管理要求：结合工程项目，需要编制和建立工程管理信息处理台账，有效协调和组织项目管理团队之间的信息沟通，与建设单位和工程的协同单位进行沟通。

4．施工进度计划及实施保证措施

（1）项目进度计划：用于把工程项目的实施阶段、竣工资料验收阶段及工程收尾阶段落实到工作时间区域。
（2）施工工序配合、进度保证措施及应急措施。
① 制订完善的进度计划；进行良好的沟通。
② 施工阶段的严格控制。
③ 充分的预防措施。
④ 突发任务应对措施。

5．技术方案

（1）施工难点、重点分析，以及相应措施、工程质量保证措施。
（2）施工质量保证措施。
① 对工程质量事故五大因素进行全面严格管理。五大因素是指人、工具、材料、方法、环境。
② 管理质量具体措施。
③ 工程交工测试。
（3）施工安全操作规程。
① 一般安全须知：设立安全信号标志、禁止非工作人员，特别是儿童进入工作区域。
② 工具使用与检查：竹木梯子的使用要求、保安带的使用要求、使用脚扣的注意事

项、使用喷灯的注意事项。

③ 架空杆路时的注意事项：布放电缆的注意事项、登高作业的注意事项、拆旧作业的注意事项。

（4）架空电缆施工工艺。

架空电缆施工工艺是指使用的主要器材、电缆敷设。

（5）管道电缆施工工艺。

管道电缆施工工艺是指管道路由复测、安全保护措施、抽水及清理人（手）孔、敷设电缆、电缆接续封头、电缆测试和记录资料。

（6）与相关单位的沟通和配合。

各施工队长要经常与项目经理沟通情况，研究工程进度及工程中遇到的问题，是否需要调整工期，若需要调整则及时上报建设单位；全体施工人员要加强团队意识，尤其在进行线路割接时，设备调测人员和线路施工人员及业务支撑部门要密切配合，只有这样，才能保证割接工作顺利进行。

6．客户投诉处理及工程回访计划

（1）客户投诉处理：要给建设单位提供服务电话，对割接工程尤其重要，发现障碍及时处理，避免投诉升级。

（2）工程回访计划：一般在竣工验收及保质期满后。在保质期内，若建设单位反映有质量问题，则应及时回访，同时按照客户投诉流程处理。

（3）回访计划的实施：制作相关表格，回访后及时填写。

2.2.2 配线电缆网的调改方案

随着城市的发展扩大，通信业务需要扩建、增容，只有这样，才能适应发展，这就需要重新划分交接区域。通信电缆线路在运行使用过程中，因发展不平衡，会出现局部区域线源紧张而其他区域线源又过多等情况，这就需要对现行的线路网进行调整。将旧局（所）所属全部或部分用户改接到新局线路网中的施工方法称为线路割接，将局部电缆线路移、改或更换的施工方法称为线路改接。掌握线路割接、改接，对今后新建局、扩建局、配线区域调整、线路设计等工作有着非常重要的意义。随着全国"光进铜退"整体工作的开展，类似大对数的电缆割接日趋减少，但考虑还有部分小规模的区域电缆割接，原则上以电缆交接箱所属交换区域进一步划分到以单体建筑物（楼、单位）为交换区域，这些均为针对配线区调整的方法。

1．割接的原则和技术要求

（1）割接的原则。

① 电缆割接以不中断或不影响用户通话为原则。不能因割接而降低线路传输质量。

② 确定割接时间前应对原有线路的质量和使用状况进行调查核对及测试，了解重要用户对通信的要求，结合新建线路，研究制订确保通信安全的割接方案和具体施工方法。

③ 在割接方案中，尽量不采取临时性措施，设法减少线路割接点，尽量将割接工作集中在局内，以减少线路障碍和割接后的调整复原工作。

④ 无论用户改属新局号源还是重划交换区，均不改变用户电话号码。

⑤ 对于新旧局之间的割接，在没有特殊的技术、经济需求时，应一次完成割接，如果确有困难，则应尽量减少割接次数。

⑥ 必须在局外割接时，应尽可能避免在交通繁忙的路口施工。

(2) 割接的技术要求。

① 施工前必须了解整个割接方案和设计要求，掌握新旧线路设备的状况，认真细致地制订保证通信、便于施工的割接方案。

② 电缆割接采用电缆复接方式。

③ 施工中应以不影响用户通信为原则，对于重要用户，必须事先联系，了解其通信需要和具体要求；对于金融和数据专线，割接前必须取得用户的同意。

④ 在线路割接前后，应向用户进行宣传和解释工作。割接后一段时间内，要求能够播放改号录音通知，以方便用户。

⑤ 局内测量室和各线路割接处必须密切联系，可装设联络电话。割接过程中和割接完毕后，应进行电气测试，保证线路通畅和割接工作正确无误。对于公安、消防等重要部门的专线，以及特种服务台（如 110、120、119）等重要线对，应有色别标志，以做到醒目和便于区分。

⑥ 在新旧电缆的两端，新旧电缆与局内总配线架之间，应根据新旧线路割接对照表逐对对号，以防错接。

⑦ 在局外各线路割接处，除有专人负责看管外，还应备有照明电源及防雨等防护措施，以便应急之用。

⑧ 割接完毕后，首先要通过测试，把重要用户开通；然后根据线路的分布情况，对选出的有代表性的用户线路进行测试，以判断线路割接后的开通情况。

⑨ 为了减少费用，部分地区要求割接采用瞬间中断方式，因此，割接应该选择在通话少的时候进行。建议在凌晨零点到 5 点间进行。

2．割接前期准备工作

(1) 调查割接的线路使用情况。

调查内容：电话号码、种类、有无复用设备、是否开通宽带业务、分线设备对数线序、配线方式、分布情况及地址，局方线、配线及专线使用情况，主干电缆的气压情况，障碍线对及障碍类别。

(2) 制订割接方案。

制订割接方案工作包括制作改线表、填写调动单（电缆、引入线）、装设联络电话、确定改线点、召开割接方案会审会议、邀请相关单位人员参加、确定割接时间、送达开工报告的相关文件。

(3) 注意事项。

电缆割接中涉及的人民电台广播线、防空警报线、军政专线、警铃线、中继线均为重要线对（重要用户），在割接重要线对时，由测量室负责对外联系，客户经理做好用户宣传工作，使用单位、施工人员必须绝对听从测量室的指挥，施工人员不得直接与使用单位联系，当遇到割接中发生用户障碍的情况时，应立即处理，及时修复。

3．电缆割接接续前准备工作及接头套管的选择

（1）施工前，施工单位应对工程所用器材的质量进行核查，器材规格、程式、质量不符合标准的不得在工程中使用；检验电缆外护层有无机械损伤及腐蚀现象，气闭头是否损坏；检查电缆芯线有无断线、混线及地气等不良线对。如果有故障，则应查明原因，及时修复后进行敷设；电缆芯线对数应符合设计要求，每 100 对芯线有一对良好的备用线对。

（2）电缆敷设完毕，应按实际需要留足余长，电缆端头应用热缩套管端帽封好，防止电缆进水或受潮。

（3）电缆接续前，应保证电缆的气闭性良好（填充式电缆除外），并应核对电缆程式、对数端别，如果有不符合规定的，则应及时处理，合格后方可进行电缆接续工作。

（4）电缆芯线接续采用接线模块或接线子卡接方式，接线子的型号及技术指标符合 YD334—87《市内通信电缆接线子》的规定；接线子的规格应能满足芯线接续的要求。

（5）电缆护套的接续套管宜采用热可塑套管或可开启式套管。填充型全塑电缆的接续采用具有填充物的接续器材。

（6）根据电缆结构、电缆容量、敷设方式、人孔规格、环境条件及套管价格等综合考虑选择接头套管的规格型号。接头套管的型号及技术指标应符合相关标准，接头套管的规格能满足电缆接续形式的要求。

（7）若采用充气维护的非填充型电缆，则必须选用耐气压型的接头套管，自承式架空电缆接头套管应能包容吊线与电缆。对于具有重复使用性能的接头套管，在技术经济合理时应优先选用。

4．电缆接头的技术要求

（1）全塑电缆热缩套管封合的技术要求。

① 全塑电缆屏蔽层必须用专用屏蔽线连接，并按设计要求做好分段、全程测试。

② 热缩套管的铝内衬套筒包在缆芯接续部位，且应置于接头中间，两端用胶布缠包（胶布重合尺寸不小于 40cm）。

③ 电缆接头两端封合部位和电缆外护套应用砂布打磨，擦拭干净，以便套管封合，保证质量良好。

④ 电缆接头两端应纵包隔热铝箔胶带，其重合相压的宽度不小于 20mm，纵包全长不小于 60cm。

⑤ 当用喷灯预热或加热热缩套管时，要求由中间向两端加热，均匀且频繁地移动，使套管正常收缩。

⑥ 热缩套管的拉链宜置于电缆的上方；分支电缆宜在大对数电缆的下方，也可平放。

⑦ 在热缩套管管口端距分歧电缆一侧的 15cm 处，应将主干和分支电缆绑扎在一起。

⑧ 热缩套管应平整，无褶皱、烧焦缺陷；充气热缩套管在热缩冷却以后，应该做热缩套管的密封试验。

（2）纵包装备式套管封合的技术要求。

① 电缆、底板、盖板应黏合紧密。

② 套管螺栓应坚固，套管端部包扎应整齐。

③ 密封应良好、外形应平直。

(3) 热注塑套管封合的技术要求。
① 选用的套管规格应正确，两端电缆开口距离应满足套管说明书的要求。
② 套管缝合注塑应一次完成，注塑缝应完整、饱满、无气泡。
③ 端帽、套管应端正，端帽与电缆应垂直。
④ 密封应良好。

2.2.3 新（扩）建电缆的割接方案

1. 电缆割接的基本方法

电缆割接的基本方法包括直接割接法、复接割接法及主干电缆割接法。

（1）直接割接法：将旧电缆芯线剪断一对，改接一对。各改线点要密切配合，同时改接。当采用模块式接线子改接时，方法一样，以一个模块为单位进行改接。各改接点密切配合，完成一块联络一次，进度快的要等进度慢的，同步进行。此方法需要短暂停话，但方法简便，适用于非重要用户及小范围改线。

（2）复接割接法。

① 原线复接割接法：先将新、旧电缆芯线进行复接，然后切断旧电缆芯线，最后进行正式接续。此方法用于不停止通话的用户线对。

② 副线复接割接法：预制一条副线，副线两端焊接鳄鱼夹，改接时，先用两端夹子将副线并联夹在一根芯线上，从中间剪短旧电缆后做正式接续，此时旧电缆芯线先由副线连接保持正常通话，正式接续后，撤掉副线，复制下一对，直至整条电缆割接完毕，将旧电缆撤回。此方法适用于重要线对的割接工作，但电缆不宜过长。

（3）主干电缆割接法。

① 旧电缆开口长度为 1.3m，剥去电缆外护套，将旧电缆的局方端余长部分弯向用户方向拉过，电缆接口处留长，2400 对为 483mm，1200 对为 432mm，剥去电缆护套时注意不得损伤芯线的绝缘层，将电缆固定在托板上。

② 复接模块的排列为二排至三排。

③ 接续工具采用双接线头组合方法，安装正直牢固，第一排模块装设在电缆用户方向一侧，第二排模块装设在电缆叉子（旧局方、新局方）一侧，两排模块间的间隔为 2～3cm。

④ 芯线接续顺序。先将需要复接的新、旧电缆芯线理顺，面对电缆接口，先接远的下方的单位，后接近的上方的单位，一定按顺序掏出芯线，以防交错。

⑤ 凡是旧电缆的色谱与芯线色谱一致的（线序 1～25 号，色谱由白蓝到紫灰），可按色谱放在接线头的模块上，若旧电缆的色谱与芯线色谱不一致，则应按篦子线序放在接线头的模块上。

⑥ 复接模块的排列数量如下：

        2400 对=52 块（一排）+44 块（二排）
        1200 对=26 块（一排）+22 块（二排）

⑦ 25 对基本单位接续顺序如下。

第一步：在接线头耐压底板上装好接线模块的底座（深黄色），按色谱放入新局方的线对（注意：A 线在左，B 线在右），用检查梳检查有无放错线位的情况。

第二步：装好接线模块的本体（带刀片的），深黄色在下，浅黄色在上，对放入用户方向的线对用检查梳检查有无放错线位的情况。

第三步：在用户方向的线对上装好复接模块（蓝色朝下，浅黄色朝上），再放入旧局方的线对，用检查梳检查有无放错线位的情况，最后装好接线模块的上盖（浅黄色），装好手压泵头，位置端正，关紧泵气阀；手握泵柄下压数次，直到听到两次声音，将切断的余下线头轻轻拉下，拉开泵气阀，拆去泵头，将压接完的模块推出接线头，在模块上标明线序编号，全部线对复接后，进行新、旧局方复核对号工作。

⑧ 每个单位的扎带应保留并捆在电缆芯线根部，便于检查线对时使用。

⑨ 电缆芯线复接完毕，将模块排列整齐，采用方便裹缠包带或原有缆芯包带缠紧（原有缆芯包带具有防潮、隔热性能）。

⑩ 安装应采用 Y 型屏蔽线，要求压接牢固、有效。

⑪ 可进行接头套管的封闭工序。

⑫ 割接电缆完成后，用模块开启钳将复按模块的上盖启开，把旧局方芯线中的模块拆除，再将模块上盖盖好，用手压钳将模块压紧。

2．新（扩）建局电缆割接方案

无论是新建局还是扩容局，一般均采用主干电缆割接法进行割接。严格按照设计图纸将电缆布放到指定割接位置（人孔、引）上，确定割接方案。

（1）电缆割接任务下达前流程。

项目经理审核确认建设单位的割接要求。重点工程电缆割接上报工程管理部分管领导，并成立由工程管理部分管领导或主管业务经理、项目经理、工程管理员等组成的电缆割接领导小组，具体组织领导电缆的割接工作；一般工程电缆割接报工程项目经理并成立由项目经理、工程管理员、线路组长、接续组长等组成的电缆割接领导小组，具体组织领导电缆的割接工作。由电缆割接领导小组出面，与建设单位主管部门联系，共同制订割接方案。有条件的可以制订两套方案，确定割接地点、割接时间、割接电缆具体内容和测试机房，明确建设单位割接负责人和随工代表并确定通信联络方式，形成书面文件，参加电缆割接技术人员遵照执行。

（2）电缆割接前的准备工作。

成立割接工作指挥小组，项目经理为割接组长，设线路小组和接续小组。割接组长现场指挥，并且割接组长必须提前安排线路小组在割接点复核被割接电缆的型号、芯数、管孔位置等详细情况；安排接续小组在割接点和机房复核电缆编号，做到万无一失。建立健全通信联络系统，确保割接点和机房的联系畅通。配置合格、适用的检测仪表、接续设备及其他辅助设备，根据不同程式的电缆、电缆接头、模块配备不同型号的专用工具，路障、警示牌等应带齐备足，以确保安全使用；备足电缆接续的材料和辅助材料，以确保割接工作顺利完成。每个割接点配备车辆、仪表、工具等。割接前，施工单位要对电缆交接箱里需要割接的电缆去向做细致地排查工作并做标识。施工单位领导对所有参与割接电缆小组的主要割接人员、测试人员提出具体技术、安全要求。施工队分发、检查各组割接材料、工具等。

（3）注意事项。

① 割接电缆人员提前一天上岗，明确分工，熟悉设备、测试使用的仪表，掌握操作步骤和操作要领，对工作场所进行防护，做到万无一失。施工严格按照步骤进行，每项任务完成经确认方可进行下一项工作。制订应急方案，应对突发事件。参加割接电缆人员提前1～3h到达现场，熟悉割接方案，掌握电缆、接头、束管、电缆序号及色谱，了解现场线路情况。

② 各单位作业人员未接到调度通知不得擅自动作或离开。割接时，要对原电缆的缆芯色谱进核对，如果发现原电缆与新电缆的色谱不同，则应及时上报，在接到色谱调整命令后，继续电缆接续工作。对电缆顺序不明的电缆割接任务，在断开电缆后，应一一复核电缆顺序，以免割错。

③ 割接电缆人员要树立安全第一、预防为主的思想，一切行动听从施工负责人的指挥，做好割接中仪表、工具、材料的准备工作。所有参加割接电缆人员要注意自身安全，并带好相应的劳动保护用品。

④ 电缆顺序的对号是为了避免电缆交叉，在割接前，需要对预计割接点的电缆进行多次双向对号，核对电缆的色谱及序号，以确保电缆内电缆无交叉（错号）。所谓交叉，就是指所接的两根电缆中的管序和电缆编号不一致。交叉产生的原因主要有两方面：一是工程的遗留问题，在早期电缆线路网的建设中，由于电缆紧缺或电缆线路网的线路过长，在组网时采用了不同厂家生产的电缆，造成敷设的电缆在制式、束管数目及电缆的色别上有差异，使两根电缆在接续处产生电缆交叉；二是在电缆的敷设过程中，个别操作人员责任心不强，为加快工程进度，在电缆接续时，没有核对电缆内的束管编号及电缆编号，也会造成电缆交叉。另外，在电缆敷设完工后，由于电路开通不及时、开通时要用的电缆量较少（剩余的备用电缆数目过多），备用电缆在以后开通时，负责成端的接续人员没有与线路进行对号，任意挑选几根电缆进行成端，也会造成电缆交叉。因此，在正式割接前，操作人员应详细掌握竣工技术资料和线路变更后的布线资料，了解当前电缆芯线的使用情况，搞清楚在用及备用电缆情况，并在割接处与局端逐管、逐条电缆对号。

⑤ 电缆顺序的对号方法：接续人员开剥预备割接电缆的外护套，露出电缆，用电话听音或另一端放音的方法确定这根电缆的编号。其余电缆依次类推，逐管、逐根核对束管编号及电缆编号，以便正确割接电缆。

⑥ 工艺要求：对于用接线子接续直接口与分歧接口的接续，根据电缆对数、接线子排列数，电缆芯线留长应不小于1.5倍的接续长度，剥开电缆护套后，按色谱挑出第一个超单位线束，将其他超单位线束折回电缆两侧，临时用包带捆扎，以便操作；将第一个超单位线束编好线序，把待接续单位的局方及用户侧的第一对线（4根），或者三端（复接、6根）芯线在接续扭线点扭3～4花，留长5cm，对齐剪去多余部分，要求4根导线平直、无钩弯。A线与A线、B线与B线压接，将芯线插入接线子进线孔内（直接是指将两根A线/B线插入二线接线孔内，复接是指将3根A线/B线插入三线接线孔内）。必须观察芯线是否插到底，芯线插好后，将接线子放置在压接钳钳口中，可先用压接钳紧压一下扣帽，观察接线子的扣帽是否平行压入扣身并与壳体齐平，然后，再一次压接到底，并且用力要匀，同时接线子的扣帽要压实压平，如果有异常，则可重新压接，压接后用手轻拉一下芯线，防止压接时电缆芯线跑出没有压牢。

⑦ 模块接续注意事项：检查好接线工具及接续器材，安装接线架，并把接线机头装在接线架上，复核电缆接口的开口长度；根据电缆对数、芯线直径及接口套管的直径等确定电缆接续长度及模块式接线子排列数；在进行模块接续时，需要对不同线径进行不同的处理（将细线径的芯线置于模块下方，将较粗线径的芯线置于模块上方，即先放置较细线径、后放置较粗线径）；对于 3000 对及以上大对数电缆的模块接续，为适应现有的热缩套管的最大外径，模块需要分列 3 排，开口长度为 678mm。电缆芯线宜采用模块本体加防潮胶体，如 4000DWP 防潮盒。

（4）电缆割接的步骤。

割接前 12h，线路小组对割接工作地点和环境进行检查，对无人值守的机房，割接组长要提前拿到钥匙。割接前 3h，接续小组进场，各组检查接续装备和电缆相关资料；各接续小组做接续试验并记录电缆尺码，这有利于实际操作。割接前 1h，测试人员必须进机房，等待割接组长的命令；割接组长和建设单位机务负责人确认电路是否调空。下达割接指令后，经线路小组组长和接续小组组长确认，方可进行割接。割接点未接命令不得擅自动作。割接时应严格按照预先制订的割接方案进行；应实时监测，当遇到割接不通的情况时，应在规定的障碍查找时间内查找，查出后可以继续割接，否则应该立即复原。电缆割接的操作步骤如下：施工准备→电缆端头制备→护套开剥→安装支架→电缆接续→接头盒组装。割接结束后，割接组长只有在得到建设单位机务负责人确认恢复指令后才可以向线路小组和接续小组下达撤离命令。梳理、绑扎交接箱、盖好井盖，整理线序等最终资料交于甲方及预算资料管理人员，打扫、清理割接现场。

（5）割接完成后值守。

根据实际情况，割接完成后，应组织现场（机房）值守小组，及时处理割接后出现的业务障碍，该值守小组于业务恢复 2h 后，经与甲方核实确认没有障碍后，可以撤离现场。

（6）割接失败情况处理方案。

由于采用携带用户业务割接方式，所以具有一定的风险，为了避免在电缆开剥和接续过程中出现意外，造成电路中断，在割接前，必须制订详细的割接应急方案。在整个接续过程中，都要注意做好保护工作，现场的割接人员要高度集中精神，割接过程中避免人员来回走动。在携带用户业务割接过程中，当没有其他资源可调度时，如果在割接过程中发生误操作，引起缆芯中断，就必须快速将断缆重新接通。同时，机房利用制订好的应急调度方案迅速将系统抢通。当同时有多根电缆芯线发生意外中断时，能准确对应接续原来的断缆。遇有在原有接头处进行割接时，现场接头小组必须做好对原电缆接头盒内缆芯的核对、标记工作。电缆发生障碍时应以"尽快地恢复通话"为原则，对于重要用户，必须采取适当的措施先恢复通话。当同时发生几种障碍时，应先抢修重要的和影响较多用户的电缆。在查找电缆障碍时，应先测定全部障碍线对并确定障碍的性质；然后根据电缆线序的实际分布情况及配线表分析障碍段落；最后用仪器测试、直接观察、充气检查电缆护套等方法确定障碍点。一般不得使用缩短障碍区间而大量拆接头或开天窗的方法确定障碍点。

处理电缆障碍的几项规定：当障碍点电缆芯线的绝缘物烧伤或芯线变色过多或过长时，应改接一段电缆。如果个别线对不良，则可以只改接部分电缆芯线。电缆浸水后，在没有更好的办法之前，浸水段落应予以更换。不能因为修理障碍产生新的反接、差接、交接、地气等障碍。同时，在接续、封合及建筑或安装上，都要符合规格要求，更不得减小绝缘电阻，必须经测量室测好后才能封合。全塑电缆的护套损坏的修理可采用热缩套管包封法及热缩套管修补的产品进行修补。对于自然恢复障碍，必须彻底追查，采取各种方法修复。电缆在发生少量线对故障时，为防止扩大，应及时追查。对于电击障碍，除必须修复全部芯线障碍外，对外皮漏洞也应仔细检查并使全部电缆恢复其原来的气压程度。

2.3 制订施工方案

开工前要制订施工方案，便于掌握整个工程的进度，以及工程的重要节点及线路安全施工要求。

2.3.1 制订通信电缆线路工程施工方案的原则

根据工程的特点和进度要求，通信电缆线路工程的流程为：先施工主干通信线路，然后完成局（所）通信线路，最后进行电缆接续并按测试顺序施工。

在正式开工前，要做好线路的施工调查、施工技术交底工作；强调关键工序、关键工艺，兼顾整体创优。通信电缆线路工程重点抓好埋深、防护、电缆的电气及传输性能；将电缆接续作为质量控制的重要环节；线路建筑做到内实外美，强化标准线路工作。

电缆线路的施工应按照施工规范有关规定进行，特别是电缆的接续、埋深、机械防护等应严格按要求执行，确保施工质量。

2.3.2 制订通信电缆线路工程施工方案的步骤

1. 路由复测

以设计文件为依据，协同建设单位、监理单位对电缆路由进行复测，确定防护方式、数量、规格及施工方法。另外，还要确定电缆布放时的卸车地点。

2. 单盘测试

对照订货合同核对单盘电缆的规格程式和制造长度，检查出厂测试资料及合格证是否齐全。外观检查：检查外包装有无破损，对外包装有严重损坏或外护层有损伤的电缆进行重点检查。电缆开盘后，确认A、B端并在盘上标注明确。在单盘检验中，一般只对断线、混线和地气进行检验，同时进行电缆气闭性检验、绝缘电阻的测量及耐压测试。检验时，通常使用耳机和电池进行。检验前，先把电缆两端头打开，剥去约10cm长的外皮，露出芯线束并剥除芯线绝缘层2～3cm，然后按下述方法检验。

① 断线检验。断线检验如图2-11所示，通过模块型接线子将一端短路，另一端用模块开路，在调试端接出一根引线，与耳机及干电池（3～6V）串联，再接出一根模线连试线塞子，通过模块型接线子的测试孔与芯线接触，如果通过耳机听到"咯"声，则说明是好线；如果无声则是断线。

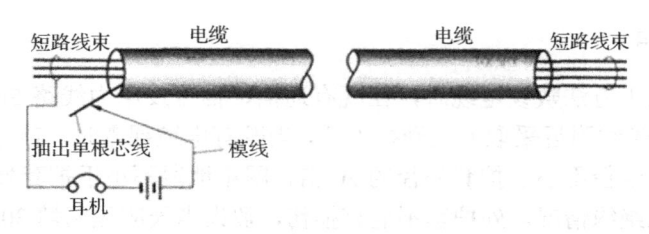

图 2-11 断线检验

② 混线检验。混线检验如图 2-12 所示。混线检验测试端的接法与断线检验测试端的接法相同，另一端全部芯线腾空，当模线通过试线塞子和测试孔与被测芯线接触时，在耳机内听到"咯"声，即表明有混线。

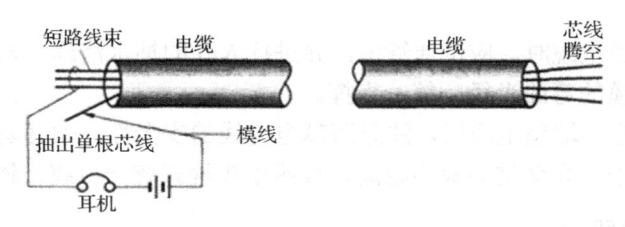

图 2-12 混线检验

③ 地气检验。地气检验如图 2-13 所示，电缆的另一端芯线全部腾空，测试端的耳机一端与金属屏蔽层连接，模线通过试线塞子与模块型接线子的测试孔和芯线逐一碰触，当听到"咯"声时，即表示有地气。

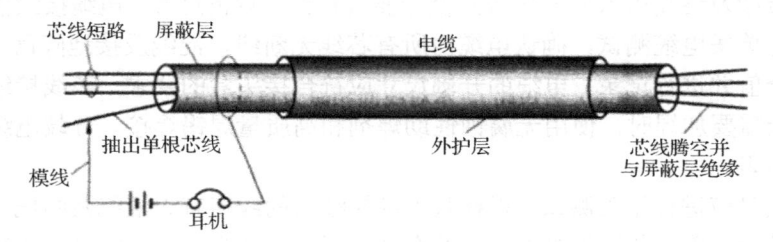

图 2-13 地气检验

3．电缆配盘

对于按照建设流程建设的主干通信电缆线路工程，特别是大对数（600 对）主干通信电缆线路工程施工前，设计单位应该按照实际勘察的管道段的数据提供订货数据，用于电缆采购，或者施工单位根据实际丈量的管道段的数据结合库存的电缆程式、数量进行施工前的电缆配盘，避免工程中的材料浪费。

4．直埋电缆沟的开挖

直埋电缆开挖前，使用地下电缆探测仪进行径路探测，以防挖坏既有管线。沿施画白线开挖，沟底平直顺滑，开挖深度满足要求；采用人工开挖，过轨、过道采用液压顶管方式通过，并提前预埋防护钢管。

施工时做好审批和安全防护检查工作，施工技术人员、监理工程师和质量监督人员按照施工规范与设计要求检查记录，确认合格后方可进入下一道工序。

73

5. 电缆的敷设

（1）当采用人工方法敷设电缆时，在既有通信、信号及电力线路 5m 范围内严禁动用机械施工，在既有管线附近采取人工开挖方式，当既有电缆裸露时，应先可靠防护再施工。敷设时电缆的弯曲半径不小于护套外径的 20 倍，困难地段不小于护套外径的 15 倍。敷设后测试电缆的对地绝缘情况。外护套不能有损伤，敷设当天应先回填 30mm 厚的细土，不使电缆在外裸露过夜。接续前再次测试光缆的对地绝缘情况。回填应先填细土，在回填路肩时，要分层夯实，回填土应密实，余土填至沟顶，高出地面 10～20cm。回填前由施工技术人员、监理工程师和质量监督人员检查电缆防护情况，确认合格签字后方可回填。

电缆标桩直线距离 50m，埋设于缆沟正上方，在接续点及转弯、过轨、过桥及余留处加埋。

（2）在敷设管道电缆时，应试通管道，并进行人孔的抽水清理，敷设时要注意布放电缆应匀速进行和电缆的弯曲半径，统一指挥。

（3）在敷设架空、墙壁电缆时，注意跨越电力线的安全性，做好防护工作，严格执行电缆与各种线路的平行和交越的最小距离，按照电缆程式统一电缆挂钩程式。

6. 终端引入及成端

电缆接续采用接线子、模块型接线子接续的环境必须清洁，接续过程中应特别注意防潮、防尘、防震；电缆各连接件及工具、材料应保持清洁，确保接续质量和密封质量；采用热缩套管接头封闭。

电缆的接续及终端引入应严格按照设计要求和施工规范进行。电缆接续前应确认电缆端别，并进行单条电缆测试，确认电缆内所有芯线无断线、混线及接地障碍，绝缘良好，复测电容耦合值并进行记录。电缆的开剥尺寸应符合接头盒的要求。芯线接续加焊后采用热缩密封，当需要加焊时，使用无腐蚀性助焊剂和高质量焊锡焊接。分歧电缆应提前预制并测试绝缘电阻。

电缆接续时应进行施工测试，以检查电缆接续后的线路有无混线及断线故障，以及各接续点交叉是否正确，芯线绝缘电阻应符合规范要求，接头封装前应进行芯线对号及绝缘测试。

在接续过程中，对电气特性等各项指标要认真测试并做好记录，填写接续卡片，确保接续质量，并由监理工程师、质量监督人员共同检查，签字确认合格后方可进入下一道工序。电缆成端时，如果成端为焊接方式，则要保证焊点牢靠、饱满、有光泽；如果为卡接方式，则要保证卡接接触可靠。局（所）电缆金属护套应接工作地线排，如果没有地线排位置，则应做绝缘成端。

7. 安装电缆交接箱和分线设备

按照设计图纸安装电缆交接箱和分线设备，按照施工标准规定的尺寸进行安装。

8. 做好工程测试和收尾工作

工程完工后，进行电缆全程测试，在电缆标桩、电缆接头、引上电缆、成端电缆处进行标识，同时对施工现场进行清理，做到文明施工。

2.4 工程验收

通过线路复测、电缆电气特性的测试验收，结合电缆敷设施工工艺、质量验收要点，审核竣工资料来完成工程验收。

2.4.1 线路复测

施工单位在工程竣工时应及时将竣工资料报验，建设单位及时组织由监理单位、施工单位、维护单位等相关部门组成的验收小组进行工程验收。首先要针对竣工图纸进行线路复测，包括全程线路路由的测量，管道、架空、直埋、墙壁电缆的实际距离的测量，通常采用测量工具进行测量并按照竣工图纸每段电缆的距离进行核查，着重检查电缆接头点、引上电缆、电缆递减点，复测电缆程式、距离等。通常在竣工图纸上直接核实确认，若实测有误，则由施工单位进行修改，重新上报，验收小组人员签字确认。

2.4.2 电缆电气特性的测试验收

电缆电气特性的测试通常包括线路绝缘电阻测试、环路电阻测试、近端串音衰减测试、电缆屏蔽层连通电阻测试、设备接地电阻测试、芯线对号测试等，通常采用万用表、兆欧表等设备并填报电缆电气特性测试的表格。

1．绝缘电阻测试及标准

绝缘电阻测试包括芯线线对之间、芯线之间和芯线对地（金属屏蔽层）的绝缘电阻。

在温度为20℃、相对湿度为80%时，全塑通信电缆绝缘电阻一般填充型的阻值每千米不小于3000MΩ，非填充型每千米不小于10000MΩ（500V高阻计），聚氯乙烯绝缘电缆每千米不小于200MΩ。常见的验收标准HYA非填充电缆绝缘电阻标准为10000MΩ/km。小于测试电阻值标准为不合格，测试电阻值大于标准为合格。

2．环路电阻测试及标准

将被测电缆芯线的始端与机房断开，在被测电缆的末端将两根芯线短路，根据电缆程式和长度，将万用表的量程选择扭转向"Ω"挡，并选择适当挡位，按下开关按钮进行测试，读取导线的环路电阻值。验收环路电阻值的标准≤1500Ω，验收合格，当大于1500Ω时，验收不合格。

3．电缆屏蔽层连通电阻测试及标准

对于电缆屏蔽层，应进行全程连通测试，在被测电缆末端，将一根屏蔽线牢固地卡接在电缆屏蔽层上，选一对良好芯线，将其末端A、B线短路，并与电缆屏蔽线连通，打开万用表开关，将万用表量程开关拨到电阻量程范围，选择适当的测试挡，准确读取读数。验收标准：主干电缆≤2.6Ω/km，架空电缆≤5.0Ω/km。满足指标为合格，不满足为不合格。

4．芯线对号测试

工程验收时，在总配线架或交接箱上，用测试线与每个分线设备连通，核对电缆线序号及质量，通过电缆芯线对号测试，能检验出电缆芯线断线、电缆芯线错接、电缆芯线自混等工程障碍。芯线完好率标准：主干电缆芯线完好率大于 95%时合格，小于 95%时不合格；配线电缆芯线完好率大于 90%时合格，小于 90%时不合格。

2.4.3 电缆敷设施工工艺、质量验收要点

1. 电缆敷设施工工艺

（1）直埋电缆一般采取人工敷设的方法，人数要充足，分布要均匀，要有数名指挥人员进行协调指挥。

（2）架空电缆利用吊线挂钩进行架设，要根据设计要求和电缆规格型号等采用拉线及挂钩等。

（3）各种敷设方法都要做好电缆的保护工作，不能损伤外护套，弯曲半径应满足要求。

（4）按电缆 A、B 端进行敷设，按规范要求进行电缆的余留。

（5）在敷设过程中，严禁对电缆压、折、摔、拖、扭曲等，要确保电缆弯曲半径满足要求。

（6）在桥梁、隧道、铁路路肩、市区、车辆及行人密集区等特殊地段敷设电缆要做好防护。

（7）对于电缆接续，应根据电缆规格型号和设计要求确定接续方式，无论采用哪种方式，都要保证电缆芯线和接头的密封，防止潮气进入。电缆接续应进行接续测试，只有在测试合格后才能对接头进行封闭。

（8）电缆测试项目应根据电缆规格型号及使用方式等确定。

2. 电缆施工质量验收要点

工程质量涉及工程建设的全过程，全过程主要是指工程项目的设计过程、建设过程和试运营过程。各过程又可分解为各自不同的子过程，它们之间既有联系，又相互制约，从而形成一个过程网络。工程施工阶段的质量控制就是对工程建设过程的各个环节实施严格的事前控制、事中控制、事后控制，进行一环扣一环的质量管理。

通信电缆线路工程施工周期验收监督要点包括局内成端电缆质量、管道主干电缆敷设质量、交接设备质量等。

（1）局内成端电缆质量。

① 地下室电缆布放。

为了地下电缆进线室的规范化管理，保证地下室各种设备安装有序，保证地下室各种设备的安装整齐、美观、清洁。地下室电缆布放应满足以下技术要求。

主干电缆按照电缆 A、B 端布放，要求 A 端在上列一侧，B 端在局前井或用户方向一侧；电缆摆放在支架上的层次安排应与出局管孔竖向孔数相对应；电缆托板规格应按出局管孔横向孔数量的 1/2 选择三线或四线托板，大局应以四线托板为宜；主干电缆在托板上的弯曲半径、拿弯余长定位措施应符合《市内通信全塑电缆线路工程施工及验收技术规范》的要求，在通道（如电缆遇有拐弯、内角弯或外角弯）处，电缆必须采用扎带与托板扎牢，防止电缆回位；每条上列电缆根据所在局所的要求，应有标志编号牌。

② PVC 成端电缆布放绑扎。

PVC 成端电缆在爬架上的位置、间距要求与配线架上列点垂直，间距一致；对于 PVC 电缆拿弯、绑扎，要求电缆拿弯符合曲率半径，采用浸蜡麻线与电缆爬架扁铁绑扎牢固。

③ 成端电缆把线裁、编、绑。

成端上列电缆应采用 PVC 型号，全色谱，并具有良好的阻燃性能和屏蔽接地性能，绝缘电阻不小于 2000MΩ/km。

常用的 PVC 成端电缆有以下结构：400 对结构为 1+5+10 基本单位（16×25 对），600 对结构为 2+8+14 基本单位（24×25 对），电缆芯线为全色谱，基本单位扎带为红头绿尾。

成端电缆采用单裁或双裁方法均可，应保证芯线绝缘皮无损伤，单位线序与色谱一致。成端把线出线对数应以保安排的容量为准，出线点的位置、拿弯尺寸与保安排的距离应符合技术要求。

成端电缆把线绑扎：PVC 缆芯主干部分应缠扎有阻燃性能的聚氯乙烯带，宽为 200mm，以黄色为主，增容扩建应随旧（原）有颜色。对分出的线对拿 U 型弯的部位应加尼龙网套保护（应采用不延燃网套，长约 350mm）。

成端电缆把线与总配线架、导引架、电缆上线架的固定绑扎应采用浸蜡麻线扎牢，成端电缆把线应处于上线槽中心位置，距保安排 170mm。

④ 成端竖接头。

成端竖接头是地下室主干电缆与上列 PVC 成端电缆的接续点，包括主干电缆的堵塞、芯线接续、屏蔽地线的汇接、接头内防潮措施，是一个综合接头，要求安装工艺、质量严格，摆放定位，统一标准尺寸，整齐、美观、规范化。

出局主干电缆目前选用的是以充气型 HYA 型全色谱综合护层电缆为主，在电缆的端头处留够接续长度芯线，在电缆切口位置将芯线松弛，接引出屏蔽线，装好堵塞杯进行堵塞气闭试验，充入的气压不大于 80kPa。

主干电缆 HYA 型与上列电缆 PVC 型的芯线接续应采用防潮模块——G 型，按色谱线序进行压接，保证标称线对，备用线对应与 PVC 成端电缆的备用线对用扣式接线子接续上列，甩在成端把线最下端，将备用线对数量和障碍线对数量做好记录。

由成端接头内引出的屏蔽地线应与屏蔽地线铜带（30mm×4mm）连接牢固、有效，PVC 成端电缆采用 7/0.25mm 裸铜线与主干电缆引出的屏蔽地线进行复接上竖列，裸铜线在成端电缆把线切口处引出并与总配线架地线连接牢固、有效。

成端接头的封闭：根据设计选用的成端接头套管不论是什么材质、规格、型号，都要求有严格的操作工艺。套管封闭后，要求与地下室成端接头一致、整齐、美观、严密，常用的是 CHD 型组合式接头套管。

为保证成端接头防潮、密封性能良好，应采用防潮模块进行芯线接续，要求在 CHD 型组合式接头套管上盖穿 PVC 成端电缆的胶嘴，应保持完整，孔与 PVC 成端电缆之间的缝隙应用自黏胶带封堵严密，以防进水。如果采用普通模块接续，则应在套管内填充接头填充剂，保证接头防潮、密封性能良好。

成端竖接头套管组装完毕，在接头套管上口采用钢质 ϕ160mm 卡箍一套，装在第一道扁钢架上（50mm×8mm），再用钢质 ϕ160mm 卡箍两套，分别装在托架第二道和第三道扁钢架上（50mm×8mm），要求成端竖接头端正、垂直、牢固、位置正确。

气门嘴的安装：根据地下室气压分路盘的安装位置和端局的要求安装气门嘴，应符合技术规定，排列整齐、美观、无漏气。

(2) 管道主干电缆敷设质量。

① 电缆敷设的走径。

全塑电缆 A、B 端敷设方向要求是用户主干电缆 A 端在局方，B 端在用户方向（或交接设备一侧）；对于中继电缆，汇接局至分局的 A 端在汇接局一侧，B 端在分局一侧；分局至分局的 A 端在出中继局一侧，B 端在入中继局一侧；分局至支局的 A 端在分局一侧，B 端在支局一侧。

全塑电缆弯曲余长要求：电缆敷设在人孔内，有接头的电缆和无接头的电缆的弯曲半径均应符合技术规定的要求（曲率半径应不小于电缆外径的 15 倍），无接头的电缆在电缆托板上的位置符合技术要求，电缆应有定位措施。

尾缆的位置、长度：大对数电缆的封存线对要求接出尾缆，长度应符合设计要求，在电缆的端头处应有编线，尾缆的端头应采用端帽密封不漏气。

电缆编号标志要求：凡在人孔内有电缆直接头、分歧接头、封存线对、尾缆及电缆变线位的，必须采用特制白色或黄色漆，在电缆上写编号或将预制牌挂在电缆上。

② 电缆气压。

全程电缆保气：全塑电缆充入气压应保持为 50kPa，新敷设电缆充入的气压经过 24h 的平衡后，保持标准应符合《市内通信全塑电缆线路工程施工及验收技术规范》的有关规定。

气门安装位置为电缆的始端、末端、电缆分歧处及规定距离。安装气门的要求：带有气门的热缩套管接头要求主干电缆在外侧，分歧电缆在里侧，平放置于铁托板上，金属拉链向外，气门位于向外 45°角处，便于维护测量气压。

堵塞位置：做气闭试验，对于局内成端电缆的堵塞、交接设备成端电缆的堵塞、引上电缆的堵塞和分歧电缆的堵塞的气闭试验，充入气压不大于 80kPa。

③ 绝缘电阻测试。

电缆绝缘电阻测试应使用高阻计，其测试范围应为 0～100000MΩ，高阻计仪表测试电压为直流+500V。

需要测量的电阻值：电缆芯线总对地（屏蔽层）的绝缘电阻值，单位之间（50 对或 100 对超单位之间）的绝缘电阻值，一根绝缘导线对所有其他绝缘导线和屏蔽层连在一起的绝缘电阻值。不同绝缘材质的电缆的测试数据不一样，填充式或非填充式电缆材质、型号全程一致的，可以全程绝缘测试；不同材质、型号的电缆可分段测试、验收。

④ 环路电阻测试。要求验收电缆必须全程测试，用户主干电缆应由始端至交接设备做环路电阻测试，直接配线或有分歧电缆的电缆应由始端至末端电缆的分线设备做环路电阻测试；0.40mm 线径每对千米不大于 296Ω，0.50mm 线径每对千米不大于 190Ω。对于测试线对数量，分局（始端）至交接间设备的电缆不少于 8 对；分局（始端）至交接箱设备的电缆不少于 5 对；直接配线的电缆不少于 2 对。

⑤ 传输和串音衰减测试。

传输和串音衰减测试是市话主干电缆施工全程必须进行的，是提高市话线路质量的保证，必须达到以下测试标准要求。

传输衰减测试的要求：局间中继电缆全程不得超过 13dB，用户主干电缆和配线电缆全程不得超过 7dB。串音衰减测试的要求：先采用简易测试方法，使用电容表按电缆的基本单位测试线对之间的电容值，为(50±2)nF/km，要求总体不得相差 10nF/km。如果测出不合格线对，则必须进行复测，采用串音测试仪验证。仪表验证应符合《本地网线路维护规程》的技术指标：中继电缆、主干电缆任何线对间和同一配线点的两个用户线对间的近端串音衰减（800Hz）应不小于 70dB，当线路长度超过 5km 时，应进行两端测试。

⑥ 芯线接续。

为了保证芯线接续质量，必须具备以下条件方可实施：检查要接续的电缆接头，敷设留长应符合 1.5×432mm=648mm 的要求；检查接续电缆芯线、使用的元件或附件，如防潮模块等生产厂家、合格证；检查使用的接线工具（接线机）是否完好、有效。

电缆芯线的单位扎带应保持完整，捆扎在每个单位的根部，便于以后调配线序、查找障碍线对使用。芯线接续后应有防潮密封措施，解决接续点的非暴露问题。填充电缆接头时必须把接头内灌封材料填灌满，不得有缝。

电缆芯线接续后应保证电缆的标称线对数量，对备用线对、坏线对测试情况应做详细记录。

⑦ 屏蔽层的测试。

电缆屏蔽层的连接质量很重要，屏蔽层又称挡潮层，作用是防潮、防止电磁场对通信线的感应、防止高压电力线对通信线的危险及干扰影响、防止雷电、防止电容不平衡造成的串音及施工工作地线，为此，必须做好以下几点。

对电缆屏蔽层进行全程连通测试，使用 1 对空线将电缆的一端与屏蔽层连成环路，在电缆的另一端使用兆欧表或万用表测试全程连通情况。

屏蔽层连接、接通电阻测试（采用电桥或万用表）要求每千米不大于 2.6Ω。

每条主干电缆（含直接配线电缆）的两端（局内端、局外末端）应有良好、有效的接地措施。

局内成端电缆接地措施应符合技术要求；局外电缆末端交接设备接地措施应符合技术要求；局外主干电缆做直接配线的，在引上电缆处和电缆末端处做接地措施，应符合技术要求。

⑧ 电缆接口封闭。

认真检查电缆接口封闭采用的是什么套管，包括套管的规格、型号、生产厂家、出厂日期、合格证等，接口封闭应放入封闭卡片，要求接口封闭严密、端正、不漏气，操作工艺符合《市内通信全塑电缆线路工程方式及验收技术规范》的要求。

全塑电缆接口要求在人孔支架中央摆放，应符合《市内通信全塑电缆线路工程方式及验收技术规范》中有关电缆接口排列的要求，并在竣工图上标明其人孔井号。

电缆接头在支架、托板上应有定位措施，采用扎带捆绑及定位措施，防止接头电缆回位。

（3）交接设备质量。

① 交接箱设备（架空、落地）检查。

交接箱箱体要求严密，有防雨、防尘措施，进出电缆孔为螺卡式，涂漆完整、光亮、无气泡。门锁开关灵活，门上有排气孔，箱内骨架与箱体之间、骨架与背装架之间应组装牢固、端正，每列有标志牌。跳线环齐全牢固，箱内下端有连接电缆屏蔽层的地线铜带，要求组件齐全、完好，安装牢固。

② 交接设备的安装质量检查。

落地式交接箱的位置应选择在用户密度中心偏局方一侧，并在局方线和配线电缆的集中点上，应以花墙、院墙内不妨碍交通处为宜，在有高压危险影响、电磁干扰严重、化学腐蚀和低洼积水处不能设置。

落地式交接箱应同人孔、手孔、交接箱基座配合安装，基座不低于30cm，基座中央预留一个摆放电缆的长方洞，与通向人（手）孔的管孔接通严密，基座上预铸的鱼尾穿钉与交接箱定位眼孔吻合、牢固，螺钉扭紧，箱体与基座间接缝处应抹八字灰，以防进水。

交接箱内骨架、背装架、旋卡接线模块要求安装端正、牢固，保护地线连接牢固、有效。

箱底进出电缆口应有密封措施，螺卡口旋紧后用发泡剂或胶带、泥子封堵，应有良好的防潮、防尘性能。

架空式交接箱的安装位置应选择在用户密度中心偏局方一侧，并在局方线和配线电缆的集中点上，不妨碍交通，不易受外界损坏，不影响用户采光，在有高压危险影响、电磁干扰严重、化学腐蚀处不能设置。

架空式交接箱应同人孔、手孔、水泥电杆、操作站台、上杆折梯、箱体固定座、引上铁管、防雨棚等配合安装，要求齐全完好、无损坏。

架空式交接箱各部螺钉、撑角、包箍、穿钉均采用热镀锌处理，安装尺寸符合技术标准。箱底进出电缆口应有防潮、防尘、密封措施，有螺卡口的应安装正确。

同样，交接箱与箱体固定座安装牢固，交接箱内骨架、背装架、旋卡接线模块要求安装牢固、端正，保护地线连接牢固、有效。

2.4.4 竣工资料审核

竣工资料审核主要检查开工、竣工报告中涉及的单位、人员的签字盖章是否齐全，竣工图纸绘制是否清晰、电缆距离标注是否清楚，电缆接头、引上电缆、电缆气闭、电缆气门位置的标注，以及各种测试指标表格是否齐全、工程决算资料是否齐全。

2.4.5 通信电缆线路工程验收

1. 通信电缆线路工程概念

工程竣工验收是通信建设的最后一个程序，是全面考核工程建设成果、检验工程设计和工程质量的重要环节。通信电缆线路工程验收的主要依据是《通信线路工程验收规范》YD 5121—2010。

工程验收包括随工质量检验、工程初验、工程试运行及工程终验。

工程验收的主要范围是新建、改建或扩建等固定资产投资建设项目。工程验收的主要依据是经过上级主管部门批准的醒目可行性研究报告的批复文件或计划任务书、初步设计和施工图设计（三阶段设计还包括技术阶段设计）、有关文件和相关专业的设计、施工和验收规范。

通信建设工程验收的主要条件是：生产、辅助生产、生活用建筑已按设计要求建成；设备按要求安装完毕，并按规定时间进行了试运行；各项技术性能指标符合设计规范要求，经工程质量监督机构检验合格，并有工程质量评定意见；技术文件、工程技术档案和技术资料齐全、完整；维护用主要仪表、工具、车辆和维护备件已按设计要求基本配齐；生产、维护、管理人员的数量和素质能满足投产初期的需要。

2．通信电缆线路工程验收程序

通信电缆线路工程的验收一般有随工验收、初步验收、试运行和竣工验收等步骤。电缆线路多采用初步验收和竣工验收，杆路和管道工程多采用随工验收和竣工验收，试运行多用于机房、基站工程。

（1）随工验收。

对于有隐蔽部分的工程项目，应该对工程的隐蔽部分边施工边验收。竣工验收时对此隐蔽部分一般不再复查。建设单位委派工地代表随工验收，随工记录应作为竣工资料的组成部分。

（2）初步验收。

一般建设项目在竣工验收前，应组织初步验收。初步验收由建设单位组织设计、施工、建设监理、工程质量监督机构、维护等部门参加。

初步验收的主要工作是严格检查工程质量，审查竣工资料，分析投资效益，对发现的问题提出处理意见，并组织相关责任单位落实解决。在初步验收后的半个月内向上级主管部门报送初步验收报告。

（3）试运行。

初步验收合格后，按设计文件中规定的试运行周期立即组织工程的试运行。试运行周期一般为 3 个月。试运行中发现的问题由责任单位负责免费返修。试运行结束后的半个月内向上级主管部门报送竣工报告和初步决算，组织竣工验收。

竣工报告包括建设依据、工程概况、初步验收与试运行情况、竣工决算情况、工程技术档案的整理情况、经济技术分析。

（4）竣工验收。

竣工验收的主要步骤和内容如下。

① 文件准备工作，包括工程性质、规模，还应准备工程决算、竣工技术文件等。

② 组织临时验收机构，对大型工程成立验收委员会，下设工程技术组和档案组。

③ 大会审议、现场检查，包括审查讨论竣工报告、初步决算、初步验收报告及技术组的测试技术报告，沿线重点检查线路的工艺质量等。

④ 讨论通过验收结论和竣工报告。

⑤ 颁发验收证书。最终证书将发给参加工程建设的主管部门及设计、施工、维护单位或部门，验收证书的内容包括对竣工报告的审查意见，对工程质量的评价，对工程技术档案、竣工资料抽查结果的意见，对初步决算审查的意见，对工程投产准备工作的检查意见和工程总评价与投产意见等。

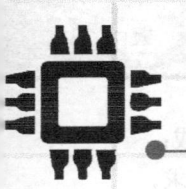

第3章 天馈线施工与维护

3.1 天线的分类

由于无线电波的频率覆盖范围很宽，以及无线电系统和设备的多样性，不同系统对天线辐射的要求差异很大，用户装置对天线结构的要求也不同，因此产生了各种不同类型的实用天线。

天线按工作性质可分为发射天线和接收天线；按方向性可分为全向天线和定向天线；按结构形式与工作原理可分为线状天线和面天线等；按使用用途可分为通信天线、广播电视天线、雷达天线、测向和导航天线等；按工作波长可分为长波天线、中波天线、短波天线、超短波天线及微波天线等；按特性可分为圆极化天线、线极化天线、窄频带天线、宽频带天线、非频变天线、数字波束天线等。大多数情况下，天线按结构分成两大类：一类是由导线或金属棒构成的线状天线，主要应用于长波、短波和超短波信号；另一类是由金属面或介质面构成的面天线，主要用于微波波段。

3.1.1 基本天线单元

电偶极子：又称赫兹偶极子，是一对间距很小、大小相等、极性相反的振荡电荷。电偶极子在空间激励交变电场，从而产生电磁波辐射。

磁偶极子：又称磁流元，是一个周长远小于波长的平面环状线圈，线圈中通过交变电流在空间激励一个交变磁场，由此产生电磁波辐射。

开口波导：波导是一种薄壁金属管，按电磁波的模式来馈送微波射频能量，截面多为圆形或矩形，分别称为圆波导和矩形波导。当波导一端开口时，电磁能量就由波导口向外辐射并传播，通常适用于频率较高的分米波段和厘米波段。

3.1.2 线状天线

由电偶极子演变而成的天线称为偶极天线或对称振子天线，属于线极化天线，在短波、超短波及微波波段都有应用，其两臂由两根对称的金属导线组成，臂间隙很小，可忽略，总长度与波长相比拟，激励由中间馈入。当天线长度为半波长时，称为半波偶极子或半波振子，其方向性图在过轴线的平面内呈8字形，在垂直轴线的平面内为圆形，如图3-1所示。半波偶极子可作为独立天线使用，也可作为下面提到的天线阵的阵元或微波天线的馈源。

若把一根导线装设在地面、金属面等反射面上，并由导线根部馈电，那么利用其镜像也可产生与偶极天线相似的电磁波辐射，称为单极天线、垂直接地天线、鞭状天线、铁塔天线等。这种天线仅在反射面上方产生一定方向性图的辐射，主要适用于长波、中波波段，也广泛用于短波、超短波的移动通信中。

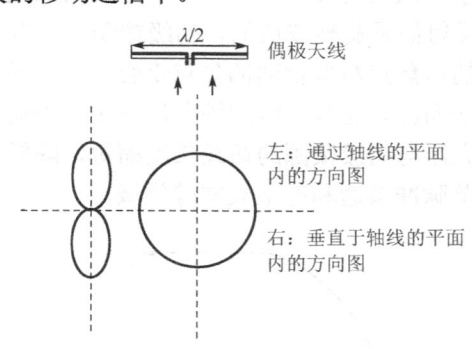

图 3-1　半波偶极子及其方向性图

偶极天线和单极天线都属于线状天线，主要应用于 LF～UHF 的频段范围内。在此基础上可以演变出许多种天线结构，如伞状天线、Γ形天线、V 形天线、T 形天线、斜天线、螺旋鞭天线、笼形天线、蝙蝠天线、双锥天线、盘锥天线、套筒天线等。

3.1.3　面天线

面天线基于开口波导辐射的机理，采用电磁波激励的方式向外辐射信号。天线的开口尺寸大多大于其工作波长，主要用在无线电频谱的高频段（如微波波段），在雷达、导航、卫星通信、射电天文和气象等领域得到了广泛应用。

面天线可等效为若干基本辐射源的组合，空间的电磁场分布是这些基本辐射源叠加的结果。面天线的方向性图取决于面上电磁波的相位和幅度分布，当面天线的开口尺寸远大于波长时，可以借鉴光学原理来分析其辐射特性。

喇叭天线是最基本、最广泛的一种面天线，它由逐渐张开的喇叭状波导构成，以保证波导开口与辐射空间的良好匹配。一般喇叭天线的开口尺寸不大，多用于波束较宽的场合，如二次辐射的初级馈源、相控阵天线的单元天线、校准和测试用的标准天线等。

二次辐射型的面天线主要分为反射器天线和透镜天线两大类。反射器天线由反射面和初级馈源构成，反射面由抛物面、抛物柱面、抛物环面、抛物盒、角反射面等各种形状的导体表面或导线栅格网构成。其中，抛物面天线十分典型，它把方向性较弱的初级馈源的辐射反射为方向性较强的辐射，如图 3-2 所示，将馈源置于抛物面的焦点上，可以是阵子天线、喇叭天线、开槽天线等。

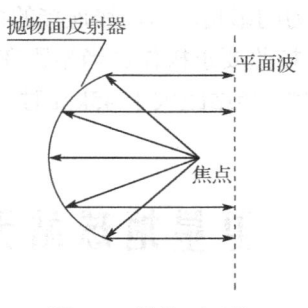

图 3-2　抛物面天线

有些反射器天线采用了二次反射面，如著名的卡塞格伦天线（见图3-3）。该天线的主反射面是旋转抛物面，副反射面是旋转双曲面，初级馈源放在双曲面的实焦点上且位于抛物面的顶点附近，双曲面的虚焦点与抛物面的焦点重合。初次馈源的球面波经二次反射，在抛物面前方产生聚焦的平面波。这种天线的轴向尺寸短、增益大、波束锐利、馈线对辐射无遮挡，并且低噪声放大器与初级馈源的馈线长度缩短，降低了传输线噪声。二次反射面天线常用于卫星通信、单脉冲雷达和射电天文等领域。

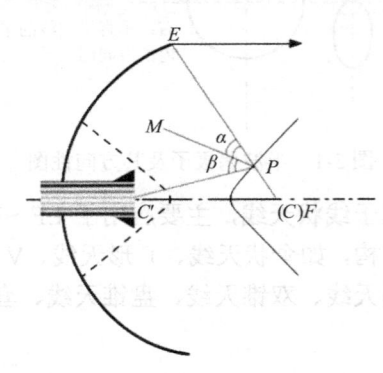

图 3-3　卡塞格伦天线工作原理

3.2　微波天线的安装

微波天线的安装方位角及俯仰角应符合工程设计要求，在垂直方向和水平方向应留有调整余量。

它的安装加固方式应符合设备出厂说明书的技术要求，加固应稳定、牢固，天线与座架（或挂架）间不应有相对摆动。水平支撑杆的安装角度应符合工程设计要求，水平面与中心轴线的夹角应小于或等于±25°；垂直面与中心轴线的夹角应小于或等于±5°，加固螺栓必须由上往下穿。

组装式天线的主反射面各分瓣应按相应顺序拼装，并使天线主反射面接缝平齐、均匀、光滑。

主反射器口面的保护罩应按技术要求正确安装，各加固点应受力均匀。

天线馈源加固应符合技术要求。馈源极化方向和波导接口应符合工程设计及馈线走向的要求，加固应合理，不受外加应力的影响。与馈线连接的接口面应清洁干净，电接触良好。

天线调测要认真细心，严格按照要求操作。当站距在 45km 以内时，接收场强的实测值与计算值之差允许在 1.5dB 之内；当站距大于 45km 时，实测值与计算值之差允许在 2dB 之内。

3.3　卫星地球站天线

天线构件外覆层如果有脱落，则应及时修补。
天线防雷接地体及接地线的电阻值应符合施工图设计要求。

各种含有转动关节的构件应转动灵活、平滑且无异常声音。

天线驱动电机应在安装前进行绝缘电阻测试和通电转动试验，确认正常再行安装。

3.4 天馈线系统测试

3.4.1 移动通信基站天馈线测试

基站天馈线部分测试包括天馈线驻波比（Voltage Standing Wave Ratio，VSWR）测试及天馈线系统的增益计算。

在移动通信中，驻波比表示馈线与天线的阻抗匹配情况。在不匹配时，发射机发射的电波将有一部分被反射回来，在馈线中产生反射波，反射波到达发射机，最终变为热量消耗掉，接收时也会因为不匹配造成接收信号不好。当驻波比太大时，部分功率将损耗为热能，降低效率，缩小基站的覆盖范围，严重时还会对基站发射机及接收机造成严重影响。天馈线驻波比的测试应按照要求使用驻波比测试仪，要求驻波比小于或等于1.5：

$$VSWR=\frac{\sqrt{发射功率}+\sqrt{反射功率}}{\sqrt{发射功率}-\sqrt{反射功率}}$$

天馈线测试仪是测试基站天线和馈线驻波比与匹配性（回波损耗）的一种专用仪表。目前使用的天馈线测试仪有3种：TDR（时域反射仪），专用于测故障点；HP8954E，专用于测驻波比（VSWR）；SITE MASTER，用于测试频域特性（包括驻波比）与DTF（故障点定位）。

测试天馈线时，首先确定被测天馈线的频段，在仪表中选择设置对应的频段，正确设置天馈线的类型，在频段校准后，即可对被测天馈线进行测试。天馈线测试仪的扫描图为驻波比（VSWR）或回波损耗对频率的显示。回波损耗与驻波比之间的转换公式如下：

$$回波损耗=-20lg(VSWR-1)/(VSWR+1)$$

3.4.2 微波天馈线系统测试

微波天馈线系统测试项目包括天线方向、交叉极化鉴别率（XPD）、馈线电压驻波比。

1. 天线方向

根据相邻微波站的实际方位和天线海拔高度差计算出天线方位角和俯仰角的数值，在水平面和垂直面内调整天线方向。

天线方向调整必须在没有严重衰落的时间内（如上午10点至下午4点）进行。场强不够的原因主要有：仪表校准不对，接触不良；水平或垂直方位不是最佳位置；塔高不够，站间有阻挡；中间有大片水面，传播不好等。

2. 交叉极化鉴别率（XPD）

在本站用射频信号发生器发送单频信号至发信天线垂直（或水平）口，在对端站将频谱分析仪接至收信天线的垂直（或水平）极化端口，记下相应的接收信号电平（Prl）。

将频谱分析仪接至收信天线的水平（或垂直）极化端口，旋转馈源的方向，使该正交极化端口的接收电平至最小点（Pr2），此时天线的交叉极化鉴别率=Pr1-Pr2，一般应大于38dB。

3.4.3 卫星地球站天馈线系统测试

卫星地球站天馈线系统测试可分为馈源系统测试和天线入网验证测试。新建或改造的卫星地球站在使用前必须进行测试，根据测试结果做出是否批准该地球站入网运行的决定。

馈源系统测试是用来检验馈源系统是否达到设计要求的性能指标。这些指标直接关系天馈线系统是否能通过入网验证测试。天线入网验证测试是保证卫星系统正常运转并有效利用卫星资源的有效保障。

天线入网验证测试主要包括天线增益测试、天线方向图测试、交叉极化隔离度测试。

交叉极化隔离度是被测站天线在正确跟踪卫星条件下测出的天线收发频段的在轴隔离度，其计算公式如下：

隔离度=20lg[主极化分量功率/交叉极化分量功率]

我国对国内卫星系统的交叉极化隔离度的要求是：天线在轴方向的交叉极化隔离度≥33dB，天线偏轴1°～10°的旁瓣交叉极化隔离度≥10dB。

3.5 波导馈线密闭性试验

波导馈线安装完成后必须做气闭试验，检查天馈线密封是否良好、充气机工作是否正常。

3.5.1 试验方法

压降测量法（定量试验）：采用测量内部气压在一段时间内的变化的方法来确定密封波导部件和装置的漏率，试验时应采取安全防护措施。

3.5.2 术语和符号定义

漏率：在已知泄漏处两侧压差的情况下，单位时间内流过泄漏处的给定温度的干燥气体量，单位为 Pa·m³/s。试验期间，波导部件和装置内部的气压会下降，外部的气压可能起伏，在所有这些试验中，忽略试验期间由此产生的两侧压差变化引起的误差。

表压：压力计指示的气压，即气压超过环境气压的量。压力计的读数的单位是 kgf/cm²，换算关系如下：

$$1kgf/cm^2 = 9.8 \times 10^4 Pa$$

标准大气压条件：温度为20℃（293K，热力学温标单位，开尔文，热力学零度为273K），气压为101.3kPa

P_1——起始环境气压

P_2——终止环境气压

P_{c1}——起始表压。
P_{c2}——终止表压。
$P_{1,0}$——校正到标准温度293K时波导部件和装置内的起始绝对气压。
$P_{2,0}$——校正到标准温度293K时波导部件和装置内的终止绝对气压。
$P_{1,2}$——校正到标准温度293K时波导部件和装置内试验起止时间的绝对气压差。
T_1——被测装置内气体的起始温度（K）。
T_2——被测装置内气体的终止温度（K）。
V——被测装置和试验装置的总容积。
R——校正到标准温度时的漏率。
t——试验持续时间。

3.5.3 试验步骤

（1）将干燥空气充入被测装置中，使其达到规定的表压，然后切断气源。
（2）允许有足够的时间使内部气压趋于稳定，记录表压 P_{c1}、环境气压 P_1 和温度 T_1。
（3）试验时间终止时，记录表压 P_{c2}、环境气压 P_2 和温度 T_2。
（4）根据下面两个公式，将 P_{c1} 和 P_{c2} 换算为对应的绝对气压。

$$P_{1,0} = (P_1 + P_{c1})\frac{293}{T_1}$$

$$P_{2,0} = (P_2 + P_{c2})\frac{293}{T_2}$$

（5）根据公式 $P_{1,2} = P_{1,0} - P_{2,0}$，计算 $P_{1,2}$。
（6）根据以下公式计算漏率：

$$R = \frac{P_{1,2}V}{t}$$

3.5.4 优先选用的试验条件

（1）试验表压 P_{c1} 应为 10^5Pa。
（2）试验持续时间应为24h。
（3）被测装置内的起止压降不得超过 P_{c1} 的5%。
（4）试验装置的容积与被测装置的容积之比不大于0.1。
（5）环境温度的变化不大于±5K。

3.5.5 有关标准应规定的细则

若试验条件与优先选用条件不同，则应规定一下细则。
（1）试验表压 P_{c1}。
（2）试验持续时间。
（3）最大允许漏率对应的试验期间的最大允许起止压降不得超过 P_{c1} 的5%。
（4）试验装置的容积与被测装置容积的最大允许比率。
（5）试验期间环境温度的最大允许变化。

3.5.6 馈线接头测试

每条馈线的接头制作完成后,必须进行驻波测试,确保馈线段和接头的性能符合要求与技术规范。

1. 测试设备

SITE MASTER 331D 的面板如图 3-4 所示。

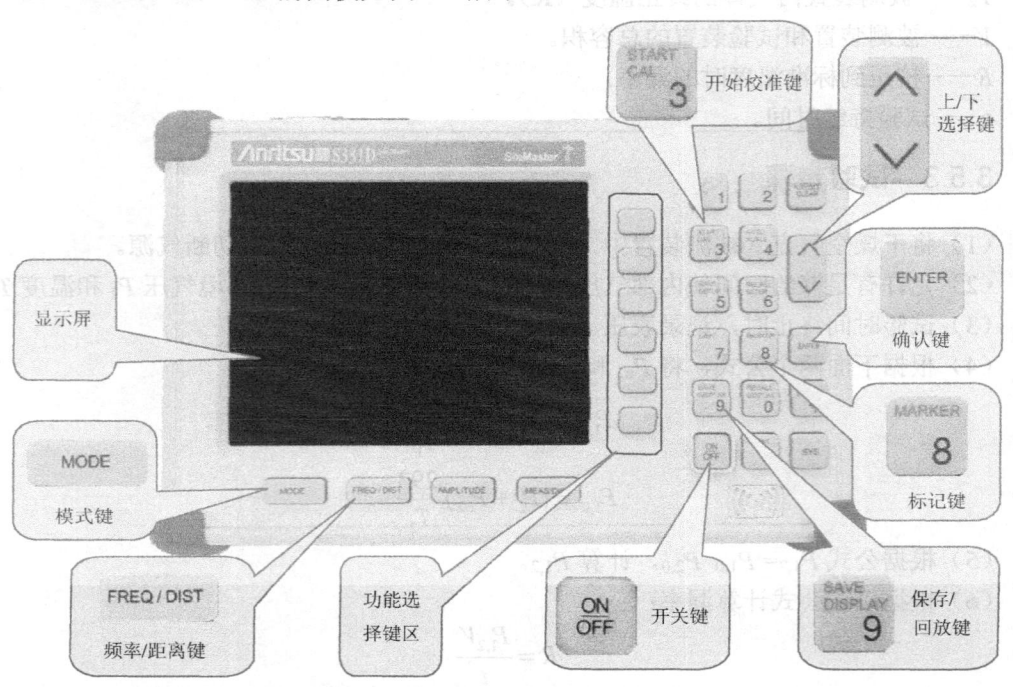

图 3-4 SITE MASTER 331D 的面板

2. 设备校准

(1) 按"MODE"(模式)键。

(2) 使用上/下选择键,选择"频率-驻波比"或"频率-回波损耗",如图 3-5 所示。

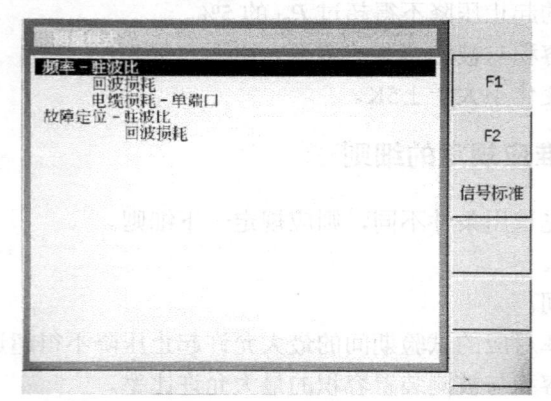

图 3-5 模式选择

(3) 按"ENTER"(确认)键选择"频率-驻波比"或"频率-回波损耗"测量模式。
(4) 按"FREQ/DIST"(频率/距离)键。
(5) 按"F1"功能选择键。
(6) 用数字键输入频率,如图 3-6 所示。

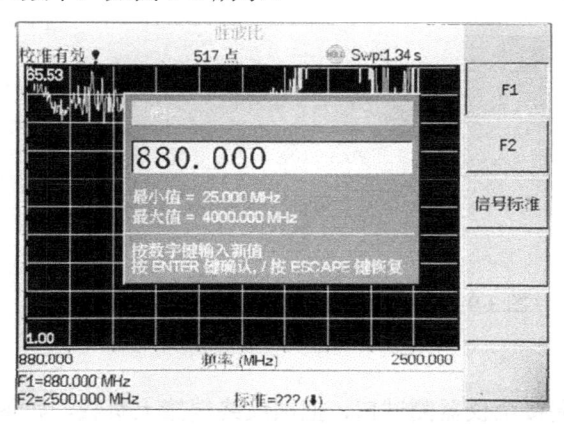

图 3-6 输入频率

(7) 按"ENTER"键确定起始频率。
(8) 按"F2"功能选择键。
(9) 用数字键输入频率。
(10) 按"ENTER"键确定终止频率。
(11) 按"START CAL"(开始校准)键,在显示屏上就会出现"连接'开路器'或 Instacal 模块到信号输出端口"的提示信息,如图 3-7 所示。
(12) 将开路器端子连接到测试端,按下"ENTER"键,就会在显示屏上出现"开始测量"(Measuring OPEN)和"连接短路器到信号输出端口"(Connector Sort to RF OUT)的字样,如图 3-8 所示。

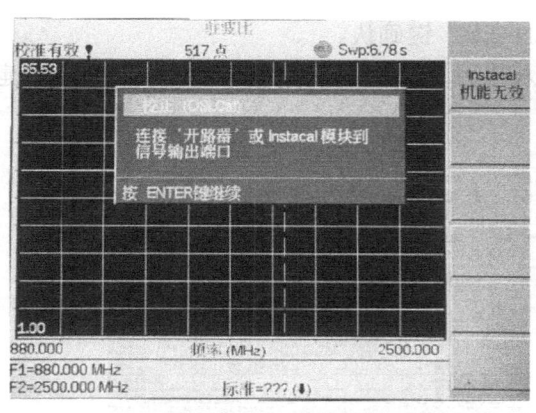

图 3-7 设备校准图　　　　图 3-8 连接器测试

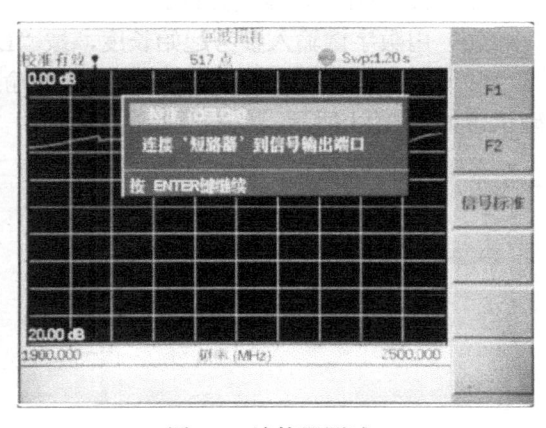

(13) 将开路器取下,再将短路器连接到测试端,按下"ENTER"键,显示屏上就会出现"Measuring Short"和"Connector Termination to RF OUT"字样。
(14) 取下短路器,将假负载测试端子连接到测试端,按"ENTER"键,显示屏上就

会出现"Measuring Termination"（测试中）字样。

（15）要校准是否已经完成，可以查看显示屏左上角是否有"校准有效"的字样。

（16）当校准器为短路器、开路器和负载一体时，如图 3-9 所示，第（1）～（14）步校准会由仪器自动完成。

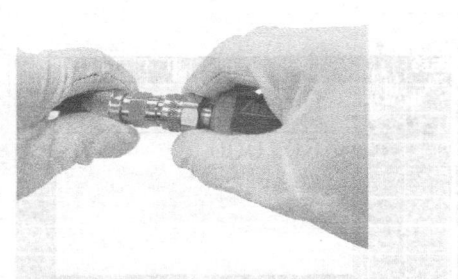

图 3-9　连接短路器、开路器和负载一体校准器

3．接头测试

（1）把馈线起始端接至仪器测试口，把馈线终端接上负载，如图 3-10 和图 3-11 所示。

图 3-10　把馈线起始端接至仪器测试口　　　图 3-11　把馈线终端接上负载

（2）按"MODE"（模式）键。

（3）使用上/下选择键选择"故障定位-驻波比"或"故障定位-回波损耗"，如图 3-12 所示。

（4）按"ENTER"键选择"故障定位-驻波比"或"故障定位-回波损耗"测量模式。

（5）按"D1"功能选择键。

（6）用数字键输入参考起始长度，按"ENTER"键确认。

（7）按"D2"功能选择键，用数字键输入待测馈线参考终止长度，按"ENTER"键确认，如图 3-13 所示，仪器开始自动测试。

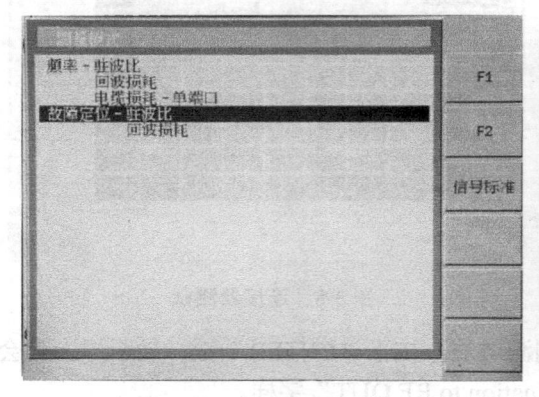

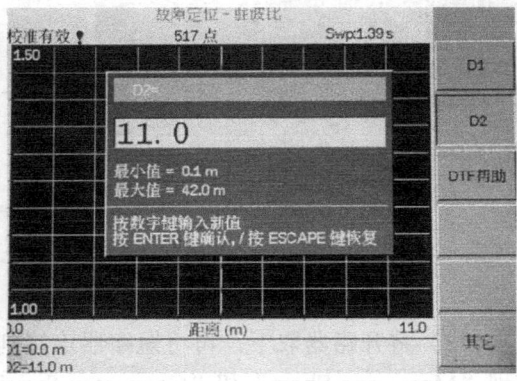

图 3-12　测试模式选择　　　图 3-13　输入待测馈线参考终止长度

(8) 按"8/MARKER"键，再按"M1"功能选择键，如图 3-14 所示。

(9) 按"编辑"功能选择键，选择"编辑"模式，之后按上/下选择键，将竖直的红色虚线（箭头所指虚线）移动到曲线的最高峰，如图 3-15 所示。从图 3-15 可知，在馈线长度约 5.5m 处，接头的驻波比为 1.08，从而得知接头的驻波比参数合格。

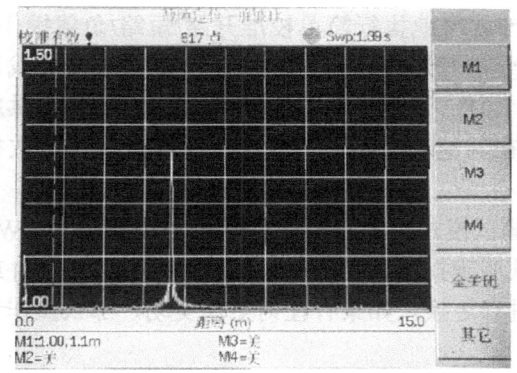

图 3-14　功能键选择　　　　　　　　图 3-15　馈线及接头测试结果

(10) 按"9/SAVE DISPLAY"键保存驻波比曲线，如图 3-16 所示。

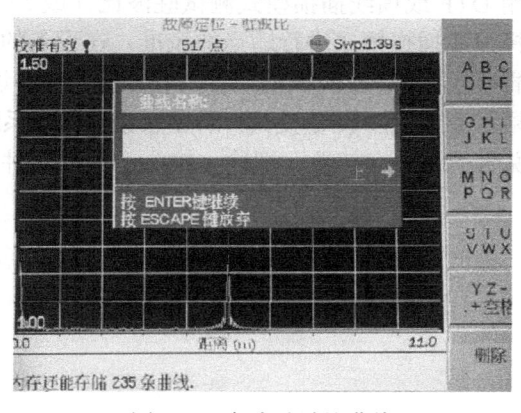

图 3-16　保存驻波比曲线

(11) 输入曲线的名称，然后按"ENTER"键确认，如图 3-17 所示。

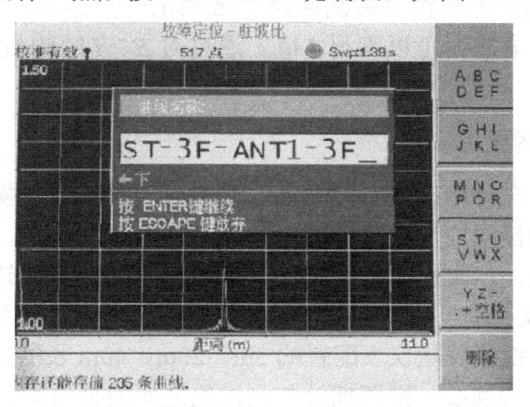

图 3-17　完成测试结果的保存

4. 测试要点

（1）校准。测试前必须了解校准要求，为了获得良好的校准效果，需要补偿所有测量的不确定性，确保在测试端口的开路/短路/负载，或者备用线完好，同时必须把标准负载和将被测试的线路连接起来，并确保接头都拧紧。

（2）根据显示屏上出现的系统指令，按部就班地执行简单校准开路/短路/负载操作。注意：在扫描信号等待下一信息出来前，不要松开连接器，做完以后（不要松开负载）检查信号数字，R_L 必须 $\geqslant -45dB$ 或 $VSWR \leqslant 1.01$；否则，需要询问 SITE MASTER 供应商或更换校准件。另外，请不要把校准器件在其他功率器件上使用，这样可能会导致校准器件损坏。

（3）在校准结束后，操作者可切换到其他测试模式而不需要重新校准，但无论是 VSWR 还是 R_L 或 DTF（馈线插损不在其中），都必须明确指出不要改变测试状态，不管是硬件或软件，如频率范围更换、连接器或转换器等进行更换。如果有任何更换变动，那么操作者就不得不重新校准。

（4）在测试驻波比或回波损耗时，打开模式选择界面，用上/下选择键选中一种模式，按"ENTER"键实施。事实上，驻波比和回波损耗是相同的东西，它们可以通过数学公式进行互换。注意：不要用 DTF 或馈线插损模式测试驻波比（或 R_L）。

（5）测试插损，选择馈线插损模式进行适当的校准，在设备的后面连接开路器或短路器，即可得到该器件的插损。注意：在测试插损时，不要把该机器切换到其他测量模式下。

（6）复检：选择"频率-驻波比"测量模式，对整条馈线（或系统）进行复检，其频率-驻波比若大于 1.5，则说明系统内有部件（馈线、接头、无源器件）不符合要求，需要逐一检测。

3.6 接地系统

3.6.1 地阻仪

地阻仪的全称为接地电阻测试仪，是一种手持式接地电阻测量仪。该仪表配有两个钳口：电压钳和电流钳。电压钳在被测回路中激励出一个感应电势 E，并在被测回路中产生电流 I；仪表通过电流钳可以测得 I 值。通过对 E、I 的测量，由欧姆定律 $R=E/I$，即可求得 R 的值。

1. 地阻仪使用技术要求

（1）地阻仪应放置在离测试点 1~3m 处，放置应平稳，便于操作。

（2）每个接线头的接线柱都必须接触良好，连接牢固。

（3）连接测试导线，地阻仪 C1 端与 P2 端相连，用 5m 导线连接接地极 E，将 P1 端用 20m 导线接至电位极 P 端，将 C2 端用 40m 导线接至电流极 C 端，如图 3-18 所示。

（4）不得用其他导线代替随仪表配置的 5m、20m、40m 长的纯铜导线。

（5）如果以地阻仪为圆心，则两插针与测试仪之间的夹角不得小于 120°，更不可同方向设置。

（6）两插针设置处的土质必须坚实，不能设置在泥地、回填土、树根旁、草丛等位置。

（7）雨后连续 7 个晴天后才能进行接地电阻的测试。

（8）对待测接地体应先进行除锈等处理，以保证可靠的电气连接。

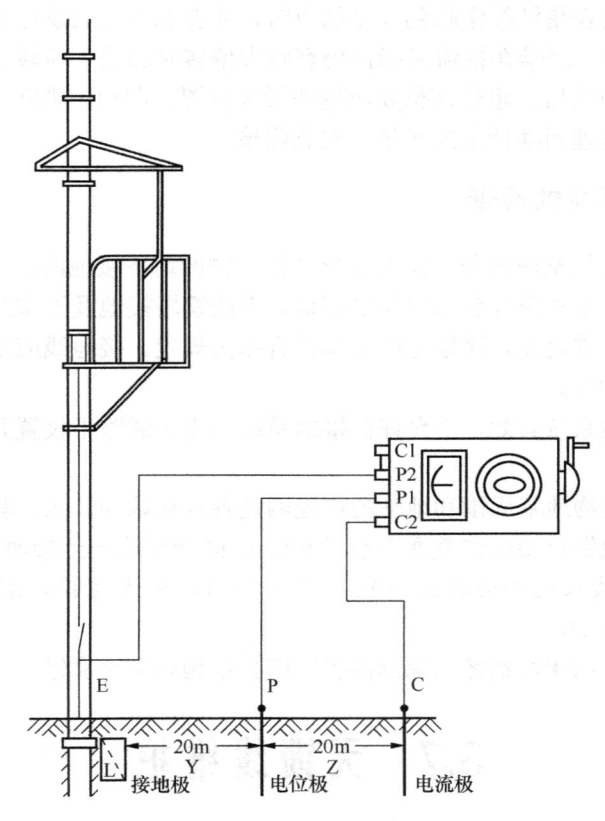

图 3-18　地阻测量示意图

2．地阻仪的操作要领

（1）地阻仪的设置符合规范后才能开始接地电阻值的测量。

（2）测量前，接地电阻挡位旋钮应旋在最大挡位处，即×10 挡位，调节接地电阻值旋钮，应放置在 6～7Ω 位置。

（3）缓慢转动手柄，若检流表的指针从中间的 0 平衡点迅速向右偏转，则说明原量程挡位选择过大，可将挡位选择到×1 挡位，如果偏转方向如前，则可将挡位选择转到×0.1 挡位。

（4）通过步骤（3）的选择后，缓慢转动手柄，若检流表指针从 0 平衡点向右偏移，则说明接地电阻值仍偏大，在缓慢转动手柄的同时，应缓慢顺时针转动接地电阻旋钮，当检流表指针归零时，逐渐加快手柄转速，使手柄转速达到 120r/min，此时接地电阻指示的电阻值乘以挡位的倍数，就是待测接地体的接地电阻值。如果检流表指针缓慢向左偏转，则说明接地电阻旋钮所处阻值小于实际接地阻值，可缓慢逆时针旋转它，调大仪表电阻指示值。

（5）在缓慢转动手柄时，如果检流表指针跳动不定，则说明两接地插针设置的地面土质不密实或有某个接头接触点接触不良，此时应重新检查两插针设置的地面或各接头。

（6）当用地阻仪测量静压桩的接地电阻时，检流表指针在 0 点处有微小的左右摆动是正常的。

（7）只有当检流表指针缓慢移到 0 平衡点时，才能加快仪表发电机的手柄转速，手柄额定转速为 120r/min。严禁在检流表指针仍有较大偏转时加快手柄转速。

（8）测量仪表使用后，阻值挡位要放置在最大位置，即×10 挡位。整理好 3 条随仪表配置的测试导线，清理两插针上的污物，装袋收藏。

3.6.2 接地系统的检查

（1）接地系统包括室内部分、室外部分及建筑物的地下接地网。

（2）接地系统的室外部分包括建筑物接地、天线铁塔接地及天馈线的接地，其作用是迅速泄放雷电引起的强电流，接地电阻必须符合相关规定。接地线应尽可能直线走线，室外接地排应为镀锡铜排。

（3）为保证接地系统有效，不允许在接地系统的连接通路中设置开关、熔丝类等可断开器件。

（4）埋设于建筑物地基周围和地下的接地网是各种接地的源头，其露出地面的部分称为接地桩，各种接地铜排要经过截面不小于 90mm² 的铜导线连至接地桩。

（5）接地引入线长度不应超过 30m，采用的材料应为镀锌扁钢，截面积应不小于 160mm²（40mm×4mm）。

（6）室外接地点应采用刷漆、涂抹沥青等防护措施以防止腐蚀。

3.7　天馈线维护

3.7.1　天馈线维护实施

天馈线维护工作主要包括铁塔天馈线及基础设施的现场维护、巡检、日常故障处理、应急处理、定期的保养及工程验收。

基础维护工作：按作业计划进行铁塔天馈线及相关设备的日常巡检、监测及故障处理。

定期测试保养：除日常巡检工作外，每年至少在半年和年终进行一次全面的指标检查，发现问题及时处理。

应急工作：应急保障、抢险救灾及其他临时性配合工作。

工程验收及工程配合：根据需求进行工程验收及工程配合工作。

（1）天线。天线、微波器件无裂痕、安装牢固，U 型卡螺栓紧固，天线抱杆安装垂直、延伸臂机械强度满足承载要求，天线方位、俯仰角正确，天线间隔符合设计要求，天线接头与跳线接头连接紧固、可靠、保证接触良好，接头包扎一定要严密，以防进水，接头无脱落现象。

（2）跳线。跳线是天线和馈线之间的连接线，跳线两端接头的连接一定要紧固好（必须用工具紧固,用力要适当)。

(3)馈线。馈线规格型号要符合设计要求,无损伤、无变形、无破裂;馈线上的接头规格型号要符合设计要求,无进水、无损伤,包扎严密,无脱落、风化现象;馈线固定牢固、无松动,馈线卡无缺损、无脱落现象;馈线曲率半径符合设计要求;馈线路由走向正确,布局合理、横平竖直;馈线密封窗安装牢固、密封良好,进窗口前馈线要有防水弯,弯曲度要整齐。

(4)天馈线接地。每条馈线在铁塔上部、中部、进入机房入口前应设三点接地,接地处防水包扎要严密,以防进水、松动(必须用工具紧固,用力要适当),进入机房入口就近接地;室内馈线接地应设置铜排,铜排上的螺栓必须紧固,不能松动、接触良好、接地阻值要小于 5Ω。

(5)固定馈线上的卡子要按规定卡在爬梯边上的风刺上,上下间的距离要相等,并紧固好,以防大风天气造成馈线摇摆。天线下端的跳线要用室外 PVC 绑带紧固好,不能松动,并将绑带的多余部分剪断,应留有张紧度(绑距为 0.5m)。

(6)维护完成后,要求填写维护记录表,要按维护项目如实、准确地填写,不能随意涂改。

3.7.2　天馈线维护中重大事故隐患及处理流程

(1)天线固定螺钉不紧固而使天线在空中摆动。
(2)馈线夹子松动,造成馈线下坠。
(3)天馈线接地不好,造成雨季雷击天线受损等。

由于上述维护人员违反操作规程、维护不到位,使设备受到严重损失、人员伤亡等,要在第一时间汇报上级主管部门,同时立即赶到现场并将出事现场拍照记录下来,马上组织专业人员按现场情况有秩序地进行处理,并保护好周边的安全情况;然后立即建立临时通信设施,保证通信的畅通;最后把事故的结果做记录并调查事故原因,形成文字后上报有关部门,对责任人及单位进行处理。

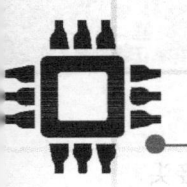

第4章 杆线施工与维护

4.1 更换电杆

4.1.1 更换普通杆

（1）顺线路贴旧杆挖坑，顺立新杆，立正埋固，用绳索将新旧杆捆绑在一起，再把旧杆上的设备迁移至新杆上，最后把旧杆顺线路方向放倒。

（2）杆上装有拉线的，先将拉线放松，挖出旧杆根，移出原杆位，把新杆立于原杆位，回土半填，用绳索把新旧电杆捆绑在一起，将旧杆上的设备迁移至新杆上，解开拉线中部，拆除旧杆拉线上把并移至新杆上，收紧拉线，放倒旧杆。

（3）旧杆拔出后，彻底清除坑内腐朽木屑，防止腐蚀新杆。

4.1.2 更换角杆

（1）更换角杆前，先检查地锚是否良好，若不好，则应先更换地锚，再换角杆。

（2）校对原角杆位置是否正确，在正确的位置上挖坑立杆，一般在原角杆的内侧挖坑，把旧杆移至道内角，清理原杆位，把新杆立好埋固，再迁移杆上原有设备，最后把旧杆拆除。

4.2 假终结

凡装设泄力拉线的杆，在其吊线上均要做假终结，如图4-1～图4-4所示。

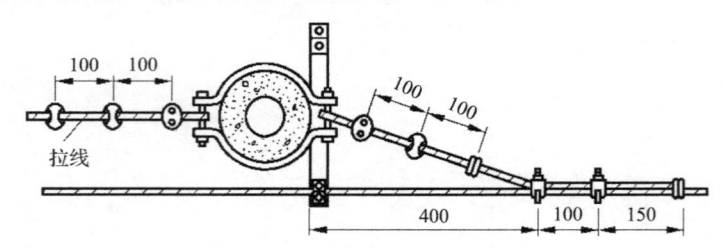

图4-1 钢筋混凝土杆卡固法假终结1（单位：mm）

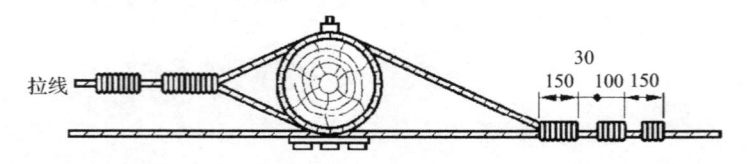

图4-2 钢筋混凝土杆卡固法假终结2（单位：mm）

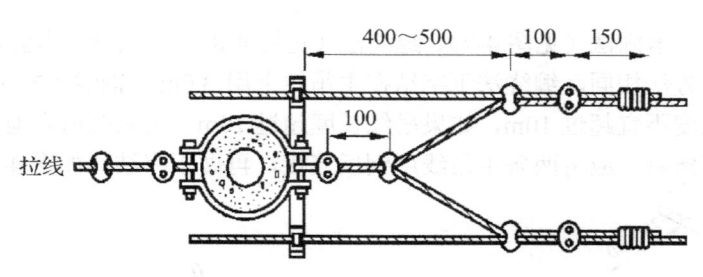

图 4-3 钢筋混凝土杆卡固法假合手终结（单位：mm）

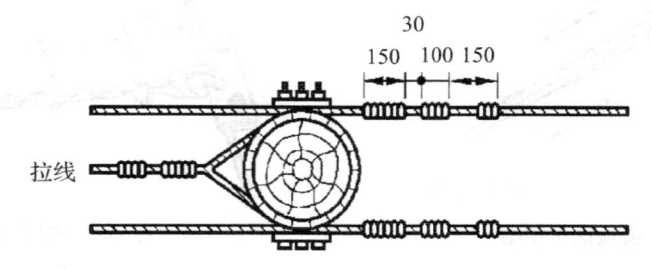

图 4-4 木杆另缠法假合手终结（单位：mm）

4.3 其他类型吊线的安装

4.3.1 分歧吊线

架空杆路支路安装吊线称为分歧吊线，吊线终结位置在杆路吊线上方 100mm 处，木电杆上要加装瓦形护杆板和条形护杆板，可采用另缠法、夹板法、卡固法制作吊线终结，如图 4-5 所示，同时要在张力的反方向上加装拉线。

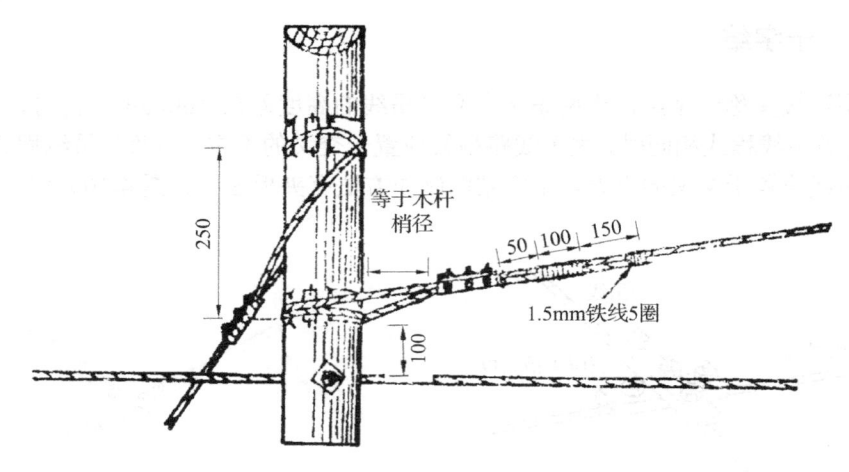

图 4-5 分歧吊线（单位：mm）

4.3.2 丁字结

架空线路需要分歧吊线，但不能立分支杆，采用丁字型吊线连接，制作方法可采用夹板法（见图4-6）、卡固法（见图4-7）、缠绕法（见图4-8）。夹板法、卡固法的制作方法与吊线终端的制作方法相同，缠绕法丁字结在主吊线上用3.0mm钢线缠扎100mm。丁字结连接分歧吊线长度不宜超过10m，如果吊线长度超过10m，则应在适当地点加立电杆。当同层主吊线有两条时，应将两条主吊线用钢板连接，再做丁字结，如图4-9所示。

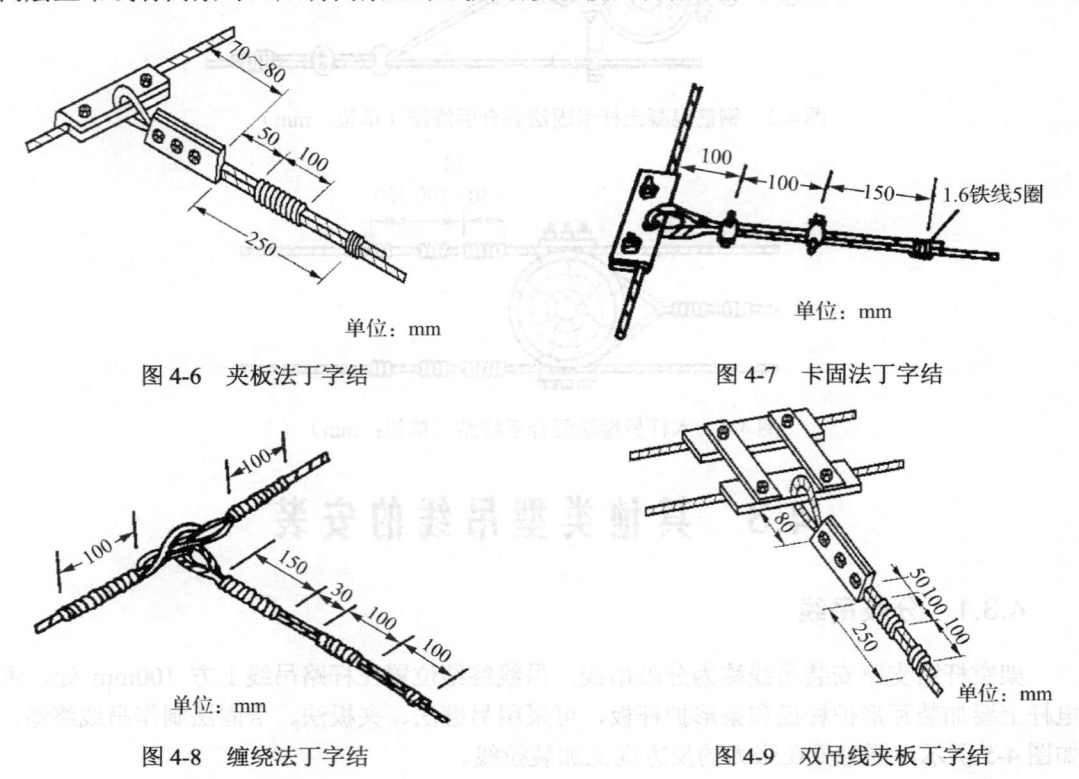

图4-6 夹板法丁字结

图4-7 卡固法丁字结

图4-8 缠绕法丁字结

图4-9 双吊线夹板丁字结

4.3.3 十字结

十字型连接又称十字结，当两条十字交叉吊线的高度差在400mm以内时，应做成十字结。当两条吊线程式相同时，主干线路吊线应置于交叉的下方；当两条吊线程式不同时，程式大的吊线应置于交叉的下方。十字结的制作方法有夹板法（见图4-10）和缠绕法（见图4-11）。

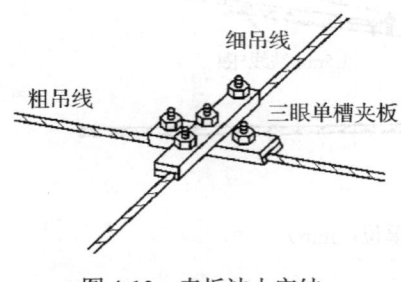

图4-10 夹板法十字结

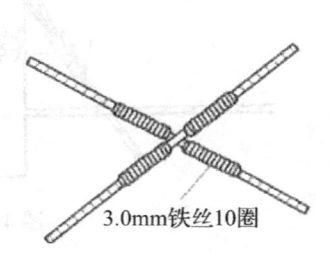

图4-11 缠绕法十字结

4.3.4 长杆挡吊线

杆距在 80m 以上的称为长杆挡，架设长杆挡吊线需要装设辅助吊线，正吊线与辅助吊线用三眼单槽夹板及钢板连接，如图 4-12 所示。

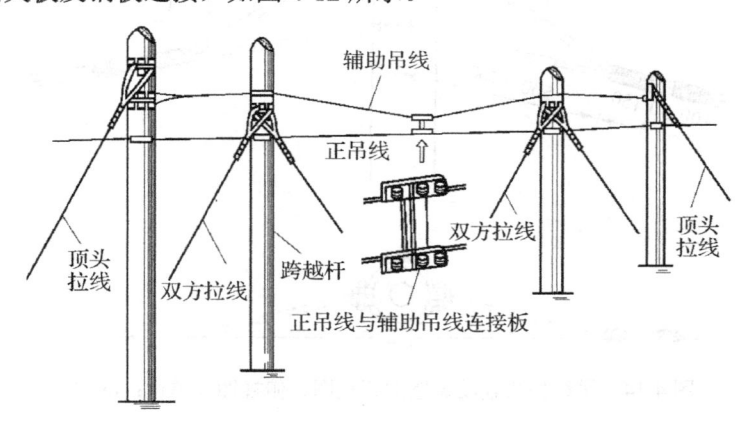

图 4-12 长杆挡辅助吊线

4.4 吊线辅助装置

4.4.1 吊线仰/俯角辅助装置

同一条吊线夹板在各电杆上的位置宜与地面等距，坡度变化一般不宜超过杆距的 2.5%，由于地形等限制也不得超过杆距的 5%。在特殊情况下，当吊线坡度为杆距的 5%～10%时，吊线应加装仰角辅助装置（见图 4-13）或俯角装置（见图 4-14）。辅助吊线规格要求与吊线规格一致，用 3.0mm 镀锌钢线缠扎，缠扎规格同拉线上把。

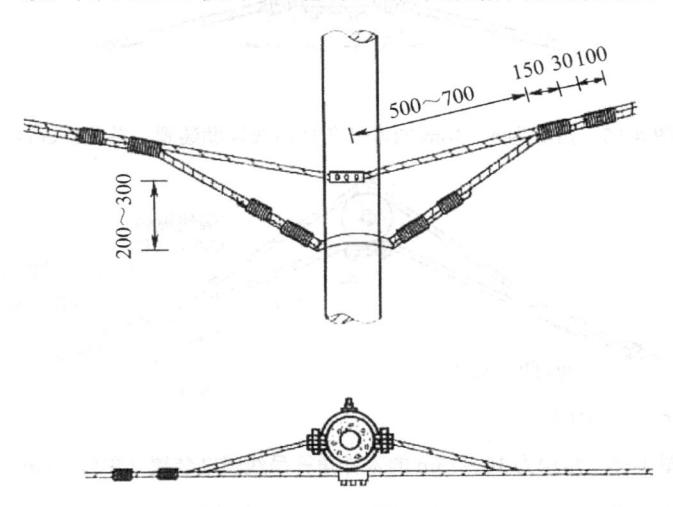

图 4-13 吊线仰角辅助装置的正视图、俯视图（单位：mm）

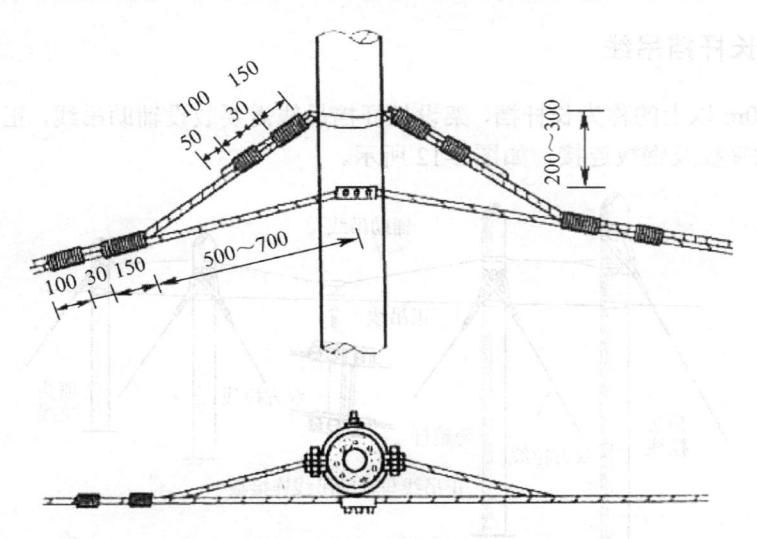

图 4-14 吊线俯角辅助装置的正视图、俯视图（单位：mm）

4.4.2 角杆加装辅助装置

角杆上的吊线应根据角深（杆路测量中有定义）的大小加装吊线辅助装置，并应符合下列规定。

当木杆角杆的角深为 5~10m 时，应采用 ϕ3.0mm 钢线做吊线辅助装置（见图 4-15）；当木杆角杆的角深超过 10m 时，应用钢绞线做吊线辅助装置，辅助吊线规格要与吊线规格相同，缠扎方法、规格应与吊线终结相同，如图 4-16 所示。

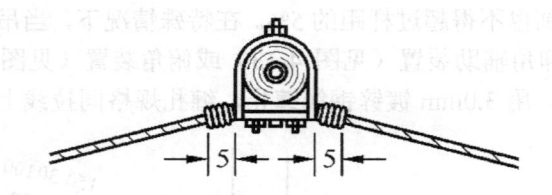

图 4-15 角深为 5~10m 的木杆角杆吊线辅助装置（单位：cm）

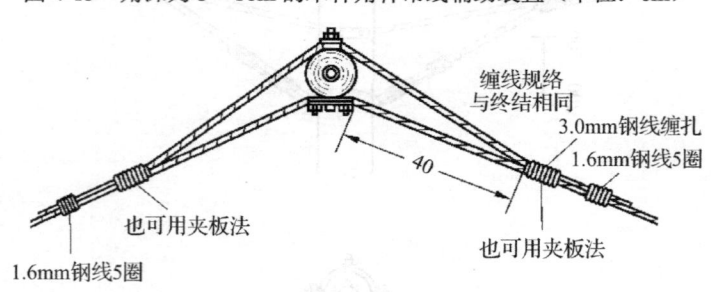

图 4-16 角深为 10~15m 的木杆角杆吊线辅助装置（单位：cm）

当水泥杆角杆的角深为 3~8m 时，用 ϕ4.0mm 钢线绑扎吊线，结构同图 4-15 中的木杆吊线辅助装置；当角深不大于 25m 时，应采用钢绞线做吊线辅助装置，辅助吊线规格应与吊线规格相同，可用 U 型钢卡固定或另缠法缠扎，缠扎方法、规格应与吊线终结相同，如图 4-17 所示。

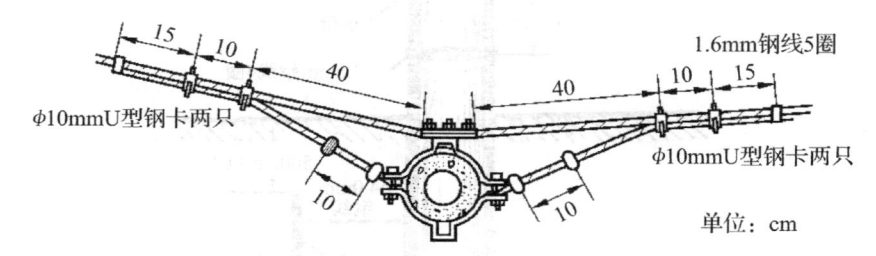

图 4-17　角深不大于 25m 的水泥杆角杆吊线辅助装置示意图

4.5　架空线路防护

4.5.1　架空线路防强电

（1）当架空线路与高压电力线路、交流电气化铁道接触网平行，或者与发电厂或变电站的地线网、高压电力线路杆塔的接地装置等强电设施接近时，易产生危险，需要采取防护措施。

（2）当输电线路对电信线路感应产生的噪声，即电动势或干扰电流超过干扰影响允许值时，要采取防护措施。

（3）当架空线路与强电线路平行、交越或与地下电气设备平行、交越时，其间隔距离应符合规范要求。当架空线路与强电线路交越时，宜垂直通过；在困难情况下，其交越角度不应小于 45°。

4.5.2　架空线路防雷

（1）在雷害特别严重的郊外、空旷地区敷设架空线路时，应装设架空地线。架空光（电）缆的分线设备及用户终端应有保安装置。

（2）架空线路与孤立大树、杆塔、高耸建筑、行道树、树林等易引雷目标及其他接地体的净距应符合规范要求，按设计要求安装消弧线或避雷针。

（3）架空线路防雷保护接地装置的接地电阻应符合规范要求。

（4）防雷排流线与光（电）缆、硅芯塑料管的垂直间隔应为 300mm。单条排流线宜位于光（电）缆、硅芯塑料管的正上方，双条排流线之间的间隔不小于 300mm 且不大于 600mm。排流线接头处应连接牢固。排流线的连续布放长度不应小于 2km。

4.5.3　电杆装置避雷线

电杆采用 ϕ4.0mm 钢线制作避雷线。避雷线要高出杆顶 100mm，地下延伸部分应埋在地面 700mm 以下，严禁盘圈，可做蛇形延伸。避雷线也可用地线棒接地，如图 4-18 所示。避雷线的接地电阻及延伸长度可参考表 4-1。

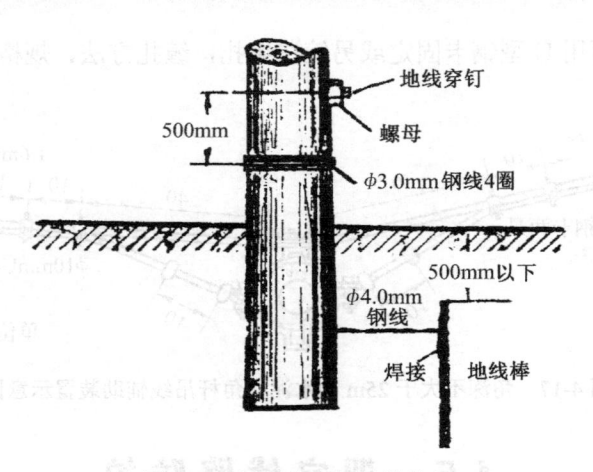

图 4-18 避雷线用地线棒接地

表 4-1 避雷线的接地电阻及延伸长度（地下部分）

土 质	一般电杆避雷线要求 电阻/Ω	延伸长度/m	与 10kV 电力线交越电杆避雷线要求 电阻/Ω	延伸长度/m
沼泽地	80	1.0	25	2.0
黑土地	80	1.0	25	3.0
黏土地	100	1.5	25	4.0
沙黏土	150	2.0	25	5.0
沙土	200	5.0	25	9.0

1. 钢筋混凝土电杆安装避雷线

钢筋混凝土电杆有预留避雷线穿钉的，应从穿钉螺母向上引出一根 4.0mm 线径的钢线并高出杆顶 100mm，在杆根部的地线穿钉螺母处接出 4.0mm 线径的钢线入地，如图 4-19 所示。

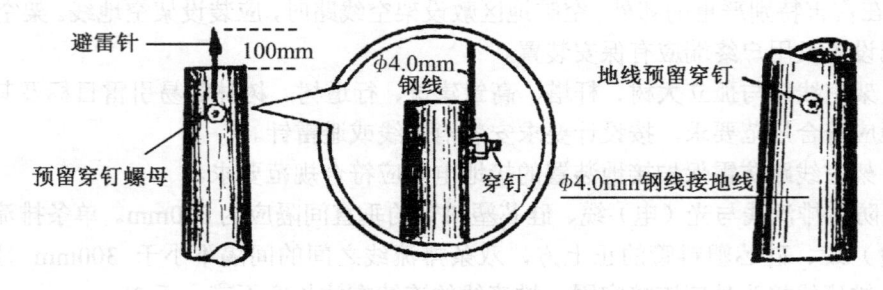

图 4-19 预留穿钉钢筋混凝土电杆避雷线安装

钢筋混凝土电杆无预留避雷线穿钉的，在水泥杆顶部凿孔，沿水泥杆内孔壁穿放 ϕ4.0mm 钢线至杆根部并按要求延伸，ϕ4.0mm 钢线高出杆顶 100mm，并应用 ϕ3.0mm 钢线捆扎，安装完成后封堵凿孔，如图 4-20 所示。

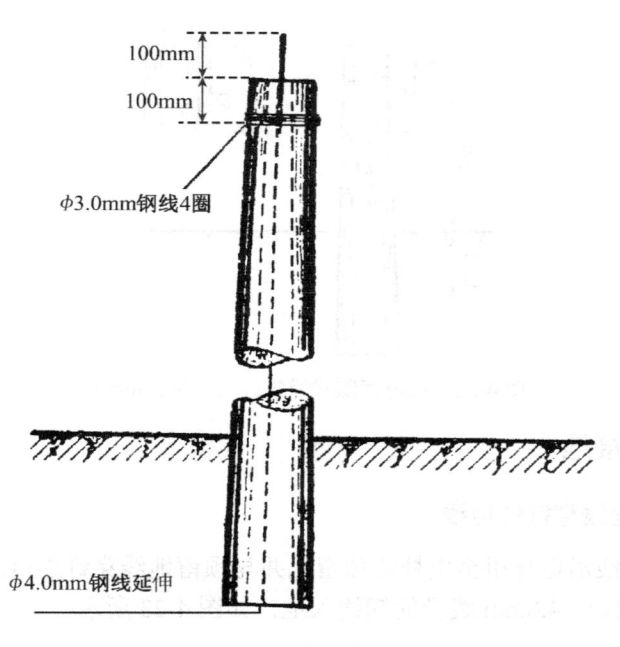

图 4-20　无预留穿钉钢筋混凝土电杆避雷线安装

2．木杆安装避雷线

在木杆上装设避雷线时，用 4.0mm 线径钢线做地线，钢线高出杆顶 100mm，在距杆顶 5cm 处钉一卡钉，间隔 50cm 沿木杆杆身钉固，直至电杆尾部延伸入地。

3．利用拉线做避雷线

对于装有拉线的电杆，可利用拉线代替避雷线。将 ϕ4.0mm 钢线一端高出杆顶 100mm，在距杆顶 100mm 处应用 ϕ3.0mm 钢线捆扎，且每间隔 500mm 固定一次，ϕ4.0mm 钢线另一端拉线良好接触，如图 4-21 所示。

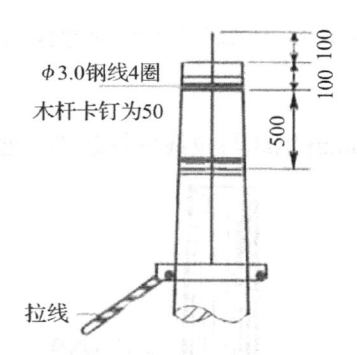

图 4-21　利用拉线做避雷线（单位：mm）

4．放电间隙式避雷线

对于与 10kV 以上高压输电线交越的电杆，应安装放电间隙式避雷线，交越处两侧电杆上的避雷线安装时要断开 50mm 间隙，如图 4-22 所示。

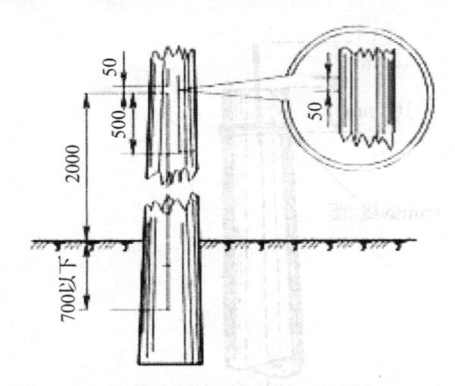

图 4-22 放电间隙式避雷线（单位：mm）

4.5.4 吊线接地

1. 利用预留地线穿钉做地线

将 ϕ4.0mm 钢线沿电杆引至电杆的预留孔并与预留地线穿钉连接入地。在杆根部的地线穿钉螺母处，应接出 4.0mm 线径的钢线入地，如图 4-23 所示。

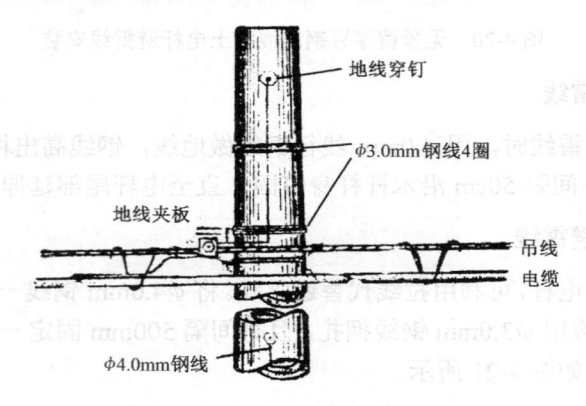

图 4-23 吊线利用预留地线穿钉接地

2. 利用拉线做地线

吊线经地线夹板，用 ϕ4.0mm 钢线与拉线抱箍连接，通过拉线入地，如图 4-24 所示。

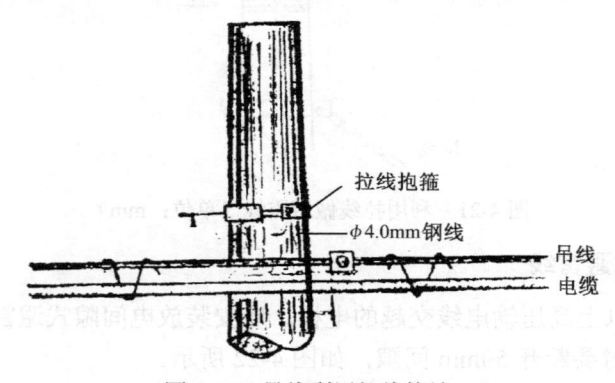

图 4-24 吊线利用拉线接地

3. 直接入地地线

吊线应通过地线夹板与 $\phi 4.0$mm 钢线地线连接，并垂直沿电杆每间隔 500mm 用钢线捆扎，木杆用卡钉卡固，直接入地，如图 4-25 所示。

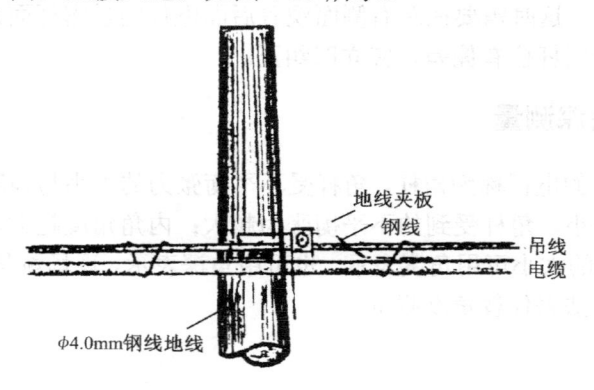

图 4-25　吊线直接入地式地线

4.6　杆路定位测量

杆路定位测量是指在已经设计好的杆路路由上丈量杆距，确定杆位及拉线、撑杆等的位置。

4.6.1　电杆测量定位

1. 电杆定位

先选定角杆或终端杆位置，树标旗或标杆，如图 4-26 所示。从起点开始向标旗方向丈量杆距，每一杆距立一标杆，由看标人标直方向和标杆，以 3 根标杆对准标旗为准。在立好第四根和第五根标杆后，拔掉第一根和第二根标杆，向标旗方向续标。在测定好的标杆位置打入标桩用以施工定位。

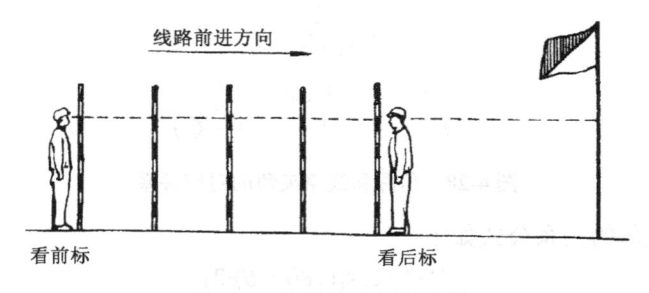

图 4-26　直线杆路测量定位

2. 立杆目测

立杆目测是指先在挖好杆坑旁的标桩点处连续立 3～4 根标杆，看直；再树立终端杆或角杆与标杆对直；确定杆标之后，以此杆为准往前立下去，当立好 4 根电杆时，可以只采用 1 根标杆观测电杆。

在目测立杆时，目测者首先检查杆坑位置是否正确，若不正确，则应在立杆前修整。目测者立姿要端正，上下观测，头稳目动；左右观测，头随腰动，摆动幅度一致。观测时，上下看，电杆梢部垂直于根部；左右看，电杆要成细杆条。如果看成粗杆条，则说明前后电杆有稍微交错现象。这时需要在左右侧面观看后面电杆的暴露杆面是否一致，如果杆面暴露有多有少，则说明杆位有偏差，应立即纠正。

4.6.2 角杆角深测量

架空线路转角点的电杆称为角杆，角杆受不平衡张力的大小与线路夹角内角度数的大小有关，内角角度越小，角杆受到的不平衡张力越大；内角角度越大，角杆受到的不平衡张力越小。线路转角的大小可用角度表示，也可用角深表示。现场测量角度麻烦，不准确，通常用丈量角深的方法来代替角度测量。

1. 角深定义

角深定义如图 4-27 所示。在图 4-27 中，A 为角杆位置，自角杆向两侧线路进行方向各取标准杆距 50m，得 B、C 两点，量取 BC 连线中点 D，AD 的长度就叫作角深。

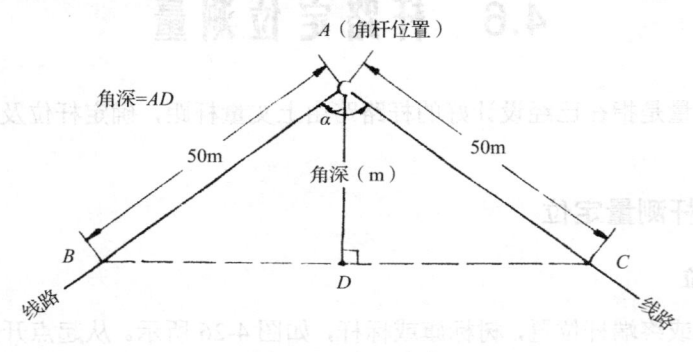

图 4-27 角深定义

角深和线路夹角的对应关系如图 4-28 所示。

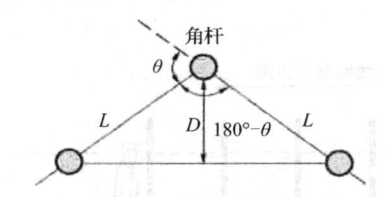

图 4-28 角深和线路夹角的对应关系

角深与线路夹角的关系公式如下：

$$D = L \times \cos[(180° - \theta)/2]$$

式中，D 为角杆的角深，单位为 m；L 为杆距，单位为 m；θ 为线路外角，单位为°，$180° - \theta$ 为线路内角。

2. 角深测量

在实际测量中，常用按比例缩小边长的方法，将丈量的结果乘以同一倍数，即可得到待测角深，如图 4-29 所示。按 10:1 的比例，取两侧线路长度各 5m，丈量出垂线 AD 的长度，即可求得角深=10AD。

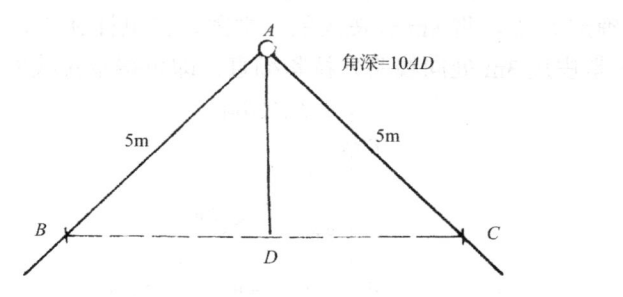

图 4-29 缩小比例丈量角深

若受地形限制，则可参照如图 4-30 所示的方法测得角深，求得角深=10BC。

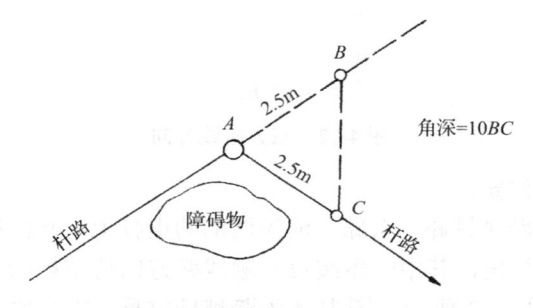

图 4-30 杆路外角丈量角深

3. 角深过大处理

当线路角深过大（超过 25m）时，可装设两根终端拉线，也可分成两个角深大致相等、转变方向相同的双角杆，如图 4-31 所示，图中 D 为角深，L 为杆距。

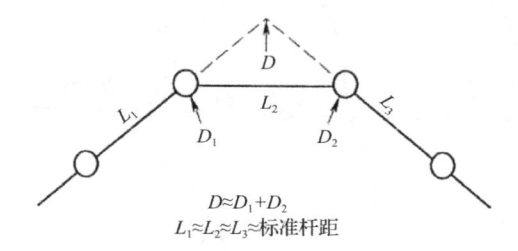

图 4-31 双角杆处理大角深

4.6.3 拉线定位

拉线定位是指要测出拉线方向、量出拉距、确定拉线入土点位置和拉线洞位置，撑杆测定方法与拉线测定方法相同，但方向相反。

1. 拉线方向

（1）角杆拉线方向测定。

角杆拉线方向测定可按测量角深的方法进行，角深的反方向即拉线方向。

（2）双方拉线方向测定。

双方（防风）拉线方向垂直于线路前进方向，测定方法可用图 4-32 所示的方法。在线路上丈量 4m，确定 C 点，将 8m 长皮尺的一端固定在电杆 A 点，另一端固定在 C 点，根据勾股定理，捏紧皮尺 3m 处向线路外拉紧绷直，即可得双拉线方向。

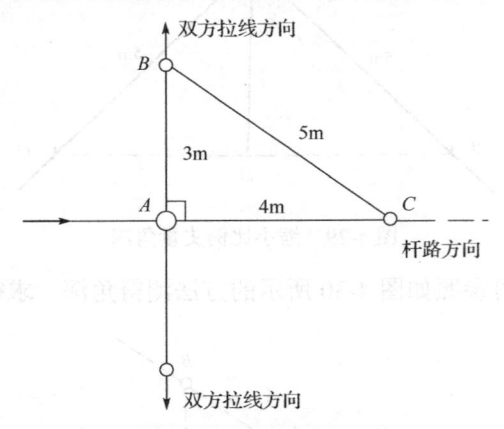

图 4-32 双方拉线方向

（3）三方拉线方向测定。

三方拉线多装设在跨越铁路、公路、河流两侧的电杆上，其作用是抵消跨越挡内的张力，两条拉线互成 120°角，其中一条装设在顺线路方向跨越挡的反侧，另两条与跨越挡内线路成 60°角，如图 4-33 所示，图中 A 为跨越杆位置，首先确定跨越挡反侧的顺挡拉线方向 AE，定位 B 点，使 E、A、B 在一直线上，利用等边三角形法，测定 D 点和 C 点，AD 和 AC 即另外两条拉线的方向。

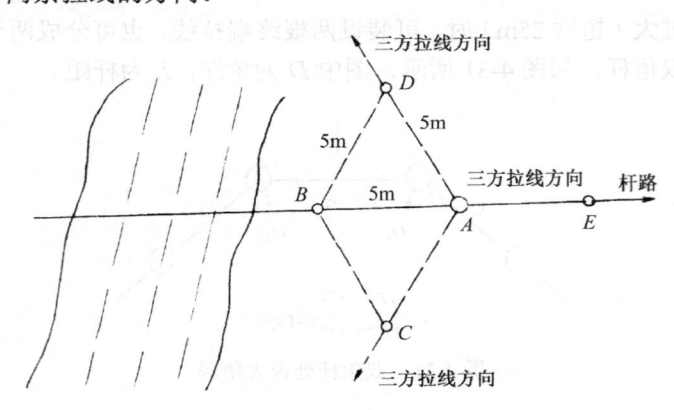

图 4-33 三方拉线方向

2. 拉线入土点测量

拉线入土点位置可根据杆高，按照电杆距高比的要求，在拉线方向上丈量测定拉距。

3. 拉线洞测量

拉线洞位置与拉线距高比和拉线洞深度有关系。当拉线的距高比等于 1 时，拉线入土点至拉线洞中心线的距离等于拉线地锚的埋深；当拉线距高比不为 1 时，拉线入土点至拉线洞中心线的距离可按图 4-34 所示的方法测定。

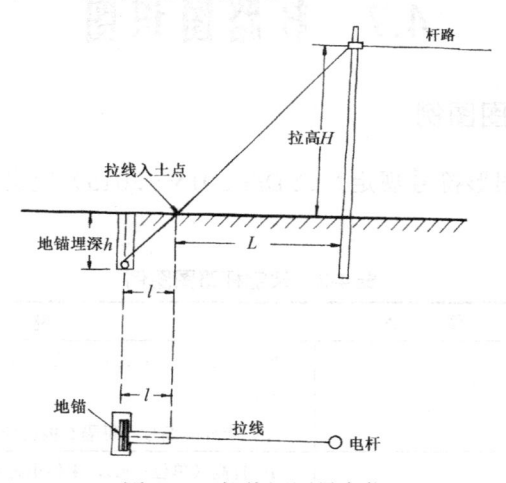

图 4-34 拉线洞测量定位

计算公式如下：

$$l = h \times \frac{L}{H}$$

式中，l 为拉线洞中心线至拉线入土点之间的距离；h 为拉线地锚埋深；$\frac{L}{H}$ 为拉线距高比。

4.6.4 飞线杆间距测量

在河两岸建立飞线杆时，首先在立杆处的 A、B 两点各立一根标杆，延长 AB 至 C，作 $CD \perp AC$、$BE \perp AB$，A、E、D 成一直线，如图 4-35 所示，此时有

$$\triangle ABE \backsim \triangle EFD$$

即

$$AB = \frac{BE \cdot EF}{DF}$$

由此可见，只要测出 BC、BE、CD 的直线长度，即可求出 AB 的长度。也可按图 4-36 构筑相似三角形，通过相似比求出飞线杆 AB 的长度。

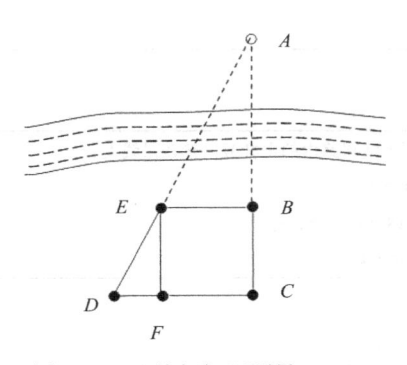

图 4-35 飞线杆间距测量（一） 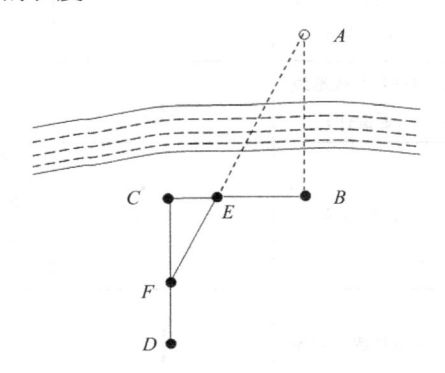　　图 4-36 飞线杆间距测量（二）

4.7 杆路图识图

4.7.1 架空杆路图图例

《通信工程制图与图形符号规定》（YD/T 5015—2015）定义了架空杆路图图例，如表 4-2 所示。

表 4-2 架空杆路图图例

序号	名称	图例	说明
1	木电杆	h/p_m	h：杆高（单位：m），主体电杆不标注杆高，只标注主体以外的杆高； p_m：电杆的编号（每隔 5 根电杆标注一次）
2	圆水泥电杆	h/p_m	h：杆高（单位：m），主体电杆不标注杆高，只标注主体以外的杆高； p_m：电杆的编号（每隔 5 根电杆标注一次）
3	单接木电杆	$A+B/p_m$	A：单接杆的上节（大圆）杆高（单位：m）； B：单接杆的下节（小圆）杆高（单位：m）； p_m：电杆的编号
4	品接木电杆	$A+B\times2/p_m$	A：品接杆的上节（大圆）杆高（单位：m）； $B\times2$：品接杆的下节（小圆）杆高（单位：m），2 代表双接腿； p_m：电杆的编号
5	H 型木电杆	h/p_m	h：H 杆的杆高（单位：m）； p_m：电杆的编号
6	木撑杆	h	h：撑杆的杆高（长度）
7	电杆直埋式地线（避雷针）		—
8	电杆延伸式地线（避雷针）		—
9	电杆拉线式地线（避雷针）		—
10	吊线接地	吊线 p_m $m\times n$	画法：画于线路路由的电杆旁，接在吊线上。 p_m：电杆编号； m：接地体材料种类及程式； n：接地体个数
11	木电杆放电间隙		—

续表

序号	名称	图例	说明
12	电杆装放电器	(symbol)	—
13	保护地线	(symbol)	—
14	单方拉线	○→S	S：拉线程式。当多数拉线程式一致时，可以通过设计说明介绍，图中只标注个别的拉线程式
15	单方双拉线（平行拉线）	○→S×2	S：拉线程式； 2：两条拉线一上一下，相互平行
16	单方双拉线（V型拉线）	○→VS×2	V×2：两条拉线一上一下，呈 V 型，公用一个地锚； S：拉线程式
17	高桩拉线	○—d—○→S h	h：高桩拉线杆的杆高（单位：m）； d：正拉线的长度，即高桩拉线杆至拉线杆的距离（单位：m）； S：付拉线的拉线程式
18	Y 形拉线（八字拉线）	(symbol)	S：拉线程式
19	吊板拉线	○—┼→S	S：拉线程式
20	电杆横木或卡盘	(symbol)	—
21	电杆双横木	(symbol)	—
22	横木或卡盘（终端杆）	(symbol)	横木或卡盘：放置在电杆杆根部的受力点处
23	防风拉线（对拉）	(symbol)	S：防风拉线的拉线程式
24	防凌拉线（四方拉）	(symbol)	S：防凌拉线的"侧向拉线"程式（7/2.2 钢绞线）； m：防凌拉线的"顺向拉线"程式（7/3.0 钢绞线）

4.7.2 架空杆路图

架空杆路图如图 4-37 所示。

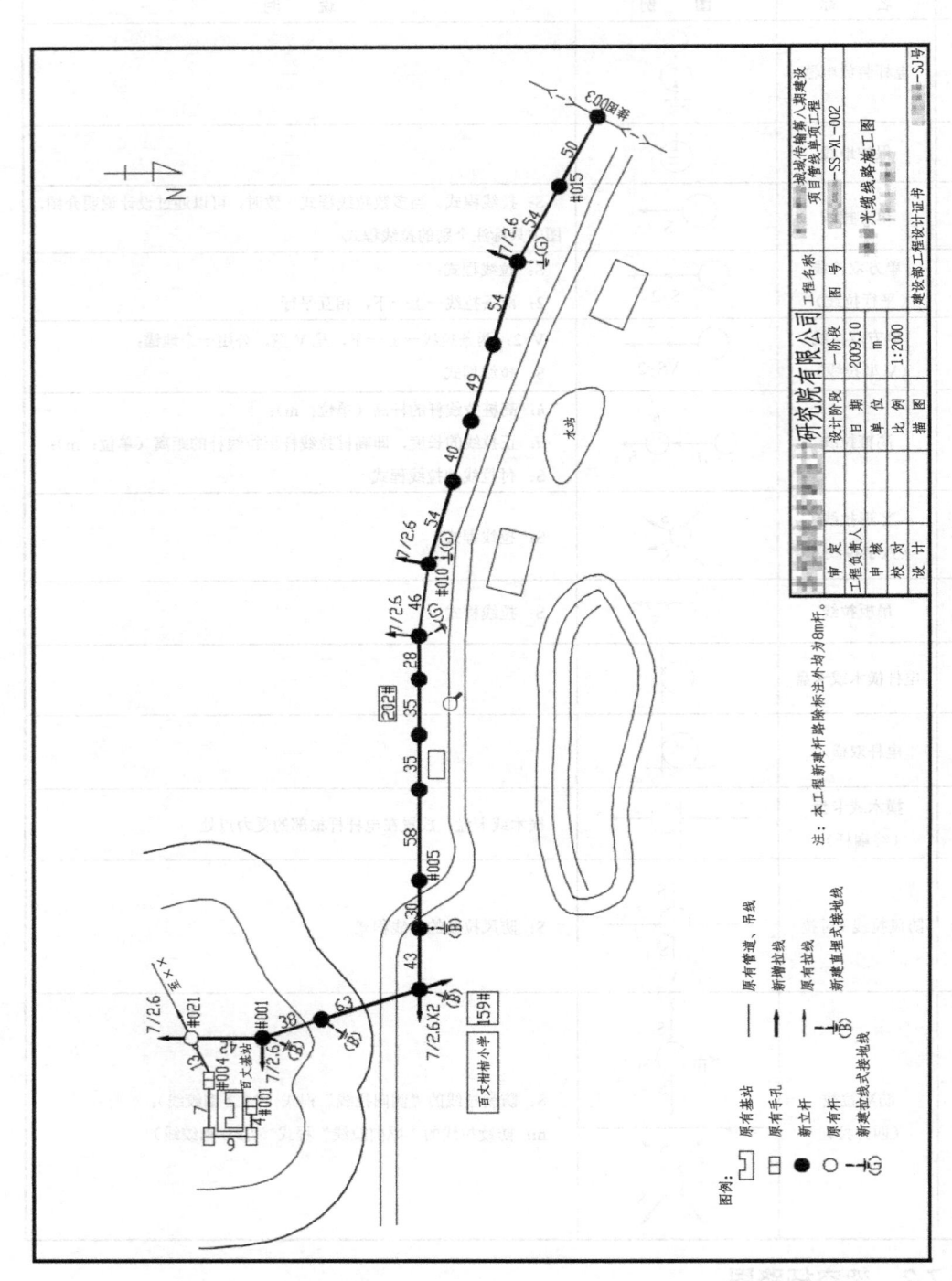

图 4-37 架空杆路图

4.7.3 吊线垂度调整

新建吊线因负荷增大而产生自身延展，使吊线垂度发生变化，需要重新调垂度。当现场吊线出现以下情况时，需要参考标准垂度进行垂度调整。

（1）吊线垂度比原始垂度下降约 50%。
（2）吊线被大风吹动而摇摆的幅度较大。
（3）两条吊线不平。
（4）两层以上吊线垂度间距太小或太大。
（5）两条吊线被大风吹动时相互撞击。
（6）无冰凌区吊线原始垂度标准如表 4-3 所示，轻负荷区吊线原始垂度标准如表 4-4 所示，中负荷区吊线原始垂度标准如表 4-5 所示，重负荷区吊线原始垂度标准如表 4-6 所示。

表 4-3 无冰凌区吊线原始垂度标准

吊线程式	7/2.2		7/2.6		7/3.0	
可悬挂电缆质量 W/（kg/m）	W≤2.11	W≤1.46	W≤3.02	W≤2.182	W≤4.15	W≤3.02
垂度/mm						
气温/℃ \ 杆距/m	25 30 35 40 45 50 55		25 30 35 40 45 50 55		25 30 35 40 45 50 55	
−20	20 30 44 61 84 90 114		20 31 47 64 89 95 122		21 31 46 65 91 97 126	
−15	21 31 45 64 89 94 120		21 32 49 67 93 99 128		22 33 48 68 96 102 132	
−10	22 33 48 67 94 98 126		22 34 51 70 99 104 135		22 34 50 72 102 107 139	
−5	23 34 50 71 100 103 132		23 35 54 74 105 109 142		23 36 53 76 108 112 147	
0	24 36 53 75 106 108 140		24 37 57 78 111 115 150		24 38 55 80 115 118 156	
5	25 38 55 79 112 114 147		25 39 60 83 119 122 159		26 40 58 85 123 125 165	
10	26 40 59 84 120 121 157		27 41 64 88 127 129 169		27 42 62 91 132 133 176	
15	27 42 62 90 129 128 166		28 43 68 94 137 137 180		28 44 66 97 143 141 187	
20	29 44 66 96 139 136 178		30 46 73 101 148 146 193		30 47 70 104 155 151 201	
25	30 47 71 103 151 145 189		31 49 78 109 160 156 206		32 50 75 113 169 162 217	
30	32 50 76 112 165 156 205		33 52 84 118 175 168 224		34 53 81 122 185 174 234	
35	35 53 82 122 181 168 221		36 56 91 123 192 182 243		36 57 88 133 203 188 255	
40	37 58 89 133 199 181 239		38 60 99 140 212 197 264		39 62 95 146 225 206 277	

表4-4 轻负荷区吊线原始垂度标准

吊线程式	7/2.2		7/2.6		7/3.0	
可悬挂电缆质量 W/(kg/m)	W≤2.11	W≤1.46	W≤3.02	W≤2.182	W≤4.15	W≤3.02

垂度/mm

气温/℃	杆距/m																	
	25	30	35	40	45	50	55	25	30	35	40	45	50	55	25	30	35	40	45	50	55
−20	24	36	53	75	106	108	133	24	37	54	78	111	115	150	24	38	57	81	116	118	155
−15	25	36	56	80	114	114	141	25	39	57	83	119	122	159	25	40	59	85	124	125	164
−10	26	40	59	85	121	121	149	27	41	61	88	127	129	169	27	42	62	91	133	133	175
−5	27	42	62	90	129	128	159	28	43	65	94	137	137	180	28	44	66	97	143	141	187
0	29	45	66	96	140	136	169	30	46	69	101	146	146	193	30	47	71	105	155	151	200
5	31	47	71	104	151	146	182	32	49	73	109	156	156	207	32	50	76	113	169	162	126
10	33	50	76	112	165	156	195	34	52	79	118	168	168	224	34	53	81	122	185	174	233
15	35	54	82	122	180	168	211	36	56	87	128	182	182	243	36	57	83	134	203	188	253
20	37	58	89	133	200	182	229	38	60	93	140	197	197	264	39	62	96	147	225	205	276
25	40	63	97	147	219	197	249	41	66	101	155	214	214	288	42	67	104	162	250	223	302
30	43	69	106	162	243	215	272	45	71	111	171	234	234	315	45	73	115	180	277	245	331
35	47	75	118	180	270	235	298	49	78	123	191	257	257	345	50	81	128	201	305	270	362
40	52	83	131	202	300	258	327	53	87	137	213	283	283	370	54	89	143	225	341	297	398

表4-5 中负荷区吊线原始垂度标准

吊线程式	7/2.2		7/2.6		7/3.0	
可悬挂电缆质量 W/(kg/m)	W≤1.32	W≤1.224	W≤3.02	W≤1.82	W≤4.15	W≤2.98

垂度/mm

气温/℃	杆距/m														
	25	30	35	40	45	50	25	30	35	40	45	50	25	30	35	40	45	50
−20	23	34	53	86	86	124	24	37	56	94	84	119	24	38	56	88	90	131
−15	24	36	56	92	91	131	25	39	59	101	88	126	26	40	59	94	95	139
−10	25	38	59	99	96	140	27	41	63	108	93	133	27	52	62	101	100	143
−5	27	40	63	106	101	150	28	43	67	117	98	142	28	44	66	109	106	158
0	28	42	67	115	108	160	30	46	72	128	104	152	30	47	71	118	113	170
5	30	45	71	125	115	173	31	49	77	140	110	167	32	50	76	128	121	184
10	32	48	77	137	123	187	33	52	83	154	118	176	34	53	81	140	129	200
15	34	51	83	150	132	204	36	56	90	172	127	190	36	57	88	154	139	218
20	36	54	90	167	143	223	38	61	98	190	136	207	39	62	96	171	151	238
25	39	59	98	186	155	245	40	66	107	213	147	227	42	67	105	191	164	262
30	42	63	108	209	168	270	45	72	118	239	159	246	45	73	115	213	179	288
35	45	69	120	234	185	298	49	79	132	267	174	272	49	81	128	238	196	319
40	49	76	133	264	204	330	54	87	147	297	191	300	54	89	143	267	217	351

表 4-6　重负荷区吊线原始垂度标准

吊线程式	7/2.2		7/2.6		7/3.0	
可悬挂电缆质量 W/(kg/m)	W≤1.32	W≤1.224	W≤3.02	W≤1.82	W≤4.15	W≤2.98

气温/℃	垂度/mm 杆距/m														
	25	30	35	40	45	50	25	30	35	40	45	50	25	30	35	40	45	50
−20	22	39	69	64	93	139	24	40	67	72	100	153	23	40	70	68	101	156
−15	23	41	74	67	98	148	25	42	71	78	106	165	24	42	75	71	108	167
−10	25	43	79	70	104	159	26	45	75	84	113	178	25	44	81	75	115	180
−5	26	46	86	74	111	171	27	48	79	91	121	193	26	47	87	80	122	195
0	27	49	93	79	119	185	28	51	84	99	130	209	28	50	94	85	131	212
5	29	52	102	83	127	201	30	54	89	109	140	228	29	53	103	90	141	232
10	30	56	112	89	137	220	32	59	95	120	151	251	31	57	113	96	153	255
15	32	60	125	95	149	241	34	63	100	134	164	276	33	62	126	103	167	280
20	34	66	139	102	162	266	36	69	110	150	180	300	35	67	140	111	182	309
25	37	72	157	110	176	293	39	75	119	170	198	335	38	73	158	121	201	341
30	40	79	178	119	194	324	42	83	130	191	218	370	40	80	178	132	222	375
35	43	88	202	130	215	357	45	92	142	217	242	405	44	89	202	144	246	411
40	47	98	228	143	238	393	49	100	157	245	268	443	48	99	228	159	273	448

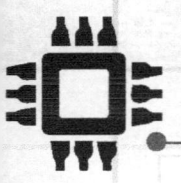

第 5 章 管道敷设与维护

5.1 工程设计

5.1.1 通信管道管孔容量的确定

（1）管孔容量应按业务预测及各运营商的具体情况计算，各段管孔可按表 5-1 中的规定估算。

表 5-1 管孔容量

使 用 性 质	远期管孔容量
用户[注1]光（电）[注2]缆管孔	根据规划的光（电）[注2]缆条数
无线网基站[注3]光缆管孔	根据规划的光缆条数
中继光缆管孔	根据规划的光（电）缆条数
出入局（站）光缆管孔	根据需要计算
租用管孔及其他	2～3 孔
冗余管孔	管孔总容量的 20%

注：1. 用户包括公众用户和专线用户等。
    2. 目前一些特殊、重要的专网仍需要建设电缆。
    3. 无线网基站包括宏基站、分布系统基站及光纤拉远站等多种建站模式站点。

（2）管道容量应按远期需要和合理的管群组合形式取定，并应留有备用孔。
（3）在同一路由上，就避免多次挖掘而言，管道应按远期容量一次敷设。
（4）进局（站）管道应根据终局（站）需要量一次建设。管孔大于 48 孔时可做成通道形式，应由地下室接出。

5.1.2 管材选择

（1）通信管道可采用的材料主要有塑料管、水泥管块及钢管等。
（2）通信用塑料管的规格及适用范围应符合表 5-2 的规定。

表 5-2 通信用塑料管的规格及适用范围

序 号	类 型	材 质	规格/mm	适 用 范 围
1	实壁管	PVC-U	ϕ110/100	主干管道、支线管道、驻地网管道
			ϕ100/90	
		PE	ϕ110/100	
			ϕ100/90	

续表

序号	类型	材质	规格/mm	适用范围
2	双壁波纹管	PVC-U	φ100/90	主干管道、支线管道、驻地网管道
		PE	φ110/90	
3	硅芯管	HDPE	φ40/33	
			φ46/38	
4	梅花管	PE	7孔（内径32）	主干管道、支线管道
5	栅格管	PVC-U	4孔（内径50）	
			6孔（内径33）	
			9孔（内径33）	
6	蜂窝管	PVC-U	7孔（内径33）	

（3）常用水泥管块的规格及适用范围应符合表5-3的规定。

表5-3 常用水泥管块的规格及适用范围

(孔数×孔径)/mm	标称	外形尺寸（长×宽×高）/mm	适用范围
3×90	三孔管块	600×360×140	城区主干管道、支线管道
4×90	四孔管块	600×250×250	
6×90	六孔管块	600×360×250	

（4）钢管宜在过路或过桥时使用。

（5）城区道路各种综合管线较多、地形复杂的路段应选择塑料管道，郊区和野外的长途光缆管道应选用硅芯管。

5.1.3 通信管道的埋设深度

（1）通信管道的埋设深度应符合表5-4的要求。当达不到要求时，应采用混凝土包封或钢管保护。

表5-4 路面至管顶的最小深度

单位：m

类别	人行道/绿化带	机动车道	与电车轨道交越（从轨道底部算起）	与铁路交越（从轨道底部算起）
水泥管、塑料管	0.7	0.8	1.0	1.5
钢管	0.5	0.6	0.8	1.2

（2）进入人（手）孔处的管道基础顶部与人（手）孔基础顶部的距离不应小于0.40m，管道顶部与人（手）孔上覆底部的距离不应小于0.30m。

（3）通信管道应尽量避免与燃气管道、热力管道、输油管道、高压电力电缆在道路同侧建设，当不可避免时，通信管道与其他地下管线及建筑物间的最小净距应符合表5-5的规定。

表 5-5　通信管道与其他地下管线及建筑物间的最小净距

其他地下管线及建筑物名称		平行净距/m	交叉净距/m
已有建筑物		2.0	—
规划建筑物红线		1.5	—
给水管	直径≤300mm	0.5	0.15
	300mm＜直径≤500mm	1.0	
	直径＞500mm	1.5	
排水管		1.0[注1]	0.15[注2]
热力管		1.0	0.25
输油管道		10	0.5
燃气管	压力≤0.4MPa	1.0	0.3[注3]
	0.4MPa＜压力≤1.6MPa	2.0	
电力电缆	35kV 以下	0.5	0.5[注4]
	35kV 及以上	2.0	
高压铁塔基础边	35kV 及以上	2.5	—
通信电缆（或通信管道）		0.5	0.25
通信电杆、照明杆		0.5	—
绿化	乔木	1.5	
	灌木	1.0	
道路边石边缘		1.0	
铁路钢轨（或坡脚）		2.0	
沟渠基础底			0.5
涵洞基础底			0.25
电车轨底		—	1.0
铁路轨底		—	1.5

注：1. 当主干排水管后敷设时，排水管施工沟边与既有通信管道间的平行净距不宜小于 1.5m。

2. 当管道在排水管下部穿越时，交叉净距不宜小于 0.4m。

3. 在燃气管道有接合装置和附属设备的 2m 范围内，通信管道不得与燃气管道交叉。

4. 当电力电缆加保护管时，通信管道与电力电缆的交叉净距不得小于 0.25m。

（4）当遇到下列情况时，通信管道埋设应做相应的调整或进行特殊设计。

① 城市规划对今后道路扩建、改建后路面高程有变动时。

② 与其他地下管线交越时的间距不符合表 5-5 的规定时。

③ 地下水位高度与冻土层深度对管道有影响时。

（5）管道铺设应有坡度，应为 3‰～4‰，不得小于 2.5‰。

（6）在纵剖面上，当管道要躲避障碍物而不能直线建筑时，可使管道折向两段人（手）孔并向下平滑地弯曲，不得向上弯曲（U 形弯）。

5.1.4　通信管道弯曲与段长

（1）管道段长应按人（手）孔位置而定。在直线路由上，水泥管道的段长不宜超过 150m，塑料管道的段长不宜超过 200m，高等级公路上的通信管道段长不应超过 100m。

（2）每段管道均应按直线铺设。当遇道路弯曲或需要绕越地上、地下障碍物，且在弯曲点设置人孔而管道段又太短时，可建弯曲管道。弯曲管道的段长应小于直线管道的最大允许段长。

（3）水泥管道的曲率半径不应小于 36m，塑料管道的曲率半径不应小于 10m。弯曲管道的中心夹角宜量大化。同一段水泥管道不应有反向弯曲（S 形弯）或弯曲部分的中心夹角小于 90°的弯曲管道（U 形弯）。

（4）在使用水平定向钻铺设管道时，钻孔轨迹的曲率半径应同时满足钻杆的曲率半径，轴向最大回拖力和最小曲率半径应满足管材的力学性能要求。

5.1.5　通信管道铺设

（1）通信管道铺设应符合下列规定。

① 对于管道的荷载与强度，其设计标准应符合国家相关标准及规定。

② 管道应建在土壤承受能力大于或等于 2 倍的荷重且基坑在地下水位以上的稳定性土壤的天然地基或经过人工加固的人工地基上，对于不同的土质，应采用不同的管道基础，管道沟基础应满足所需的承载能力。

③ 在管道铺设过程和施工完后，应将进入人（手）孔的管口封堵严密。

④ 对于地下水位较高和冻土层地段，应进行特殊设计。

⑤ 管道的组群、组合方式应符合现行行业标准《通信管道横断面图集》YD/T 5162—2017 的有关规定。

（2）铺设水泥管道应符合下列规定。

① 土质较好的地区：挖好沟槽后应夯实沟底，做混凝土基础。

② 土质稍差的地区：挖好沟槽后应做钢筋混凝土基础。

③ 土质为岩石的地区：管道沟底应保证平整。

④ 管群组合：宜以 6 孔管块为单元。

⑤ 水泥管块接续宜采用抹浆平口接续。

（3）铺设塑料管道应符合下列规定。

① 土质较好的地区：挖好沟槽后应夯实沟底，回填 50mm 厚的细砂或细土。

② 土质稍差的地区：挖好沟槽后应做混凝土基础，基础上回填 50mm 厚的细砂或细土。

③ 土质较差的地区：挖好沟槽后应做钢筋混凝土基础，基础上回填 50mm 厚的细砂或细土并应对管道进行混凝土包封处理。

④ 土质为岩石、砾石、冻土的地区：挖好沟槽后应回填 200mm 厚的细砂或细土。

⑤ 沟底应平整、无突出的硬物，管道应紧贴沟底。

⑥ 管道进入人（手）孔或建筑物时，靠近人（手）孔或建筑物侧应做不短于 2m 的钢

筋混凝土基础和包封。

⑦ 管孔内径大的管材应放在管群的下边和外侧，管孔内径小的管材应放在管群的上边和内侧。

⑧ 当多个多孔塑料管组成管群时，应首选栅格管、蜂窝管或梅花管。

⑨ 同一管群组合宜选用一种管型的多孔管，但可与实壁管、波纹塑料单孔管或水泥管组合在一起。

⑩ 在进入人（手）孔的前 2m 范围内，多孔管之间宜留 40～50mm 空隙，单孔实壁管、波纹管之间宜留 15～20mm 空隙，所有空隙应分层填实。

⑪ 两个相邻人（手）孔之间的管位应一致，且管群断面应满足设计要求。

⑫ 硅芯管端口在人（手）孔内的余留长度不应小于 400mm。

⑬ 塑料管道的接续应符合下列规定。

a. 塑料管之间的连接宜采用套管式连接、承插式连接、承插弹性密封圈连接和机械压紧管件连接。

b. 多孔塑料管的承口处及插口内应均匀涂刷专用中性胶合黏剂，最小黏度应不小于 500MPa·s，塑料管连接时应承插到位，挤压固定。

c. 各塑料管的接口宜错开。

d. 塑料管的标志面应在上方。

e. 栅格塑料管群应间隔 3m 左右用专用带捆绑一次，蜂窝管等其他管材宜采用专用支架排列固定。

f. 两列塑料管之间的竖缝应填充 M10 水泥砂浆，饱满程度不应低于 90%。

⑭ 钢管接续应采用套管式接续方法。

⑮ 管群上方 300mm 处宜加警告标识。

⑯ 当塑料管非地下铺设时，应采取防老化和防机械损伤等保护措施。

（4）不适宜开挖的路段宜采用水平定向钻或其他非开挖方式；桥上铺设宜采用沟槽或桥上固定。

5.1.6 人（手）孔设置

（1）对于人（手）孔的荷载与强度，其设计标准应符合国家相关标准及规定。

（2）人（手）孔位置的设置如下。

① 人（手）孔位置应设置在光（电）缆分支点、引上光（电）缆汇接点、坡度较大的管线拐弯处、道路交叉路口或拟建地下引入线路的建筑物旁。

② 交叉路口的人（手）孔位置宜选择在人行道或绿化地带。

③ 人（手）孔位置应与其他相邻管线及管井保持距离，并应相互错开。

④ 人（手）孔位置不应设置在建筑物进出通道、货场堆场、低洼积水处和地基不稳定处。

⑤ 当通信管道穿越铁路和较宽的道路时，应在其两侧设置人（手）孔。

（3）人（手）孔形式应根据终期管群容量大小确定。常用管孔容量与标准型人（手）孔型号选择对照如表 5-6 所示。

表 5-6　常用管孔容量与标准型人（手）孔型号选择对照

人（手）孔型号		管孔容量（单一方向，标准孔径90mm）	备　　注
手孔	550mm×550mm	3孔以下	位于非机动车道的引上管旁；孔径为28mm或32mm的多孔管9孔以下
	700mm×900mm		建筑物前
手孔	900mm×1200mm	3孔以上	双方向或管道中心线夹角≤30°；孔径为28mm或32mm的多孔管9孔以上
	1000mm×1500mm	6孔以下	双方向或管道中心线夹角>30°；2孔径为28mm或32mm的多孔管18孔以下
	1200mm×1700mm		
人孔	小号	6孔以上 12孔以下	孔径为28mm或32mm的多孔管18孔以上，36孔以下
	中号	12孔以上 24孔以下	孔径为28mm或32mm的多孔管36孔以上，72孔以下
	大号	24孔以上 48孔以下	孔径为28mm或32mm的多孔管72孔以上，144孔以下

（4）人（手）孔型号按表5-7的规定选用。

表 5-7　人（手）孔型号

型　　号		管道中心线交角	备　　注
直通型		<7.5°	适用于直线通信管道中间设置的人（手）孔
斜通型	15°	7.5°～22.5°	适用于非直线折点上设置的人孔
	30°	22.5°～37.5°	
	45°	37.5°～52.5°	
	60°	52.5°～67.5°	
	75°	67.5°～82.5°	
三通型		>82.5°	适用于直线通信管道上有另一方向分歧通信管道的分歧点设置的人孔或局前人孔
四通型		—	适用于纵横两路通信管道交叉点上设置的人孔或局前人孔
局前人孔		—	适用于局前人孔
手孔		—	适用于光缆线路小容量塑料管道、分支引上管等

（5）对于地下水位较高的地段，人（手）孔建筑应做防水处理。

（6）人（手）孔应采用混凝土基础，当遇到土壤松软或地下水位较高时，还应增设渣石垫层和采用钢筋混凝土基础。

（7）根据地下水位情况，人（手）孔的建筑程式可按表5-8的规定确定。

表 5-8　人（手）孔的建筑程式

地下水情况	建　筑　程　式
人（手）孔位于地下水位以上	砖砌人（手）孔等
人（手）孔位于地下水位以下，且在土壤冰冻层以下	砖砌人（手）孔等（加防水措施）
人（手）孔位于地下水位以下，且在土壤冰冻层以内	钢筋混凝土人（手）孔等（加防水措施）

(8)人（手）孔盖应有防盗、防滑、防跌落、防位移、防噪声等措施，井盖上应有明显的用途及产权标志。

5.1.7 常用管道计算公式

1. 施工测量长度计算

管道工程施工测量长度与路由长度相等，即

$$管道工程施工测量长度=路由长度$$

2. 管道长度计算

管道段长按照人（手）孔中心点至相邻人（手）孔中心点的长度计算，并且不需要扣除人（手）孔自身的长度。

3. 人孔坑挖深的计算

人孔坑挖深的计算公式如下：

$$H=h_1-h_2+g-d$$

式中，H——人孔坑挖深（m）；
h_1——人孔口圈顶部高程（m）；
h_2——人孔基础顶部高程（m）；
g——人孔基础厚度（m）；
d——路面厚度（m）。

4. 管道沟深计算

管道沟深计算公式如下：

$$H=1/2[(h_1-h_2+g)人孔1+(h_1-h_2+g)人孔2]-d$$

式中，H——管道沟深（m，平均埋深，不含路面厚度）；
h_1——人孔口圈顶部高程（m）；
h_2——管道基础顶部高程（m）；
g——管道基础厚度（m）；
d——路面厚度（m）。

注：应在沟的两端分别计算，求平均沟深，再减去路面厚度。

5. 开挖路面面积计算

（1）开挖管道沟路面面积（不放坡）：

$$A=BL$$

式中，A——路面面积（m²）；
B——沟底宽度（m）；
L——管道沟路面长度（m）。

（2）开挖管道沟路面面积（放坡）：

$$A=L(2Hi+B)L$$

式中，A——路面面积（m²）；

H——沟深（m）；

B——沟底宽度（m）；

i——放坡系数；

L——管道沟路面长度（m）。

（3）开挖人孔坑路面面积（不放坡）：

$$A=ab$$

式中，A——人孔坑面积（m²）；

a——人孔坑坑底长度（m，坑底长度=人孔外墙长度+0.8m=人孔基础长度+0.6m）；

b——人孔坑坑底宽度（m，坑底宽度=人孔外墙宽度+0.8m=人孔基础宽度+0.6m）。

（4）开挖人孔坑路面面积（放坡）：

$$A=(2Hi+a)(2Hi+b)$$

式中，A——人孔坑路面面积（m²）；

H——坑深（m，不含路面厚度）；

i——放坡系数（由设计按规范确定）；

A——人孔坑坑底长度（m）；

B——人孔坑坑底宽度（m）。

（5）开挖路面总面积：

总面积=各人孔开挖路面面积总和+各管道沟开挖路面面积总和

6．开挖土方体积的计算

（1）挖管道沟土方体积（不放坡）：

$$V=BHL$$

式中，V——挖管道沟体积（m³）；

B——沟底宽度（m）；

H——沟深度（m，不包含路面厚度）；

L——沟长度（m，两相邻人孔坑坡中点的间距）。

（2）挖管道沟土方体积（放坡）：

$$V=(Hi+B)HL$$

式中，V——挖管道沟体积（m³）；

H——平均沟深度（m，不包含路面厚度）；

i——放坡系数（m，由设计按规范确定）；

B——沟底宽度（m）；

L——沟长度（m，两相邻人孔坑坑口边的间距）。

（3）挖人孔坑土方体积（不放坡）：

$$V=abH$$

式中，V——挖人孔坑土方体积（m³）；

a——坑底长度（m）；

b——坑底宽度（m）；

H——坑深（m，不包含路面厚度）。

(4) 挖人孔坑土方体积（放坡）：
$$V=H/3[ab+(a+2Hi)+ab(a+Hi)(b+2Hi)]$$
式中，V——挖人孔坑土方体积（m³）；
　　　H——人孔坑深（m，不包含路面厚度）；
　　　a——人孔坑底长度（m）；
　　　b——人孔坑底宽度（m）；
　　　i——放坡系数。

(5) 总开挖土方体积（无路面情况下）：
总开挖土方体积=各人孔开挖土方总和+各段管道沟开挖土方总和

7. 管道工程回填土（石）方体积计算

通信管道工程回填土（石）体积的计算公式如下：
{通信管道工程回填土（石）方体积} = {挖管道沟土（石）方体积} + {挖人孔坑土（石）方体积} - {管道建筑体积（基础、管群、包封）} - {人孔建筑体积}

8. 通信管道包封混凝土体积计算

通信管道包封混凝土体积的计算公式如下：
$$n=(V_1+V_2+V_3)$$

(1) V_1 为管道基础侧包封混凝土体积（m³），计算公式如下：
$$V_1=2(d-0.05)gL$$
式中，d——包封厚度（m）；
　　0.05——基础每侧外露宽度（m）
　　　g——包封基础厚度（m）
　　　L——管道基础长度（m，相邻两人孔外壁间距）。

(2) V_2 为基础以上管道侧包封混凝土体积（m³），计算公式如下：
$$V_2=2dHL$$
式中，d——包封厚度（m）；
　　　H——管群侧高（m）；
　　　L——管道基础长度（m，相邻两人孔外壁间距）。

(3) V_3 为管道顶包封混凝土体积（m³），计算公式如下：
$$V_3=(b+2d)dL$$
式中，b——管道宽度（m）；
　　　d——包封厚度（m）；
　　　L——管道基础长度（m，相邻两人孔外壁间距）。

5.2 工程施工

5.2.1 一般安全要求

（1）在城镇或交通路口施工时，必须摆放安全警示标志等防护设施，夜间应设置警示灯。

（2）在工地堆放机具、材料时，应选择在不妨碍交通、行人少、地面平整的地方堆放，堆积高度不宜超过1.5m，不得随意堆放在沟边，必要时应采取保护措施。

（3）在沟坑内工作时，应随时注意沟坑的侧壁有无裂痕、护土板的横撑是否稳固，起立或抬头时应注意横撑碰头。

（4）在未得到施工负责人同意时，严禁随意变动和拆除支撑。

（5）上下沟槽时应使用梯子，不得攀登沟内外设备。

5.2.2 测量画线

（1）测量时应根据现场实际情况分段丈量。皮尺、量绳等横过公路或在路口丈量时，应注意行人和车辆，不得被车辆碾压。

（2）露天测量时，观测者不得离开测量仪器。因故需要离开测量仪器时，应指定专人看守。测量仪器不用时，应放置在专用箱包内，由专人保管。

（3）沿管线路由钉的水平桩或中心桩不得高出路面1cm以上。

（4）电测法物探作业必须遵守规定（具体规定略）。

（5）井下作业必须遵守下列规定。

① 开井盖5min以上方可下井。

② 井口必须有人看守并设置安全警示围栏。

③ 禁止在井内或通道内吸烟及使用明火。

④ 夜间作业时，应有足够的照明度。

⑤ 井下作业完毕或作业人员离开人井时，应及时盖好井盖。

（6）在使用大功率电动机具设备施工时，如果工作电压超过36V，则作业人员应穿戴绝缘装束。在交流电源闸刀引接处附近应设置警示标志，由专人监护。所有电气设备外壳必须接地良好。当遇雷雨天气时，严禁使用大功率电动机具设备露天施工。

（7）在对地下管线进行开挖验证时，应防止损坏管线。严禁使用金属杆直接钎插探测地下输电线和光缆。在地下输电线路的地面或高压输电线下测量时，严禁使用金属标杆、塔尺。严禁雨天、雾天、雷电天气在高压输电线下作业。

5.2.3 土方作业

（1）施工前，应按照批准的设计位置在有关部门办理挖掘手续，做好施工沿线的安全宣传工作，劝告居民，教育儿童不要在沟边、沟内玩耍。

（2）开挖沟槽时，应熟悉设计图纸上标注的地上、地下障碍物的具体位置并做好标识，同时应在沟槽起止的两端设置警示标志。必要时，沿线应设置围栏，非作业人员不得进入现场。

（3）挖掘土石方，应从上而下进行，不得采用掏挖的方法。在雨季施工时，应做好防水、排水措施。

（4）人工开挖土方时，作业人员必须保持2m以上间隔。

（5）使用风镐开凿路面时，应遵守下列规定。

① 风镐各部位接头必须紧固，不漏气；胶皮管不得缠绕打结；不得用折弯风管的办法来断气；不得将风管置于胯下。

② 风管连接风镐后应试送气，检查风管内有无杂物堵塞。送气时，应缓慢旋开阀门，不得猛开。

③ 钢钎插入风镐后不得开机空钻。

④ 当风镐的风管通过路面时，必须将风管穿入钢管做硬性防护。

⑤ 当利用机械破碎路面时，必须设专人统一指挥，操作范围内不得有人。

（6）当流沙、疏松土质的沟深超过1m或硬土质沟的侧壁与底面夹角小于115°且沟深超过1.5m时，应安装挡土板。

（7）在房基上或废土地段开挖的沟坑，必须安装挡土板。

（8）在陡坎地段挖沟，应防止松散石块、悬垂土层及其他可能坍塌物体滚下。

（9）在靠近建筑物挖沟/坑时，应视挖掘深度做好必要的安全措施。当采用支撑办法无法解决时，应拆除容易倒塌的一般建筑物，回填沟/坑后修复建筑物。

（10）挖沟时，对地下的电力线缆、供水管、排水管、煤气管道、热力管道、防空洞、通信电缆、地下构筑物等的保护，应做如下处理。

① 对于在施工图上标有高程的地下物，应人工轻挖，严禁机械挖沟。

② 不明确位置高程，但已知有地下物地段，应指定专人开挖。

③ 发现有地下埋藏物，不得损坏，立即停止开挖并及时报告上级处理。

④ 如果遇煤气、热力管道漏气，特别是有毒、易燃、易爆的气体管道泄漏，那么施工人员应立即撤出，及时报有关单位修复并停止施工作业。工地负责人应指派专人守护现场，设置围栏警示标志，待修复后，方可复工。

（11）沟槽出土的堆放。

① 挖出土石不得堆在消防栓井、下水井、雨水口及各种井盖上。

② 从沟底向地面掀土，应注意上边是否有人。沟/坑深度在1.5m以上的，应有人在地面清土，堆放在距离沟/坑边沿60cm以外，使土、石不致回落于沟内。同时组织清运交通道路上的土方、石方。

（12）作业人员不得在沟内向地面乱扔石头、土块和工具。

（13）挖沟后，如果不能及时回填土，则应在沟坑经过的道口、单位、住户门口等地段及时搭设临时便桥。搭设的便桥应符合要求，确保安全。在繁华地区，便桥左右应加设围挡和明显标志。

（14）开挖隧道。

① 施工人员不得使工具碰撞撑架及护土板。

② 隧道内应有足够的照明设备和通风设备。照明设备和通风设备应用低压电源与绝缘强度高的电缆。

③ 隧道内应保持通风，注意对有毒气体的检查。如果有可疑现象，则应立即停止施工，并报告工地负责人处理。

（15）每天开工前或雨后复工时，必须检查沟壁是否有裂缝，撑木是否松动。若发现土质有裂缝，则应及时加强支撑再进行作业，雨后沟坑内淤泥应先清挖干净。严禁施工人员在沟坑内或隧道中休息。

（16）在原有人孔处改建、新建人孔和管道时，严禁损坏原有的光（电）缆。必要时，应加横杆悬吊或隔离保护。

（17）管道回填土。

① 塑料管道在回填土时应根据设计要求（经过村镇及人烟稠密区），在铺设安全警示带（砌红砖槽或 30cm 细土后铺红砖）后逐层回填。

② 当使用电动打夯机回土夯实时，手柄上应装按钮开关，并做绝缘处理。操作人员必须戴绝缘手套、穿绝缘鞋。电源电缆应完好无损，严禁夯击电源电缆。严禁操作人员背向打夯机牵引操作。

③ 使用内燃打夯机应做好防护，防止喷出的气体及废油伤人。

④ 在隧道内回土，不得一次将所有的护土板和撑木架拆除，应逐步拆除护土板和撑木架，并逐步层层夯实，没有条件夯实的地方应用砖、石填实。

5.2.4 钢筋加工

（1）钢筋冷拉作业。

① 应检查卷扬机的钢丝绳、地锚、钢筋夹具、电气设备等，确认安全可靠后方可作业。

② 冷拉钢筋时，应在拉筋场地两端地锚以外的边沿设置警戒区，装设防护挡板及警示标志。操作人员必须位于安全地带，钢筋两侧的 3m 以内及拉筋两端严禁站人。严禁跨越钢筋和钢丝绳。

③ 卷扬机运转时，严禁人员靠近拉筋和牵引钢筋的钢丝绳。运行中出现钢筋滑脱、绞断等情况时，应立即停机。

④ 拉筋速度宜慢不宜快，钢筋基本拉直时应暂停，再次检查夹具是否牢固可靠，并按照安全技术要求控制钢筋在拉直过程中的伸长值。

（2）弯曲钢筋时，应将板子口夹牢钢筋。

（3）绑扎钢筋骨架应牢固，将扎好的铁丝头搁置下方。

5.2.5 模板、挡土板

（1）制作模板和挡土板的木料不得有断裂现象，支撑挡土板及撑木、模板必须装订牢固、平整，不得有钉子和铁丝头突出。

（2）支撑人孔上覆模板作业时，不得站在不稳固的支撑架上或尚未固定的模板上作业。

（3）模板与挡土板在安装和拆除前后应堆放整齐，不得妨碍交通和施工。当拆除的模板、横梁、撑木和碎板有铁钉时，应将铁钉起除。

（4）拆除挡土板。

① 如果有塌方危险，则应先回填一部分土，经夯实后拆除。必要时加装新支撑与垫板，再由下往上拆除，逐步回填土，最后将全部撑木及挡土板拆除。

② 在流沙或潮湿地区，当拆除比较困难或危险时，模板可留在回填土坑内。

③ 若靠近沟坑旁的建筑物地基底部高于沟底，那么在回填土时，挡土板不得拆除。

5.2.6 混凝土

（1）搬运水泥、筛选砂石及搅拌混凝土时应戴口罩，在沟内捣实时，拍浆人员应穿防护鞋。

（2）向沟内吊放混凝土构件时，应先检查构件是否有裂缝，吊放时将构件系牢慢慢放下，当沟内有人时，必须安全避让。

（3）搅拌机在上下料时，不得超过规定负荷，出料时，料口应放下。

（4）混凝土运送车应停靠在沟边土质坚硬的地方，放料时人与料斗应保持一定的角度和距离。应使用专用机/器具将混凝土倒入沟槽内。

5.2.7 铺管和导向钻孔

1. 人工铺管

（1）管材应堆放整齐，不得妨碍交通和施工，不得放在土质松软的沟边。

（2）水泥管块堆放不宜高出1m，管块应平放，不得斜放、立放。

（3）由沟面搬运水泥管块下沟时，应用安全系数较高、具有足够承载力的绳索吊放，绳索每隔40cm打一个结，待沟内人员接稳后松开绳索。必要时，可由沟面至沟底搭设木（铁）板，木板的厚度不得小于4cm，用绳索将水泥管块沿木（铁）板下滑吊放。

2. 非开挖顶管

（1）对工作坑内钢管入口处的墙面必须进行支护，防止夯机顶管时塌方。

（2）夯机顶管前，必须对设备、工/器具安装进行检查，确认无误后方可施工。

（3）当需要作业人员进入管内作业时，坑内、坑外必须有专人监护。

（4）当工作坑内有人作业时，应禁止在工作坑上方及周围进行吊装作业。

（5）专用吊装器具使用前由专人检查，吊具必须定期更换，严禁超期使用。

（6）当用大锤或其他工具夯击钢管时，非作业人员应离开夯击顶管活动范围。

（7）在夯击顶管过程中，工作坑内严禁站人。

（8）在管内进行电（气）焊作业时，必须有通风设施，并设专人监护。

（9）雨季施工应制定和落实防水、防坑壁坍塌的措施。

3. 非开挖导向钻孔铺管

（1）施工前必须对地上物、地下物进行调查，了解其他地下管线的确切位置，绘制控制钻头钻进位置的图纸，严禁盲目定向钻孔施工。钻杆设备与电力线应保持2.5m以上的距离，在高压电力网附近施工时，机具必须可靠接地。

（2）施工前必须对导向钻设备安装情况进行检查，检查设备的液压系统、泥浆润滑系统和钻杆各部件的状态并根据施工现场的地层土质和技术要求选配定向钻。所有电气设备必须做到防雨、防潮并有可靠的接地保护。

（3）钻孔时应仔细观察钻机的给进油压表、回转油压表及泥浆压力表的读数，测试、核对和调整钻头在地下钻进的位置、方向。操作人员应注意观察设备各运行部位，当发现钻进出现异常等情况时，应立即停机检查。

（4）设备运转时，不得进行擦洗和修理。严禁靠近设备的旋转和运动部位。

（5）装卸塑料管时要有足够的人员，听从统一指挥，不可抛掷。钻机拖带管时应将塑料管一字放开，依次理顺，摆放在不影响交通的地段。穿放的塑料管中间不得有接头。

（6）当使用管钳扭卸钻杆和钻具时，手不准捏在管钳根部。

4．顶管预埋钢管或定向钻孔铺管

光（电）缆路由在通过铁路、公路、河堤采用顶管预埋钢管或定向钻孔铺管时，顶管或定向钻孔前必须将顶管区域内其他地下设施（如通信光缆、通信电缆、电力电缆、上水管、下水道、煤气管、铁路信号线路等）的具体位置调查清楚，制订方案，保持安全距离。

5.2.8 砖砌体

（1）在砌筑人孔及人孔内、外壁抹灰高度超过 1.2m 时，应搭设脚手架作业。

（2）使用脚手架前，应检查脚手板是否有空隙、探头板，确认合格后方可使用。脚手架上堆砖高度不得超过 3 层侧砖。同一块脚手板上不得超过两人作业，严禁用不稳固的工具或物体在脚手架上垫高作业。

（3）砌筑作业面下方不得有人，垂直交叉作业时必须设置可靠、安全的防护隔离层。不得在新砌的人孔墙壁顶部行走。

（4）当人孔内有人作业时，严禁将材料、砂浆向基坑内抛掷和猛倒。

（5）在进行人孔底部抹灰作业时，人孔上方必须有专人看护。

（6）吊装人孔上覆作业。

① 起重机工作场地应坚实，离沟渠、基坑应有足够的安全距离。

② 作业前确认起重机的发动机传动、制动、仪表、钢丝绳液压正常。

③ 起重机支腿全部伸出在撑脚板下。

④ 起重机变幅应平稳，严禁猛起或猛落臂杆。吊装上覆时，应有专人指挥，其下方不得有人员停留或通过，禁止在吊起来的上覆下面进行作业。

⑤ 在起吊和安装人孔上覆时，人孔内不得有人。

⑥ 起重机作业时不得靠近架空输电线路，应保持安全距离。

5.2.9 管道试通

（1）大孔管道试通应使用试通管试通。小孔管道试通可用穿管器带试通棒试通。穿管器支架应安置在不影响交通的地方，并有专人看守，不得影响行人、车辆的通行。必要时，应在准备试通的人孔周围设置安全警示标志。

（2）人孔内的试通作业人员应听从统一指挥，避免速度不均匀造成手臂受伤或试通线打被扣。

5.2.10 机械使用方法

1. 吊车

（1）拧钥匙启动系统，吊车不拧钥匙不通电，整个上车是不动的，只有拧了钥匙，等计算机软件处理好后才可以继续操作。

（2）左手功能：左右是转，向前是小钩起落（注意踩脚踏板，不踩脚踏板，动手柄是没反应的）。

（3）右手功能：向左是小吊车仰杆，向右是吊车趴杆，前后是大钩。（注意：在做任何动作的时候，一定要按行动开关，在手柄背面的位置；也可以在控制面板上按下双向回转箭头开关以长时间打开。）

（4）左手或右手的第一个黄色按钮为出杆按钮，按住后向里（仰杆）是出杆，向外是缩杆。

（5）吊车必须由具备相关资质的专业人员操作。

2. 电缆牵引车

电缆牵引车本身为一辆载重 2000kg 的轻型卡车。车上装置绞盘设备，以恒定速度牵引电缆，并装有清理管道气压设备及抽排积水设备等。

（1）绞盘设备。

绞盘设备主要包括液压机、绞盘机、高低变速机、绕转机和可以旋转的转轮等。

液压机装在牵引车的后部，它的动力由牵引车发动机经过动力输出装置引出。

绞盘机由牵引盘和绕线盘组成。牵引盘利用绞盘结构获得恒定的张力和速度来牵引电缆。另外，牵引盘还有张力伸缩装置，如果牵引力过大，则可能产生滑动，使张力松弛，损伤电缆。利用纹盘可使缆绳或电缆顺序地缠在绕线盘上，而不致损坏电缆。导引缆绳的转轮可以旋转，位于牵引车后部中间位置。

牵引车后部的控制板上装有各种仪表及开关，如装置一个远控盒，施工人员可站在人孔入口附近，在距牵引车 5m 处即可控制绞盘设备。

（2）清理管道气压设备。

清理管道气压设备主要包括液压机、气压机、储气罐及减压阀，其动力由牵引车发动机引出。

控制板装在车身后部，上面装有启动/停止开关、气压控制阀和气压表。

利用这种气压设备清理一段 250m 的管道，最多需要 10min。

（3）抽排积水设备。

抽排积水设备主要包括液压机和软轴泵，动力由牵引车发动机引出。利用这种设备抽排一个大型人孔（体积为 4m×1.5m×2.2m）中的积水，10min 内即可排净。

3. YED 型液压钻孔顶管机

当电缆穿过铁路、公路路基，以及市内道路或其他障碍物时，由于不能开挖埋管，所以必须进行顶管才能通过。中国通信建设第四工程局有限公司根据液压顶管机和麻花钻机的工作原理，结合我国的具体情况，研制开发出了一种地下水平顶管的 YED 型液压钻孔顶管机。

（1）YED 型液压钻孔顶管机采用全液压传动，根据边钻边顶、顶钻结合、钻孔与顶管同步进行的原理工作。钻头稍微伸出钢管，钻杆在钢管内旋转，钢管、钻杆及钻头同步顶进。由于钻头在前面钻孔，钻土由钢管内排出，所以可以减轻钢管的顶进阻力，同时可以避免工作坑后壁受力过大而发生坍塌。

（2）钻杆内装置输水系统，不仅使钻土软化易于钻进，还能使钢管内输送钻土的摩擦力减小。水由钢管中流出，不致浸融孔壁，避免塌陷及钻孔歪斜。

（3）由于采用导轨控制顶进的钢管，所以可使它沿着轨道前进。只要轨道的方向正确，即可保证顶管的方向正确。顶管的准确度可以控制在 1%～2%。

（4）钢管与钻头同步顶进，采用无级调速。根据土质的不同硬度，可随时调整顶进速度。

（5）为了施工时拆装方便，顶管机的工作部件采用组合式结构。每个部件由两人即可抬走，放入工作坑时可以不用起重设备，在工作坑中组装也比较方便。

（6）液压系统的动力由 8.8kW 的柴油机提供，全部机件可以装在一部专用拖车上，用小型卡车或吉普车即可牵引，转移工地。

4．人孔通风设备

在人孔内施工时，应切实注意缺氧及有毒气体对施工人员的危害。因此，在开始下井工作以前，应先打开人孔盖并进行通风，排除一切有害气体，以保障施工人员的安全。日本 NTT 开发的 MH8-A 型便携式人孔风扇的体积小、质量轻，能提供较大风量，适合人孔通风及排除有害气体等。该机内装有一只密闭式风扇电动机和一根 3m 长的涂覆乙烯纤维的导管，携带、使用均极方便，可供施工及维护单位采用。

（1）结构。
① 人孔风扇的气流自电动机一侧流向扇叶一侧，使电动机因有气流而受到冷却保护。
② 导管接在扇叶一侧用来供气，如果将导管改接在电动机一侧，则可用来排气。
③ 导管长 3m。如果需要加长，则可将附带的 1m 导管连接起来。

（2）使用要求。
① 启动风扇前，应检查导管和机内有无纸片或布条等杂物，以免风扇开动后叶片受损。
② 在运转过程中，机身应保持水平。清除风扇周围的杂物，以免被气流吸入，致使扇叶受损或烧毁电动机。
③ 在运输、清洁、安装或拆卸过程中，防止震动或扭压扇叶，以保证扇叶能够平衡运转。为了使风扇全效率运转，应注意维护扇叶及保护网的清洁。

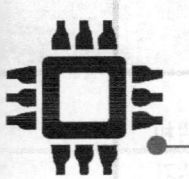

第 6 章　楼宇布线与维护

6.1　FTTx 接入技术

　　FTTx 是 Fiber To The x 的缩写，为各种光纤通信网络的总称，其中，x 代表光纤线路的目的地，可以分为 FTTH（Fiber To The Home，光纤到户）、FTTP（Fiber To The Premises，光纤到驻地）、FTTC（Fiber To The Curb，光纤到路边）、FTTN（光纤到结点）、FTTO（光纤到办公室）、FTTSA（光纤到服务区）、FTTB（光纤到大楼）等。FTTH 可以达到未来宽带数字家庭的网络需求，目前已得到大规模推广与发展。

　　FTTx 在传输层的设计中分为 Duplex 双纤双向回路和 Simplex 单纤双向回路。其中，Duplex 双纤双向回路是在 OLT 端和 ONU 端之间使用两路光纤连接，一路为下行，信号由 OLT 端到 ONU 端；另一路为上行，信号由 ONU 端到 OLT 端。Simplex 单纤双向回路又称为 Bidirectional，简称 BIDI，这种方案只使用一条光纤连接 OLT 端和 ONU 端，并利用 WDM 方式，以不同波长的光信号分别传送上行和下行信号。这种利用 WDM 方式传输的单纤双向回路和 Duplex 双纤双向回路相比，可减少一半的光纤使用量，可以降低 ONU 用户端的成本，但是使用单纤方式时，在光收发模块上要引入分光合光单元，架构比使用双纤方式的光收发模块复杂一点。BIDI 上行信号选用 1260～1360nm 波段的激光传输，下行使用 1480～1580nm 波段的激光传输。而在双纤双向回路中则是上、下行都使用 1310nm 波段的激光传送信号。

　　FTTx 应用主要分 FTTH、FTTB、FTTC，其网络结构对比如图 6-1 所示。

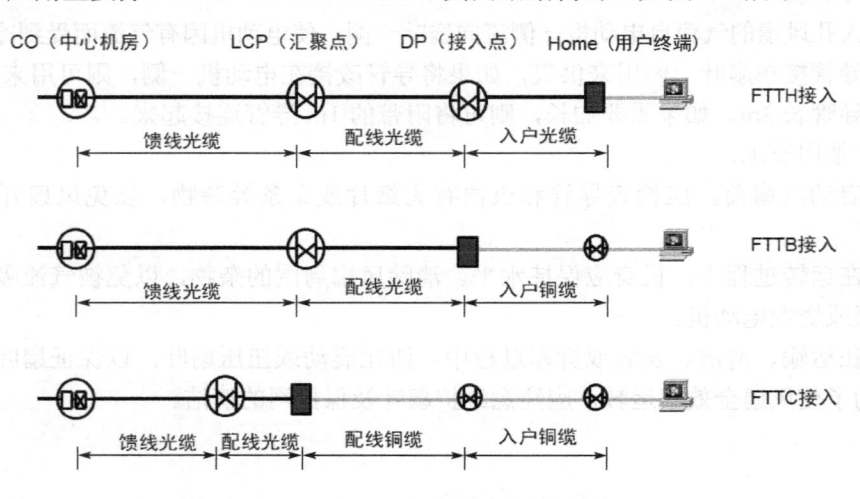

图 6-1　FTTH、FTTB、FTTC 的网络结构对比

　　CO：中心机房，通常设置 OLT 设备。

LCP：用户汇聚点，通常为光缆交接箱、大楼配线架、光分配箱等无源设备。
DP：用户接入点，通常为光缆分纤盒、光缆接头盒、光分配箱等无源设备。
Home：用户终端，ONT 的设置点。

6.1.1 FTTC

FTTC：在离家庭或办公室 1km 以内的路边安装光缆交接设备，从端局到该交接设备之间用光缆连通，交接设备以下用同轴电缆或其他介质把信号传递到家中或办公室。FTTC 代替了普通旧式电话服务模式，只需一条线就可以完成电话、有线电视、互联网接入。

由于 FTTC 结构是一种光缆/铜缆混合系统，最后一段仍然为铜缆，主要用来传输窄带交互型业务；室外有源交接设备需要较高的维护投入，因此，它在业务带宽和设备维护运行方面并非理想接入方式。

6.1.2 FTTB

FTTB 是 FTTx+LAN 的一种网络连接模式，是指将光网络单元（ONU）安装在办公大楼或公寓大厦的总配线箱内部，实现光纤信号的接入，而在办公室大楼或公寓大厦的内部则仍然利用同轴电缆、双绞线或光纤实现信号的分拨输入，以实现高速数据的应用，具有速度快、容量大、应用广的特点。

6.1.3 FTTH

FTTH 是指将光网络终端（ONT）设备安装在用户处，属于 FTTx 的终极模式，其显著的技术特点是不但可以提供更大的带宽，而且增强了网络对数据格式、速率、波长和协议的透明性，放宽了对环境条件和供电等的要求，简化了维护和安装。

FTTB 和 FTTH 的接入方式相同，都是以 PON 技术实现系统功能的，组网采用 OLT+分光器+ONU/ONT 的接入模式，如图 6-2 所示。系统设备包括接入机房的光线路终端（OLT）设备、汇聚点（LCP）处安装的一级分光设备、接入点（DP）安装的二级分光设备、用户家中的 ONU/ONT 设备及设备之间连接的光缆线路。

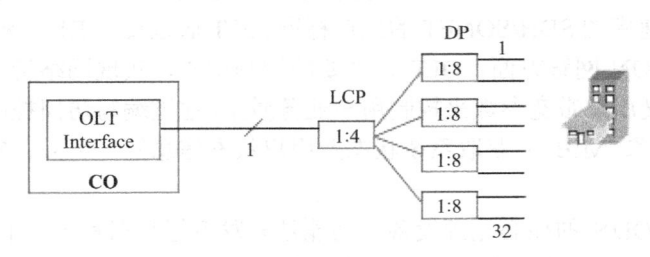

图 6-2 FTTH/FTTB 的系统结构

6.1.4 PON 技术

1．PON 网络构成

PON（Passive Optical Network，无源光网络）是一种基于 P2MP 拓扑的技术，如图 6-3 所示。所谓无源，就是指光分配网（ODN）不含有任何有源电子器件，不需要供电，包括光分路器、光纤光缆、光纤连接器、光纤配线架、光缆交接箱、光缆接头盒、光缆分线盒、智能信息箱、光纤面板等设备。

PON 网络设备构成如下。

OLT（Optical Line Terminal）：光线路终端。

ONU（Optical Network Unit）：光网络单元。

ONT（Optical Network Terminal）：光网络终端。

ODN（Optical Distribution Network）：光分配网。

OBD（Optical Branching Device）：光分路器（分光器）。

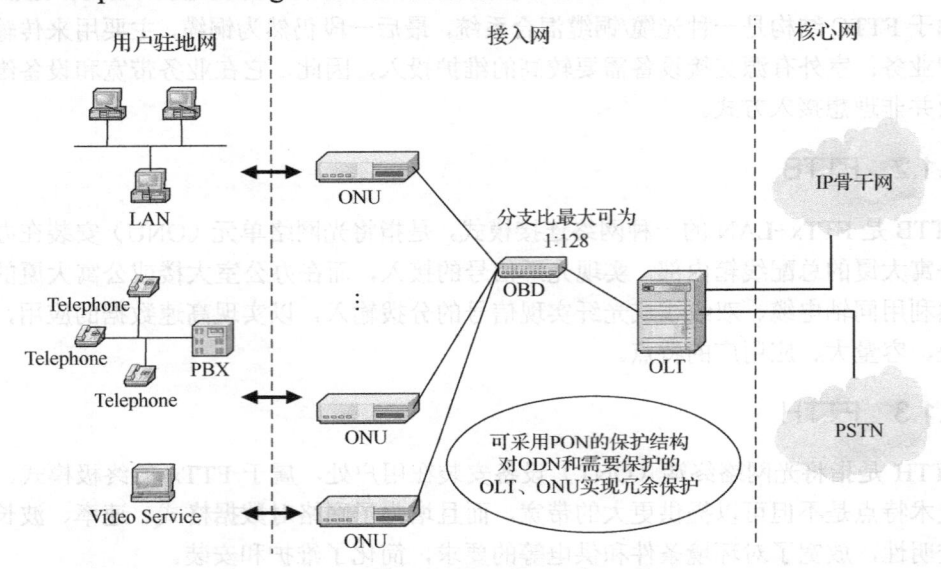

图 6-3 PON 拓扑结构

（1）OLT 放在中心机房，可以是一个二层交换机或三层路由器。在下行方向，它提供面向 PON 的光纤接口；在上行方向，OLT 将提供 GE（Gigabit Ethernet）口。将来，10Gbit/s 的以太网技术标准定型后，OLT 也会支持类似的高速接口。OLT 还支持 ATM、FR 及 OC3/12/48/192 等速率的 SDH/SONET 的接口标准。OLT 通过支持 E1 口来实现传统的 TDM 语音的接入。在 PON 网管方面，OLT 是主要的控制中心，实现网络管理的五大功能，如通过在 OLT 上定义用户带宽参数来控制用户业务质量、通过编写访问控制列表来实现网络安全控制、通过读取 MIB 库获取系统状态及用户状态信息等。另外，它还能提供有效的用户隔离。

（2）OBD 是 ODN 的核心无源设备，功能是分发下行数据和集中上行数据。OBD 的部署相当灵活，由于是无源操作，所以几乎可以适应所有环境。一般，一个 OBD 的分线率（可分支数与进线的比率）为 2、4、8、16、32、64、128，可以进行多级连接，规定级联不超过 3 级，分支数不超过 128 路。

（3）ONU 放在用户驻地侧，EPON 中的 ONU 主要采用以太网协议。在中带宽和高带宽的 ONU 中，实现了成本低廉的以太网第二层交换甚至第三层路由功能。这种类型的 ONU 可以通过堆叠来为多个最终用户提供很高的共享带宽。由于使用以太网协议，所以在通信的过程中不需要协议转换，实现了 ONU 对用户数据的透明传送，从 OLT 到 ONU 可以实现高速数据转发。

（4）ONT 使用在 GPON 网络终端用户侧，功能是将光信号调制解调为其他协议信号，用作中继传输设备。它不同于光纤收发器，光纤收发器只用来收光和发光，不涉及协议转换。

2．PON 技术的优点

（1）多业务。PON 系统可提供语音、数据、视频等业务接入，业务透明性好，实现了真正意义上的全业务接入的"三网合一"。

（2）高带宽。EPON 目前可以提供上下行对称的 1.25Gbit/s 的带宽，并且随着以太网技术的发展，可以升级到 10Gbit/s。而 GPON 则是高达 2.5Gbit/s 的带宽。

（3）长距离。由于光纤的传输距离长达数百千米，所以实际上物理传输层的距离瓶颈在收发光信号的设备光器件上，目前，PON 标准规定距离为 20km。

（4）低成本。由于 PON 系统的 ODN 部分没有电子部件，无须电源供应，因此设备相对简单，建设维护成本低。

（5）易扩展。PON 一般采用树形网络结构，是一种点到多点的网络，采用的是一种扇出的结构，不但节省光纤资源，而且这种共享带宽的网络结构能够提供灵活的带宽分配，终端接入无须增加主干线路。另外，系统设计还增加了动态测距和分配时隙技术，终端的增加和拆除不影响整个系统的稳定运行，当系统需要扩充时，需要改动的量小，为工程实施提供了灵活的解决方案。

（6）良好的 QoS 保证。GPON/EPON 系统对带宽的分配和保证都有一套完整的体系。在不同业务的服务质量、优先级保证等技术措施上，提供了多种应用解决手段，实现了用户级的 SLA。因此，可根据接入用户的重要性的不同，分别设置不同的服务等级，对重要的用户设置及时、可靠的响应机制，从而实现多业务、不同服务等级的综合接入系统。

（7）抗干扰能力强。PON 是纯介质网络，彻底避免了电磁干扰和雷电影响，极适合在自然条件恶劣的地区使用。

3．PON 的工作原理

下行：OLT 将送达各个 ONU 的下行业务组装成帧，以广播的方式发给多个 ONU，即通过 OBD 分为 N 路独立的信号，每路信号都含有发给所有特定 ONU 的帧，各个 ONU 只提取发给自己的帧，而将发给其他 ONU 的帧丢弃，如图 6-4 所示。

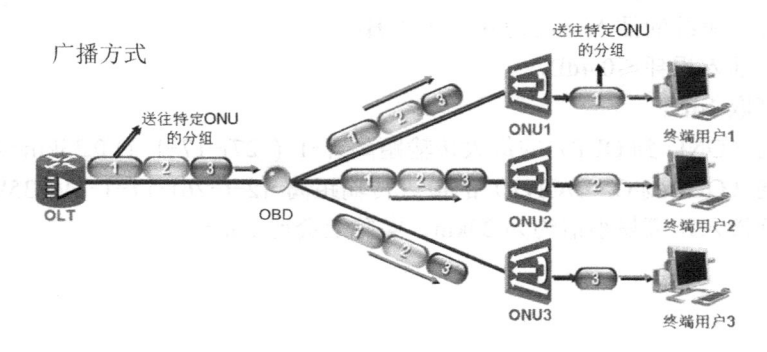

图 6-4　OLT 下行数据模式

上行：从各个 ONU 到 OLT 的上行数据通过时分多址（TDMA）方式共享信道进行传输，OLT 为每个 ONU 都分配一个传输时隙，这些时隙是同步的，因此，当数据包耦合到一根光纤中时，不同 ONU 的数据包不会产生碰撞，如图 6-5 所示。

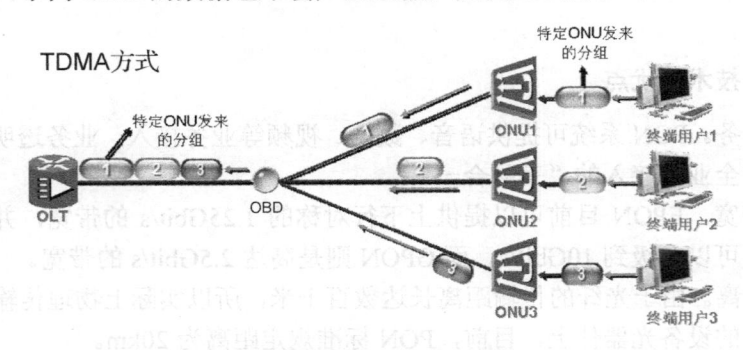

图 6-5 OLT 上行数据模式

4．PON 系统传输距离

在 PON 系统中，OLT 和 ONU/ONT 之间的最大传输距离根据 ODN 中的设备组件及节点损耗而定，其典型损耗值如表 6-1 所示，其计算公式如下：

最大传输距离=光路上可分配的总光功率/每千米光纤插损（双向取较小值）

光路上可分配的总光功率=发光功率-接收灵敏度-分光器插损-接头插损-光富裕度

表 6-1 ODN 器件典型损耗值

名　　称	类　　型	平 均 损 耗
连接点	快速链接器	<0.5/dB
	冷接	≤0.2/dB
	熔接	≤0.1/dB
	活动连接	≤0.4/dB
OBD	1:32（PLC）	≤17/dB
单模光纤的衰减	1310 nm 波长	0.35dB/km

以 1:32 OBD 为例计算网络传输距离。

每千米光纤插损为 0.35dB。

1:32 OBD 的插损为 16.5～17dB。

光纤跳纤、尾纤的插入损耗为 0.1～0.3dB。

法兰盘的插入损耗≤0.4dB。

光富裕度取 1dB。

上行方向（ONU 到 OLT）的最大传输距离=(-1-(-27)-17-1-1)/0.35km=20km。

下行方向（OLT 到 ONU/ONT）的最大传输距离=(2-(-26)-17-1-1)/0.35km≈26km。

取上下行接入距离最小值约为 20km，实际上会比 20km 大一些。

6.2 FTTH常用检测仪表

6.2.1 光功率计

光功率计（Optical Power Meter）是用于测量绝对光功率或通过一段光纤的光功率的相对损耗的仪器，通过测量光网络的绝对功率，就能够客观评价光端设备的性能。光功率计与稳定光源组合使用，能够测量连接损耗、检验连续性，正确评估光纤链路的传输质量。

按测试信号的不同，光功率计可分为测试连续光的普通光功率计和PON光功率计（见图6-6）。普通光功率计测量光纤链路的光功率一般是850/1300/1310/1490/1550/1625（nm）等波长的光绝对功率值。PON光功率计用于测量FTTx网络，测量时，PON光功率计从单一端口输出3种波长激光（1310nm、1490nm、1550nm），其中，1310nm波长进行上行传输方向的测试，1490nm和1550nm波长可进行下行传输方向的测试。

测量前应确定光功率计的量程，避免因被测试设备的发光功率过大而造成光功率计损坏。另外，还要清洁光纤跳线连接头、仪表接口、被测试设备接口，确保连接器类型匹配。

图6-6 PON光功率计

6.2.2 光衰减器

光衰减器（Optical Attenuator）是一种纤维光学无源器件，可按要求将光信号能量进行预期衰减，常用来吸收或反射掉光功率余量、评估系统的损耗及各种测试，用来调节、测试系统所传输的光信号的功率，使系统达到良好的工作状态，也常用来检测光接收机的灵敏度和动态范围，有固定型光衰减器、分级可调型光衰减器、连续可调型光衰减器、连续与分级组合型光衰减器等，其主要性能参数是衰减量和精度。可调型光衰减器如图6-7所示。

按照衰减方式的不同，光衰减器可分为位移型光衰减器、衰减片型光衰减器和智能型光衰减器。位移型光衰减器利用光纤的衰减量随其对中精度而变化的原理，有意在对接光纤时使光纤之间发生一定的位移，从而达到衰减一定光能量的目的，制作时可采用横向位移法和纵向位移法。衰减片型衰减器通常在玻璃基片上蒸发或溅射金属膜，或者采用有高吸收作用的掺杂玻璃制成衰减片，通过控制镀膜厚度或玻璃的掺杂量及其厚度的方法来获得所需的衰减量。智能型光衰减器通过电路控制微型电机，带动齿条，使滤光片平移，再将数据编码盘检测到的实际衰减量信号反馈到电路中进行修正，从而达到自动驱动、自动检测和显示光衰减量的目的，具有精度高、衰减量连续可调、体积小、便于携带、使用简单方便的特点。

图 6-7 可调型光衰减器

6.2.3 光谱分析仪

光谱分析仪主要用于分析光信号的光谱特性，利用它测试的技术指标包括信号的中心波长、光谱宽度、边模抑制比等。光谱分析仪如图 6-8 所示。

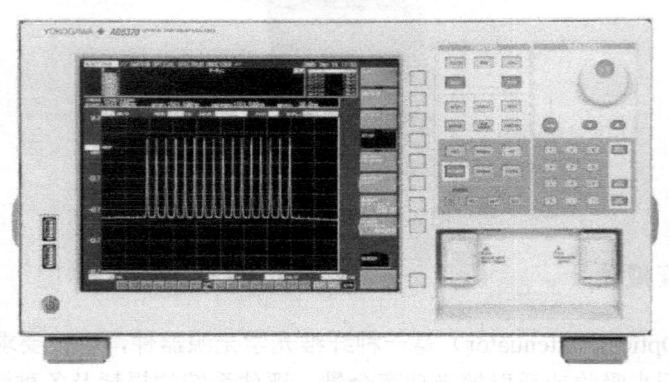

图 6-8 光谱分析仪

在利用光谱分析仪进行光接口信号光谱分析时，首先应使用自带光源进行校准；然后选择适当的光纤跳线（多模或单模）将测试设备光发送端口与光谱分析仪连接好。

在测试过程中，应注意选择适当的扫描带宽和测试灵敏度。其中，扫描带宽是指测试过程中的采样精度；测试灵敏度是指在测试过程中可分辨的最小功率，常用 dBm 表示。由扫描带宽和测试灵敏度的定义可知，在测试过程中，选择越小的扫描带宽和绝对值越大的测试灵敏度，测试结果越准确，但测试时间会很长；而通常采用光谱分析仪默认的值又会使测试数据不够准确，因此，在选择扫描带宽和测试灵敏度时，应在保证数据精准的前提下减小设置的值，以缩短测试时间。

图 6-9 为利用光谱分析仪测得的 FP 激光器的光谱特性，由图中谱线可知，FP 激光器属于多纵模激光器。

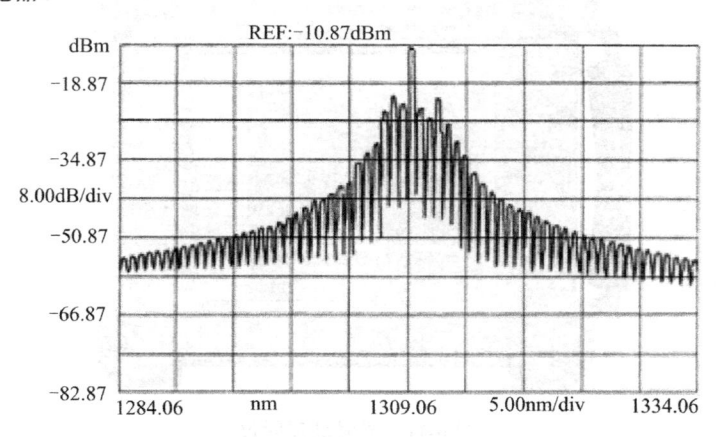

图 6-9 FP 激光器的光谱特性

图 6-10 为利用光谱分析仪测得的 DFB 激光器的光谱特性，由图中谱线可知，DFB 激光器属于单纵模激光器，在测试光谱宽度时，应取峰值的-20dB 谱线宽度。

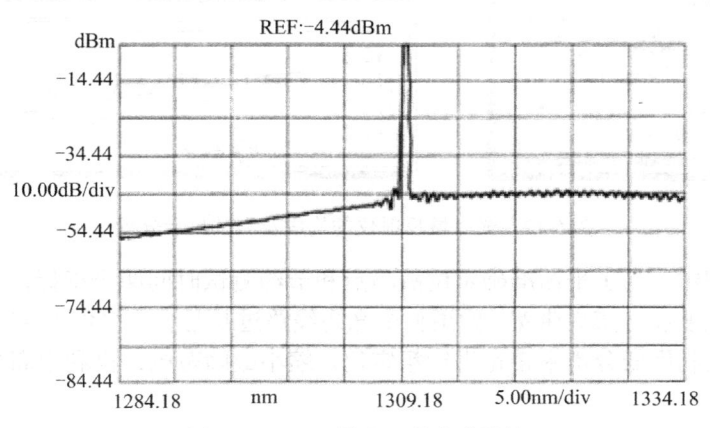

图 6-10 DFB 激光器的光谱特性

6.2.4 光时域反射仪

光时域反射仪（Optical Time Domain Reflectometer，OTDR）是光缆线路施工和维护中常用的光纤测试仪表，可测量光纤的插入损耗、反射损耗、光纤链路损耗、光纤的长度和光纤的后向散射曲线，通过对测量曲线进行分析，可以了解光纤的均匀性、缺陷、断裂、接头耦合等若干性能。光时域反射仪如图 6-11 所示。

光时域反射仪包括激光器、脉冲发生器、定向耦合器、光检测器、放大器、数据分析及显示，如图 6-12 所示。

光缆线路的安装与维护应尽量选择体积小、质量轻、便于携带的光时域反射仪。FTTH 接入网经常因为连接点连接不当而造成整个光线路衰减过大，需要选用可对这些连接点进行定位的高分辨率、大功率的光时域反射仪作为线路测试仪表。

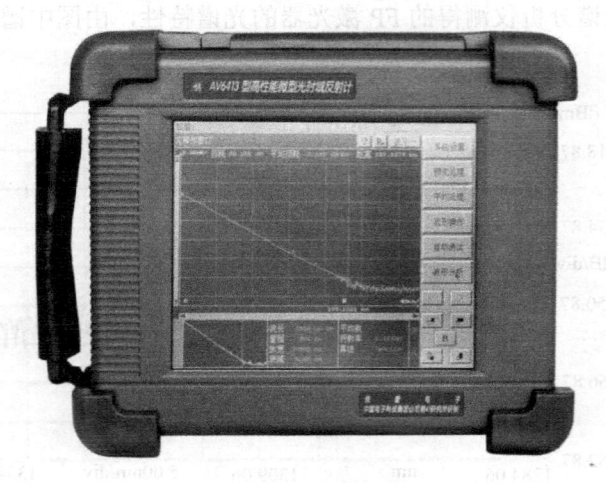

图 6-11 光时域反射仪

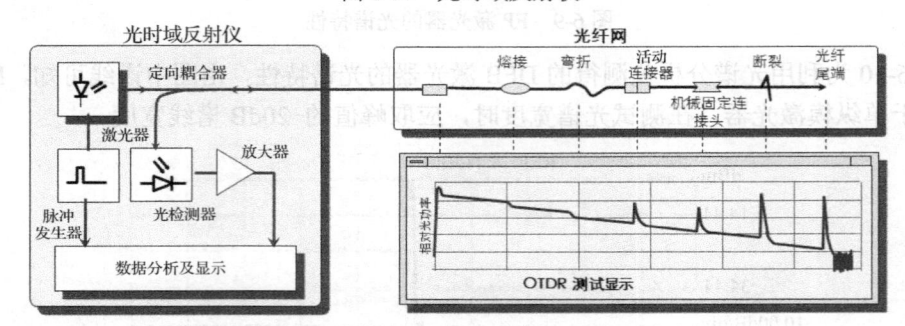

图 6-12 光时域反射仪的构成及测试显示分析

在测试过程中，为了平衡准确定位故障点和节约测试时间两个指标，需要合理选择脉冲探测信号的强度和分辨率带宽。如果整个光缆线路过长且含有多级 OBD，则应考虑采取分步测试，即先利用低分辨率带宽进行粗定位，缩小故障范围；再利用高分辨率带宽进行精准定位。

6.3 常用网络命令

6.3.1 路由跟踪 tracert 命令

tracert 是路由跟踪实用程序，用于确定 IP 数据报访问目标时经过的路径。tracert 命令用 IP 生存时间（TTL）字段和 ICMP 错误消息来确定从一个主机到网络上其他主机的路由。路径上的每个路由在转发数据包之前，至少将数据包上的 TTL 递减 1，当数据包上的 TTL 减为 0 时，路由应该将"ICMP 已超时"的消息发回源系统。当网络出现故障时，合理地使用 tracert 命令，能够快速定位问题出现在哪个环节。最简单的用法就是 tracert hostname，其中，hostname 是计算机名或想跟踪其路径的计算机的 IP 地址，tracert 将返回它到达目的地经过的各 IP 节点信息。

1. tracert 命令详解

tracert 命令支持多种选项，在 DOS 命令窗口中输入 tracert/?，系统将显示该命令的参数说明，如图 6-13 所示。

图 6-13 tracert 命令参数

```
tracert [-d] [-h maximum_hops] [-j computer-list] [-w timeout][-R] [-S srcaddr]
[-4] [-6] target_name
```

-d：指定不将地址解析成主机名。

-h maximum_hops：指定搜索目标的最大跃点数。

-j computer-list：与主机列表一起的松散源路由（仅适用于 IPv4）。

-w timeout：等待每个回复的超时时间（以 ms 为单位）。

-R：跟踪往返行程路径（仅适用于 IPv6）。

-S srcaddr：要使用的源地址（仅适用于 IPv6）。

-4：强制使用 IPv4。

-6：强制使用 IPv6。

2. tracert 的使用方法

首先，同时按下 Win+R 组合键，打开"运行"窗口，如图 6-14 所示，在"运行"窗口中输入 cmd，按"确定"键，打开命令提示符窗口。

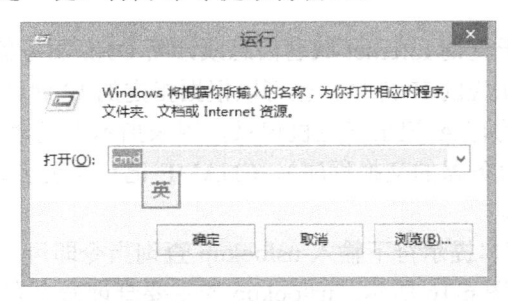

图 6-14 "运行"窗口

在提示符下输入 tracert www.baidu.com，跟踪完成时，就可以看到途经的路由信息，如图 6-15 所示。

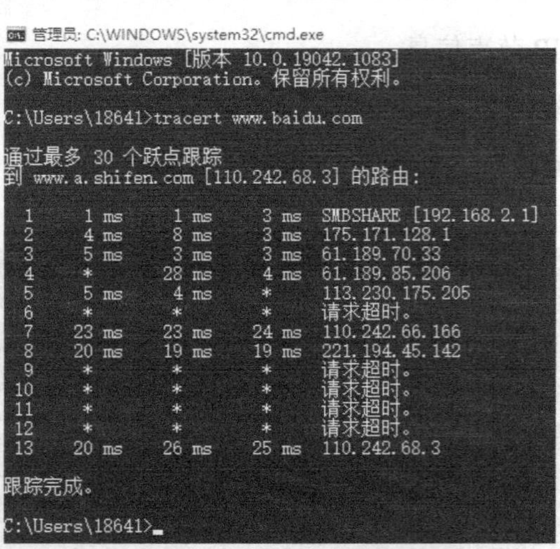

图 6-15 tracert 命令显示

在图 6-15 中，可以看出以下结论。

（1）最左侧的 1~12 标明在使用的宽带上经过 12 个路由节点可以到达百度服务器。

（2）中间 3 列数据的单位是 ms，是表示连接到每个路由节点的速度、返回速度和多次链接反馈的平均值；因为百度在国内联通骨干网，网络非常好，所以值都很小，这个值有一定的参考性，但不是唯一的，也不作为主要的参考。

（3）后面的 IP 就是每个路由节点对应的 IP。

（4）在第 9 个路由节点上，返回消息是超时的，这表示这个路由节点和当前使用的宽带是无法联通的，原因有很多种，如有意在路由上做了过滤限制，路由的问题等，具体问题具体分析。

如果在测试的时候，大量都是请求超时，就说明这个 IP 在各个路由节点都有问题。

3. 用 tracert 解决问题

可以使用 tracert 命令确定数据包在网络上的停止位置。若默认网关确定某台主机没有有效路径，则这可能是路由配置的问题，或者是该 IP 网络不存在（错误的 IP 地址）。

6.3.2　nslookup 域名查询命令

nslookup 是一个用于查询 Internet 域名信息或诊断 DNS 服务器问题的工具。该工具可以根据一个主机名查询相应的 IP 地址，也可以根据指定的 IP 地址找出主机名。DNS 中的记录类型有很多，常见的有 A 记录（主机记录，用来指示主机地址）、MX 记录（邮件交换记录，用来指示邮件服务器的交换程序）、CNAME 记录（别名记录）、SOA 记录（授权记录）、PTR（指针）等。

只需在 DOS 命令窗口提示符下输入 nslookup 查询指令即可，最简单的用法就是查询域名对应的 IP 地址，如图 6-16 所示。nslookup 的主要查询命令有以下几种模式。

nslookup [-opt ...] #：使用默认服务器的交互模式。

nslookup [-opt ...] - server #：使用 server 的交互模式。

nslookup [-opt ...] host #：仅查找使用默认服务器的 host。

nslookup [-opt ...] host server #：仅查找使用 server 的 host。

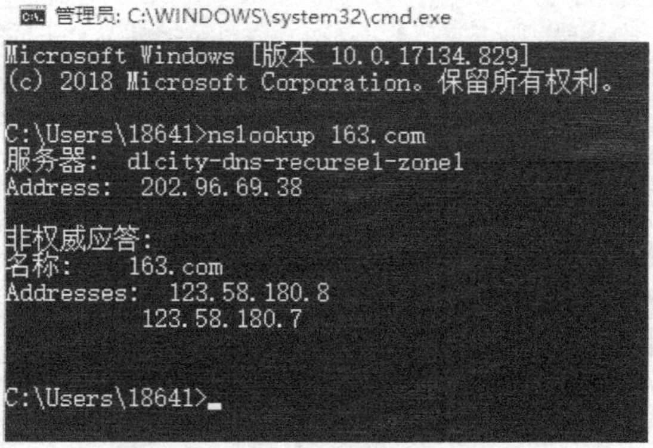

图 6-16　DNS 域名查询显示

nslookup 命令可以指定参数，命令格式为：

```
nslookup -qt=type domain [dns-server]
```

其中，type 指代命令参数，具体定义如下。

A：地址记录。

AAAA：地址记录。

AFSDB Andrew：文件系统数据库服务器记录。

ATMA ATM：地址记录。

CNAME：别名记录。

HINFO：硬件配置记录，包括 CPU、操作系统信息。

ISDN：域名对应的 ISDN 号码。

MB：存放指定邮箱的服务器。

MG：邮件组记录。

MINFO：邮件组和邮箱的信息记录。

MR：改名的邮箱记录。

MX：邮件服务器记录。

NS：名字服务器记录。

PTR：反向记录。

RP：负责人记录。

RT：路由穿透记录。

SRV TCP：服务器信息记录。

TXT：域名对应的文本信息。

X25：域名对应的 X.25 地址记录。

在 DOS 命令窗口提示符下输入 nslookup -qt=mx baidu.com，将显示该域名下所有邮件服务器的名称，其中 preference 为服务的优先级，该数值越小，优先级越高，如图 6-17 所示。

图 6-17 域名查询邮件服务

6.4 综合布线技术规范

综合布线是一种模块化的、灵活性极高的建筑物内或建筑群之间的信息传输通道。它既能使语音、数据、图像设备和交换设备与其他信息管理系统彼此相连，又能使这些设备与外部通信网络相连接。它还包括建筑物外部网络或通信线路的连接点与应用系统设备之间的所有线缆及相关的连接部件。综合布线由不同种类和规格的部件组成，其中包括传输介质、相关连接硬件（如配线架、连接器、插座、插头、适配器）及电气保护设备等。这些部件可用来构建各种子系统，它们都有各自的具体用途，不仅易于实施安装，还能随需求的变化而平稳升级。

6.4.1 综合布线系统

综合布线系统应是开放式星形拓扑结构，支持电话、数据、图文、图像等多媒体业务需要。综合布线系统可划分成 6 个子系统，按覆盖范围从大到小可分为建筑群子系统、干线（垂直）子系统、设备间子系统、管理子系统、配线（水平）子系统、工作区（终端）子系统，如图 6-18 所示。

1. 建筑群子系统

建筑群子系统是由连接各建筑物之间的综合布线缆线、建筑群配线设备（CD）和跳线等组成的，如图 6-19 所示。

建筑群子系统宜采用地下管道或电缆沟的敷设方式。管道内敷设的铜缆或光缆应遵循弱电管道和入户的各项设计规定。此外，安装时至少应预留 1～2 个备用管孔，以供扩充之用。

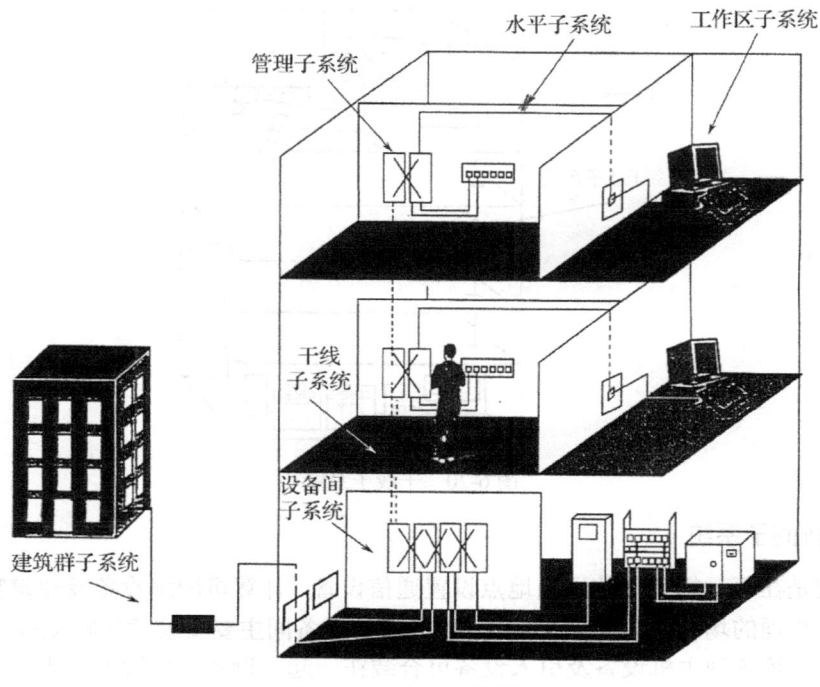

图 6-18 综合布线系统

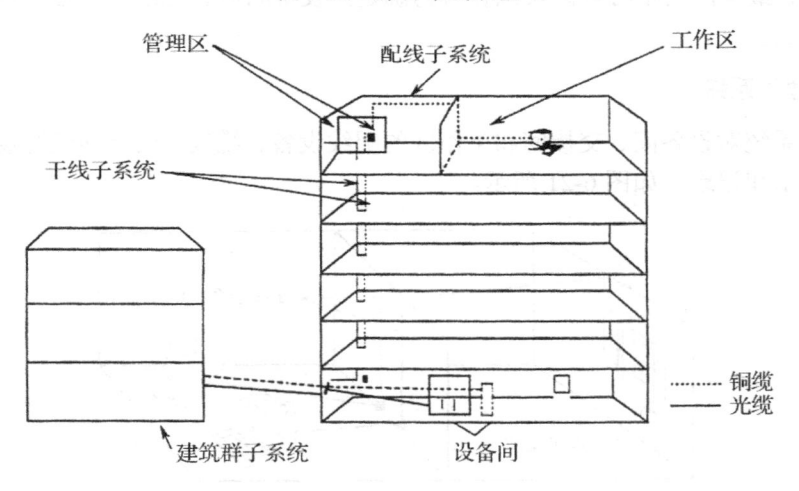

图 6-19 建筑群子系统

当建筑群子系统采用直埋沟内敷设时,如果在同一沟内埋入了其他的图像、监控电缆,则应设立明显的共用标志。

2. 干线(垂直)子系统

干线子系统应由设备间的建筑物配线设备(BD)和跳线及设备间至各楼层配线间的干线电缆组成,如图 6-20 所示。

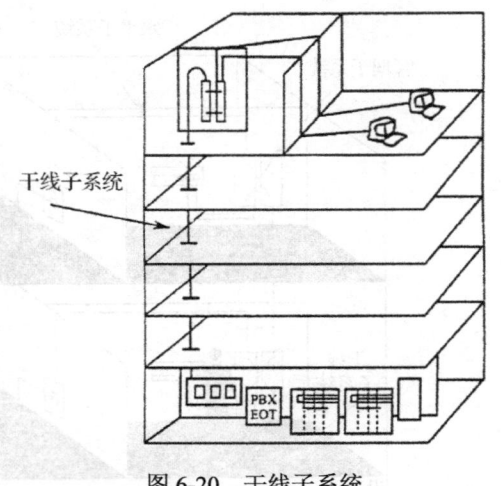

图 6-20 干线子系统

3. 设备间子系统

设备间是在每一幢大楼的适当地点设置通信设备、计算机网络设备及建筑物配线设备而进行网络管理的场所。对于综合布线工程设计，设备间主要安装建筑物配线设备（BD）。电话、计算机等各种主机设备及引入设备可合装在一起。设备间位置及大小应根据设备的数量、规模、最佳网络中心等因素综合考虑确定，设备间内总配线设备应用色标区别各类用途的配线区。

4. 管理子系统

管理子系统对设备间、交接间和工作区的配线设备、缆线、信息插座等设施按一定的模式进行标示和记录，如图 6-21 所示。

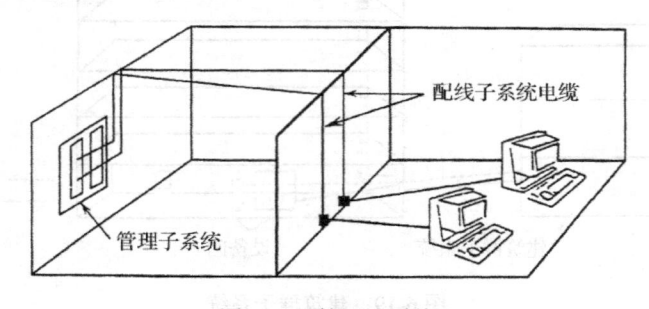

图 6-21 管理子系统

5. 配线（水平）子系统

配线子系统应由工作区的信息插座、信息插座至楼层配线设备（FD）的配线电缆或光缆、楼层配线设备和跳线等组成，如图 6-22 所示。

6. 工作区子系统

一个独立的需要设置终端设备的区域宜划分为一个工作区。工作区应由配线（水平）子系统的信息插座延伸到工作站终端设备处的连接电缆及适配器组成，如图 6-23 所示。

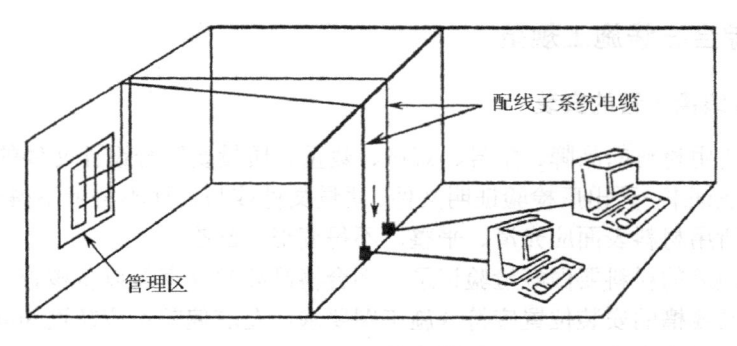

图 6-22　配线子系统

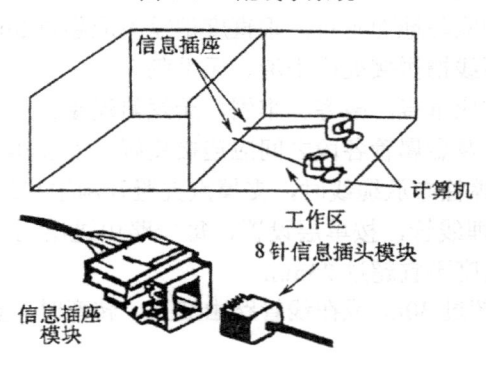

图 6-23　工作区子系统

一个工作区的服务面积可按 5~10m² 估算，或者按不同的应用场合调整面积的大小。每个工作区至少设置一个信息插座，用来连接电话或计算机终端设备，或者按用户要求设置。

6.4.2　综合布线系统的优点

（1）兼容性。综合布线完全独立于应用系统，适用于多种应用系统。

（2）开放性。综合布线采用开放式体系结构，符合多种国际标准，因此，几乎对所有著名厂商的产品都是开放的。

（3）灵活性。由于采用标准的传输线缆和相关链接硬件模块化设计，因此所有通道都是通用的。

（4）可靠性。因为采用高品质的材料和压接组合的方式构成高标准的信息传输通道，系统布线全部采用点到点端接形式，所以任何一条链路故障均不会影响其他链路运行。

（5）先进性。采用光纤与双绞线混合布线，合理地构成一套完整布线系统。

（6）经济性。由于综合布线传输网络一次到位，满足了用户的需求，所以从长远看非常经济。

6.4.3 综合布线施工规范

1. 桥架及线槽、管的安装

（1）工程所用材料的品牌、型号、规格、数量、质量要符合设计文件的要求并具备相应的质量文件或证书，无出厂检验证明文件、质量文件或与设计不符者不得在工程中使用。

（2）工程所用材料表面应光滑、平整，不得变形、断裂。

（3）经检验后的材料要做好检验记录，不合格品要独立存放以备核查与处理。

（4）桥架及线槽的安装位置应符合施工图要求，左右偏差不应超过 50mm。

（5）桥架及线槽水平度每米偏差不应超过 2mm。

（6）垂直桥架及线槽应与地面垂直，垂直度偏差不应超过 3mm。

（7）线槽截断处及两线槽拼接处应平滑、无毛刺。

（8）吊架和支架安装应垂直、整齐、牢固，无歪斜现象。

（9）金属桥架、线槽及金属管各段之间应连接良好，安装牢固。

（10）当采用吊顶支撑柱布放缆线时，支撑点宜避开沟槽和线槽位置，支撑牢固。

（11）在建筑物中预埋线管，按单层设置，每一路由进出同一过线盒的预埋线管均不应超过 3 根，线管截面高度不宜超过 25mm。

（12）线管直埋长度超过 30m 或在线管路由交叉、转弯时，要设置过线盒，以便于布放缆线和维修。

（13）过线盒盖能开启，并与地面齐平，盒盖处要具有防灰、防水、抗压的功能。

（14）预埋在墙体中间的暗管的最大管外径不超过 50mm，楼板中暗管的最大管外径不超过 25mm，室外管道进入建筑物的最大管外径不超过 100mm。

（15）直线布管每 30m 处应设置过线盒装置。

（16）暗管的转弯角度要大于 90°，在路径上，每根暗管的转弯角不得多于两个，并不能有 S 弯出现，当有转弯的管段长度超过 20m 时，应设置管线过线盒装置；当有两个弯时，不超过 15m 要设置过线盒。

（17）暗管管口要光滑，并加有护口保护装置，管口伸出部位长度宜为 25～50mm。

（18）至楼层配线间暗管的管口应排列有序，便于识别与布放缆线。

（19）暗管内应安置牵引线或拉线。

（20）金属管明敷时，在距接线盒 300mm 处和弯头处的两端，每隔 3m 应采用管卡固定。

（21）管路转弯的曲率半径不应小于所穿入缆线的最小允许弯曲半径，并且不应小于该管外径的 6 倍，当暗管外径大于 50mm 时，不应小于 10 倍。

（22）桥架底部应高于地面 2.2m 及以上，顶部距建筑物楼板不小于 300mm，与梁及其他障碍物交叉处间的距离不宜小于 50mm。

（23）桥架水平敷设时，支撑点间距要在 1.5～3m 内取固定值安装，安装要整齐美观；垂直敷设时，固定在建筑物结构体上的间距要小于 2m，距地 1.8m 以下部分应加金属盖板保护，或者采用金属走线柜包封，门要可开启。

（24）直线段桥架每超过 15～30m 或跨越建筑物变形缝时，应设置伸缩补偿装置。

（25）金属线槽敷设时，要在线槽接头处、每间距 3m 处、离开线槽两端出口 0.5m 处、转弯处设置支架或吊架。

（26）塑料线槽槽底固定点间距宜为 1m。

（27）桥架和线槽转弯半径不应小于槽内线缆的最小允许弯曲半径，线槽直角弯处的最小弯曲半径不应小于槽内最粗缆线外径的 10 倍。

（28）当桥架和线槽穿过防火墙体或楼板时，缆线布放完成后应采取防火封堵措施。

（29）楼层支桥架与每个房间支线管之间的连接要采用金属软管。

（30）线槽盖板应可开启。

（31）主线槽的宽度宜为 200～400mm，支线槽宽度不宜小于 70mm。

（32）可开启的线槽盖板与明装插座底盒间要采用金属软管连接。

（33）当地板具有防静电功能时，地板整体要接地。

2．缆线的敷设

（1）工程中使用的电缆和光缆的型号、规格及缆线的防火等级应符合设计要求。

（2）缆线所附标志、标签内容应齐全、清晰，外包装应注明型号和规格。

（3）缆线外包装和外护套要完整无损，当外包装损坏严重时，应测试合格再在工程中使用。

（4）电缆应附有本批量的电气性能检验报告，施工前应进行抽验，并做测试记录。

（5）光缆开盘后，应先检查光缆端头封装是否良好。光缆外包装或光缆护套如果有损伤，则应对该盘光缆进行光纤性能指标测试；如果有断纤，则应进行处理，待检查合格后才允许使用。光纤检测完毕，光缆端头应密封固定，恢复外包装。

（6）两端的光纤连接器件端面应装配合适的保护盖帽。

（7）光纤类型应符合设计要求，并应有明显的标记。

（8）缆线的型号、规格应与设计规定相符。

（9）缆线的布放应自然平直，不得产生扭绞、打圈、接头等现象，不应受外力的挤压和损伤。

（10）缆线两端应贴有标签，应标明编号，标签书写应清晰、端正、正确。标签要选用不易损坏的材料。

（11）缆线要有余量以适应终接、检测和变更。对绞电缆预留长度：在工作区为 3～6cm，在配线间为 0.5～2m，在设备间为 3～5m。光缆布放要盘留，预留长度为 3～5m，有特殊要求的应按设计要求预留长度。

（12）屏蔽电缆的屏蔽层的端到端应保持完好的导通性。

（13）缆线的弯曲半径应符合下列规定。

① 非屏蔽 4 对对绞电缆的弯曲半径至少为电缆外径的 4 倍。

② 屏蔽 4 对对绞电缆的弯曲半径至少为电缆外径的 8 倍。

③ 主干对绞电缆的弯曲半径应至少为电缆外径的 10 倍。

④ 2 芯或 4 芯水平光缆的弯曲半径应大于 25mm；其他芯数的水平光缆、主干光缆和室外光缆的弯曲半径应至少为光缆外径的 10 倍。

（14）缆线间的最小净距要符合以下要求。

① 电源线、综合布线系统缆线应分隔布放，并符合表 6-2 的规定。

表 6-2　对绞电缆与电力电缆的最小净距

条　件	最小净距/mm		
	电压 380V		
	承载功率<2kV·A	承载功率 2～5kV·A	承载功率>5kV·A
对绞电缆与电力电缆平行敷设	130	300	600
有一方在接地的金属槽道或钢管中	70	150	300
双方均在接地的金属槽道或钢管中	10	80	150

注：双方都在接地的线槽中，既可以在两个不同的线槽中，又可在同一线槽中用金属板隔开；当 380V 的电力电缆承载功率<2kV·A，双方都在接地的线槽中，且平行长度≤10m 时，最小净距可为 10mm。

② 综合布线与配电箱、变电室、电梯机房、空调机房之间的最小净距要符合表 6-3 的规定。

表 6-3　综合布线电缆与其他机房的最小净距

名　称	最小净距/m	名　称	最小净距/m
配电箱	1	电梯机房	2
变电室	2	空调机房	2

③ 综合布线缆线及管线与其他管线的最小净距要符合表 6-4 的规定。

表 6-4　综合布线缆线及管线与其他管线的最小净距

管 线 种 类	平行净距/mm	垂直交叉净距/mm
避雷引下线	1000	300
保护地线	50	20
热力管（不包封）	500	500
热力管（包封）	300	300
给水管	150	20
煤气管	300	20
压缩空气管	150	20

（15）对于有安全保密要求的工程，综合布线缆线与信号线、电力线、接地线的间距要符合相应的保密规定。

在完全封闭、独立使用和管理的建筑群中，秘密级、机密级系统的信息传输若满足下列条件之一，则信息可不加密传输；否则应加密传输。

① 采用光缆。

② 良好接地屏蔽电缆。

③ 非屏蔽电缆，且当非屏蔽电缆与其他平行线缆保持 1m（平行长度小于 30m）或 3m（平行长度大于或等于 30m）以上的隔离距离时。

④ 经主管部门批准的其他措施（如传导干扰器）。

（16）敷设线槽和暗管的两端要用标志表示出编号等内容。

（17）当电缆从建筑物外面进入建筑物时，应选用适配的信号线路浪涌保护器，且信号线路浪涌保护器应符合设计要求。

3. 缆线终接

（1）配线模块、信息插座模块及其他连接器件的部件要完整，电气和机械性能等指标符合相应产品生产的质量标准。塑料材质要具有阻燃性能，并满足设计要求。

（2）光纤连接器件及适配器使用型号和数量、位置要符合设计要求。

（3）光/电缆配线设备的型号、规格要符合设计要求。

（4）光/电缆配线设备的编排及标志名称要与设计相符。各类标志名称应统一，标志位置正确、清晰。

（5）经过测试与检查，性能指标不符合设计要求的设备和材料不得在工程中使用。

（6）缆线在终接前，必须核对缆线标识内容是否正确。

（7）缆线中间不应有接头。必须接头的缆线需要在图纸中标注接头位置，以便在竣工资料中说明。

（8）缆线终接处必须牢固、接触良好。

（9）对绞电缆与连接器件连接应认准线号、线位色标，不得颠倒和错接。

（10）终接时，每对对绞线应保持扭绞状态，扭绞松开长度对于 3 类电缆不应大于 75mm；对于 5 类电缆，不应大于 13mm；对于 6 类电缆，应尽量保持扭绞状态，减小扭绞松开长度。

（11）当对绞线与 8 位模块式通用插座相连时，必须按色标和线对顺序进行卡接。插座类型、色标、编号应符合 T586A 和 T586B 连接方式的规定，在同一工程中，两种连接方式不混合使用。

（12）屏蔽对绞电缆的屏蔽层与连接器件终接处屏蔽罩应通过紧固器件可靠接触，缆线屏蔽层应与连接器件屏蔽罩 360°圆周接触，接触长度不宜小于 10mm。屏蔽层不应用于受力的场合。

（13）对不同的屏蔽对绞线或屏蔽电缆，屏蔽层应采用不同的端接方法。应对编织层或金属箔与汇流导线进行有效的端接。

（14）每个 2 口 86 面板底盒宜终接 2 条对绞电缆或 1 根 2/4 芯光缆，不可以兼做过线盒使用。

（15）光纤与连接器件连接可采用尾纤熔接、现场研磨和机械连接方式。

（16）光纤与光纤接续可采用熔接和光连接子（机械）连接方式。

（17）采用光纤连接盘对光纤进行连接、保护，在连接盘中，光纤的弯曲半径应符合安装工艺要求。

（18）光纤熔接处应加以保护和固定。

（19）光纤连接盘面板要有标志，且要清晰耐磨。

（20）单模、多模光纤熔接损耗平均值为 0.15dB，机械连接损耗平均值为 0.3dB。

（21）各类跳线缆线和连接器件接触应良好，接线无误，标志齐全。跳线选用类型应符合系统设计要求。

（22）各类跳线长度应符合设计要求。

4. 设备安装检验

（1）机柜、机架安装位置应符合设计要求，垂直偏差度不应大于 3mm。

（2）机柜、机架上的各种零件不得脱落或碰坏，漆面不应有脱落及划痕，各种标志应完整、清晰。

（3）机柜、机架、配线设备箱体、电缆桥架及线槽等设备的安装应牢固，如果有抗震要求，则应按抗震设计进行加固。

（4）多个机柜安装时，要保持机柜的前面板平行整齐。

（5）各部件应完整，安装就位，标志齐全。

（6）安装螺钉必须拧紧，面板应保持在同一平面上。

（7）信息插座模块、多用户信息插座、集合点配线模块的安装位置和高度应符合设计要求。

（8）当信息插座模块安装在活动地板内或地面上时，应固定在接线盒内，插座面板采用直立和水平等形式；接线盒盖可开启，并应具有防水、防尘、抗压功能。接线盒盖面应与地面齐平。

（9）在信息插座底盒同时安装信息插座模块和电源插座时，间距及采取的防护措施应符合设计要求。

（10）信息插座模块明装底盒的固定方法根据施工现场条件而定。

（11）固定螺钉需要拧紧，不应产生松动现象。

（12）各种插座面板应有标识，以颜色、图形、文字表示所接终端设备业务类型。

（13）工作区内终接光缆的光纤连接器件及适配器安装底盒应有足够的空间，并应符合设计要求。

（14）设备安装时要有支撑托盘，且设备要与托盘平行。

（15）设备固定螺钉要牢固，不得有松动现象。

（16）设备与设备之间要留有一定的空隙，以便通风散热和后期的拆卸、维护。

（17）设备面板要设置相应的标签，标签要与设计相符。

5．设备标识符和标签设置

（1）标识符应包括安装场地、缆线终端位置、缆线管道、水平链路、主干缆线、连接器件、接地等类型的专用标识，系统中每一组件都要指定一个唯一的标识符。

（2）在配线间、设备间、进线间的设置配线设备及信息点处均要设置标签。

（3）每根缆线均应指定专用标识符，标在缆线的护套上或在距每一端护套 300mm 内设置标签，缆线的终接点应设置标签标记指定的专用标识符。

（4）接地体和接地导线应指定专用标识符，标签应设置在靠近导线和接地体的连接处的明显部位。

（5）根据设置的部位不同，可使用粘贴型、插入型或其他类型标签。标签表示内容应清晰，材质应符合工程应用环境要求，具有耐磨、抗恶劣环境、附着力强等性能。

（6）终接色标应符合缆线的布放要求，缆线两端终接点的色标颜色应一致。

6．接地系统

（1）接地系统各部件连接要符合设计要求，接地引入线与接地体焊接牢固，焊缝处做防腐处理。

（2）当用镀锌扁铁作为接地引入线时，引入线应涂沥青，并用麻布条缠扎，麻布条外涂沥青保护。

（3）接地母线装置的安装位置符合设计规定，安装端正、牢固并有明显标志。

（4）机房内接地线可采取辐射式或平面网格型布置方式，多点与环形接地母线连接，各种设备单独以最短距离就近引接地线，交直流配电设备机壳、配线架应分别单独从接地汇集排上直接接到接地母线上。

第7章 工程验收

7.1 工程验收的种类

工程验收是项目基本建设程序的重要环节。工程验收一般包括随工质量检验、工程初验、工程试运行及工程终验。通信线路工程各个环节的验收必须严格执行相关验收规范的规定。线务员应在施工过程中加强随工质量检查。

7.1.1 随工验收

对于有隐蔽部分的工程项目（如杆路、杆坑、拉线坑、管道、人/手孔等），应该对工程的隐蔽部分边施工边验收。竣工验收时，对此隐蔽部分一般不再复查，建筑单位委派工地代表随工检验，随工记录应作为竣工资料的组成部分。

7.1.2 初步验收

一般建设项目在竣工验收前应组织进行初步验收，由建筑单位组织设计、施工、维护等部门参加。初步验收主要检查工程质量，审查竣工资料，对发现的问题提出处理意见并组织相关责任单位落实解决。初步验收后的半个月内向上级主管部门报送初步验收报告。

7.1.3 竣工验收

（1）工程竣工后，应严格按照有关施工验收规范进行验收。所有的工程竣工验收必须有本地网线路维护部门的签字盖章。本地网线路维护部门对竣工验收不合格的工程可行使竣工验收否决权。对擅自降低标准而使工程遗留重大质量问题者应追究有关验收签署人员的责任。

（2）工程竣工验收是基本建设的最后一个程序，是全面考验工程建设成果、检验工程设计和施工质量，以及工程建设管理的重要环节，应当组建临时验收机构，经大会审议进行现场检查，讨论通过验收结论和竣工报告。

7.2 光（电）缆工程验收

7.2.1 随工检验

（1）光（电）缆线路工程在施工过程中应有建设单位委托的监理或随工代表采取巡视、旁站等方式进行随工检验。对隐蔽工程项目，应由监理或随工代表签署隐蔽工程检验签证。

（2）光（电）缆线路工程的质量随工检验项目如表 7-1 所示。

表 7-1 光（电）缆线路工程的质量随工检验项目

项　目	内　　容	检验方式
器材检验	光（电）缆单盘检验，接头盒、套管等器材的质量、数量	直观检查
直埋光（电）缆	① 光缆规格、路由走向（位置） ② 埋深及沟底处理 ③ 光（电）缆与其他地下设施的间距 ④ 引上管及引上光（电）缆的安装质量 ⑤ 回填土夯实质量 ⑥ 沟坎加固等保护措施质量 ⑦ 防护设施规格、数量及安装质量 ⑧ 光（电）缆接头盒、套管的位置、深度 ⑨ 标石埋设质量 ⑩ 回填土质量	巡旁结合
管道光（电）缆	① 塑料子管的规格、质量 ② 子管敷设安装质量 ③ 光（电）缆规格、占孔位置 ④ 光（电）缆敷设、安装质量 ⑤ 光（电）缆接续、接头盒或套管安装质量 ⑥ 人孔内光缆保护及标志吊牌	巡旁结合
架空光（电）缆	① 立杆洞深 ② 吊线、光（电）缆规格、程式 ③ 吊线安装质量 ④ 光（电）缆敷设安装质量，包括垂度 ⑤ 光（电）缆接续、接头盒或套管的安装及保护 ⑥ 光（电）缆杆上等预留数量及安装质量 ⑦ 光（电）缆与其他设施的间隔及防护措施 ⑧ 光（电）缆警示宣传牌安装	巡视抽查
水底光（电）缆	① 水底光（电）缆规格及敷设位置、布放轨迹 ② 光（电）缆水下埋深、保护措施质量 ③ 光（电）缆旱滩位置埋深及预留安装质量 ④ 沟坎加固等保护措施质量 ⑤ 水线标志牌安装数量及质量	旁站监理
局内光（电）缆	① 局内光（电）缆规格、走向 ② 局内光（电）缆布放安装质量 ③ 光（电）缆成端安装质量 ④ 局内光（电）缆标志 ⑤ 光（电）缆保护地安装	旁站监理

7.2.2 工程初验

（1）光（电）缆线路工程初验应在施工完毕并经自检及工程监理单位预检合格的基础

上进行。初验工作可按安装工艺、电气特性和财务、物资、档案等小组分别对工程质量等进行全面检验评议。验收小组审查隐蔽工程签证记录，可对部分隐蔽工程进行抽查。

（2）初验工作应在审查竣工技术文件的基础上进行检查和抽测。光（电）缆线路的初验项目如表 7-2 所示。

表 7-2　光（电）缆线路的初验项目

序　号	项　目	内　容	检验方式
1	安装工艺	① 路由走向及敷设位置 ② 埋式路段的保护及标石的安装位置、规格、面向等 ③ 水底光（电）缆的走向、安装质量、标志规格、位置 ④ 架空光（电）缆的安装质量、接头盒及余留光缆的安装，杆路与其他建筑物的间距及电杆避雷线的安装等 ⑤ 管道光（电）缆的安装质量、接头盒及余留光缆的安装、光缆与子管的标识 ⑥ 局内光（电）缆的走向、光缆预留长度，ODF 架的安装质量、光（电）缆标志 ⑦ ODF 架上光缆的接地	按 10%左右的比例抽查
2	主要传输特性	① 光纤平均接头衰减及接头最大衰减值 ② 中继段光纤线路曲线波形特性检查 ③ 光缆线路衰减及衰减系数（dB/km） ④ 电缆绝缘电阻 ⑤ 电缆的环路电阻测试 ⑥ 电缆的近端串音测试	按 10%左右的比例抽查
3	光缆护层完整性	在接头监测线引上测量金属护层对地绝缘电阻（埋式光缆）	按 15%左右的比例抽查
4	接地电阻	① 地线位置 ② 对地线组进行测量	按 15%的比例抽查

注：1. 当工程设计或业主对光缆线路色散与 PMD 有具体要求时，应进行色散及 PMD 测试。
　　2. 对初验中发现的问题提出处理意见，并落实相关责任单位限时解决。
　　3. 应在工程初验工作完成后半个月内向主管部门报送初验报告。

7.2.3　工程终验

在工程试运行结束后，由建设单位根据试运行期间系统的主要性能指标达到设计要求及对存在遗留问题的处理意见组织设计、监理、施工和接收单位对工程进行终验。

光（电）缆线路工程的工程终验应由竣工验收各参与单位组成竣工验收小组，对初验中发现的问题的处理解决进行抽检，对通信线路工程的质量及档案、投资结算等进行综合评价，并对工程设计、施工、监理及相关管理部门的工作进行总结，给出书面评价。

终验合格后应颁发验收证书。

7.3 管道工程验收

7.3.1 随工检验

(1) 管道器材随工检验应符合下列规定。
① 水泥管块、塑料管材及规格型号与其他材料等应满足相关要求。
② 塑料管接头与管材应配合紧密。
③ 塑料管接头胶水的最小黏度应符合规定。
④ 多孔塑料管捆绑扎带、管道支架应满足质量要求。
⑤ 混凝土、上覆、砖、钢筋、人（手）孔口圈装置、支架、拉力环等均应符合标准。
(2) 对管道地基的随工检验应包括下列内容。
① 沟底夯实、平整。
② 管道沟及人（手）孔中心线。
③ 地基高程、坡度。
(3) 对管道基础的随工检验应包括下列内容。
① 基础位置、高程、规格。
② 基础混凝土标号及质量。
③ 设计特殊规定的处理、进入孔段的加筋处理。
④ 障碍物处理情况。
(4) 铺设管道的随工检验应包括下列内容。
① 管道位置、断面组合、高程。
② 冰冻层的处理、塑料管周围填充的粗砂。
③ 浅埋塑料管采取的保护措施。
④ 回填土的质量及是否分层夯实。
⑤ 填管间缝及管底垫层的质量。
⑥ 埋设的警告带、铺混凝土板、普通烧结砖、蒸压灰砂或蒸压粉煤灰砂砖。
⑦ 抹顶缝、边缝、管底八字的质量。
⑧ 管道与相邻管线或障碍物的最小净距。
⑨ 管道与铁路、有轨电车道的交越角，交越处距道岔、回归线的距离。
⑩ 管道过桥、沟、渠、河、坎、路、轨等特殊地段的处理。
⑪ 水泥包封的质量。
(5) 对管道接续的随工检验应包括下列内容。
① 管口的平滑清洁程度。
② 胶水涂刷的均匀程度、管子与管接头的连接牢靠程度。
③ 逐个检查管道接续的质量。
④ 管道的接口位置是否错开。
⑤ 栅格管、波纹管或硅芯管组成的管群是否按规定间隔采用专用带捆绑，蜂窝管或梅花管支架排列是否整齐。
⑥ 不同人孔之间管位的一致性及管群断面是否满足设计要求。

（6）人（手）孔通道掩埋部分的随工检验应包括下列内容。
① 砌体质量及墙面处理的质量。
② 基础、上覆等混凝土浇灌质量。
③ 管道入口内外侧填充质量。
④ 人（手）孔建筑是否满足设计要求。
⑤ 按人（手）孔周围的土质情况所做的相应的地基和基础。
⑥ 塑料管材标志面是否朝上。
⑦ 警示带的安装。
（7）对防水、防有害气体的随工检验应包括下列内容。
① 管道进入建筑物的防水、防有害气体进入等措施。
② 管道进入建筑物时的钢筋混凝土基础和混凝土包封。
③ 管道进入建筑物或局前人（手）孔时的管孔堵头。
④ 管道与燃气管交越处的防护措施。

7.3.2 工程初验

（1）工程完工后应在7天内报建设单位及时组织验收。
（2）工程初验应包括下列内容。
① 竣工图标注的管道走向、人（手）孔位置、标高、各段管道的断面和段长、弯管道的具体位置及弯曲半径要求。
② 已签证的隐蔽工程验收项目。
③ 管孔的试通情况。
④ 管孔封堵及管孔间隙。
⑤ 人（手）孔内的各种装置是否齐全、合格。
（3）管孔试通应符合下列规定。
① 直线管道管孔试通时，应采用拉棒方式试通，拉棒的长度宜为900mm，拉棒的直径宜为管孔内径的95%。
② 弯管道管孔试通时，水泥管道的曲率半径不应小于36m，塑料管道的曲率半径不应小于10m，管孔试通宜采用拉棒方式，拉棒的长度宜为900mm，拉棒的直径宜为管孔内径的60%～65%。
③ 每个多孔管应试通对角线2孔，单孔管应全部试通。
④ 各段管道应全部试通合格，不合格的部分应在工程验收前找出原因，并应得到妥善的解决。
（4）管孔封堵应符合下列规定。
① 管道进入建筑物的管孔应安装堵头。
② 塑料管道进入人（手）孔的管孔应安装堵头。
③ 管孔堵头的拉脱力不应小于8N。
（5）人（手）孔的规格和装置应符合下列规定。
① 人（手）孔的口圈、井盖、积水罐、支架和拉力环等各种装置的位置、规格、数量和质量等应满足设计要求。

② 人（手）孔的规格、形状和尺寸应满足设计要求。
③ 人（手）孔的防水处理应满足设计要求。
④ 管道进入人（手）孔的断面布置应与支架的规格、数量相配合，每层管孔数应与容纳的光（电）缆数一致。

7.3.3 工程终验

（1）通信管道工程终验应符合下列规定。
① 施工单位在工程终验前，应将工程竣工文件提交建设单位或监理单位。
② 竣工管理文件应包括工程实施过程中建设、设计、施工、监理、材料供应、政府主管相关部门及合作单位之间的往来文件、备忘录，以及施工图设计的审查纪要和批准文件等内容。
（2）竣工文件应包括下列内容。
① 建筑安装工程量明细表。
② 工程说明，包括工程性质和概述、设计阶段、施工日期、重大变更、新技术、新工艺、土质状况、地下水位、冰冻层、环境温度等内容。
③ 竣工图纸为施工中更改后的施工图，要标明管道的平面、剖面、断面，以及与其他各种管线、建筑物的相对位置，人（手）孔经纬度等内容。
④ 开工报告包括开工和竣工日期、施工场地和环境、器材质量和供货等必备条件。
⑤ 交（完）工报告包括工程质量自检、管孔试通抽测记录、交（完）工日期等内容。
⑥ 工程设计变更、质量检查记录及施工过程中发现的重大问题、洽商记录或决策文件。
⑦ 工程质量事故报告包括事故原因、责任人和采取的补救措施等内容。
⑧ 停（复）工通知包括停工原因及复工批准。
⑨ 随工验收记录的内容是否符合7.4.1节的规定。
⑩ 工程初验记录的内容是否符合7.4.2节的规定。
⑪ 工程决算控制在工程预算值以内，超预算需要有批准文件。
⑫ 竣工文件包括验收证书、工程质量评语等内容。
（3）竣工文件应保证质量，做到外观整洁、内容齐全、数据准确、装订规范。
（4）在验收中发现的不合格项目，应由验收小组按抽查规则进行复验，并应查明原因、分清责任、提出整改措施，应在工程终验结束前圆满解决。
（5）在进行工程终验时，应对检验的主要项目列出工程终验评价表（见表7-3），作为验收文件的附件。

表7-3 工程终验评价表

序号	检验项目	检验要求		检验结果	
		检验内容	验收方式	优良	合格
1	管道器材	① 管块、管材的规格、材质的选择 ② 管接头 ③ 胶水 ④ 管支架或扎带 ⑤ 混凝土、砖、钢筋及各种人（手）孔器材	随工检验		

续表

序号	检验项目	检验要求		检验结果	
		检验内容	验收方式	优良	合格
2	管道位置	① 管道设计坐标、路由 ② 管道高程坡度 ③ 管道与相邻管线或障碍物的最小净距 ④ 管道与铁路、有轨电车道的最小交越角	随工检验		
3	管道沟槽	① 沟槽的宽度和深度 ② 土质、地基和基础处理 ③ 冰冻层处理 ④ 浅埋保护 ⑤ 回填土、夯实 ⑥ 警示带、混凝土板、普通烧结砖、蒸压灰砂砖或蒸压粉煤灰砂砖	随工检验 隐蔽工程 签证		
4	管道接续	① 管口平滑清洁 ② 胶水均匀、连接牢靠 ③ 管材标志朝上 ④ 接头错开 ⑤ 管道接续质量（应逐个检查） ⑥ 管群捆绑或支架 ⑦ 管群断面和管位一致	随工检验 隐蔽工程 签证		
5	防水、防有害气体	① 管道进入建筑物应防水和防可燃气体 ② 管道进入人孔应做2m钢筋混凝土基础和包封 ③ 管道进入建筑物或人孔应加管堵头 ④ 管道与燃气管交越处理	随工检验		
6	人（手）孔建筑	① 符合土方工程规定 ② 土质、地基和基础处理 ③ 管道断面与人孔托架和托板的规格、数量相配合 ④ 方便布放光（电）缆	随工检验 隐蔽工程 签证		
7	竣工验收内容	① 管孔试通 ② 管孔封堵 ③ 人（手）孔装置齐全、合格 ④ 核对竣工图 ⑤ 检查已签证的隐蔽项目	竣工验收		
8	管孔试通	① 直线管道管孔试通 ② 弯管道管孔试通 ③ 管孔试通抽查规则	竣工验收		
9	管孔封堵	① 建筑物管孔封堵质量 ② 人（手）孔管孔封堵质量 ③ 管堵头拉脱力	竣工验收		

续表

序号	检验项目	检验要求 检验内容	验收方式	检验结果 优良	合格
10	人（手）孔规格	① 人（手）孔装置符合标准 ② 人（手）孔规格、形状和尺寸符合标准	竣工验收		
11	核对竣工图	核对图纸与实际是否相符	竣工验收		
12	检查隐蔽工程	检查隐蔽工程签证手续是否完善	竣工验收		
13	特殊情况下的管材选择	① 高寒环境下的管材选择 ② 鼠害、白蚁等地区管材的特殊要求 ③ 特殊施工地段管材的选择 ④ 非埋地应用管材的选择	随工检验		

7.4 楼宇布线工程验收

7.4.1 竣工资料验收

（1）工程竣工后，施工单位应在工程验收以前将工程竣工技术资料交给建设单位。
（2）综合布线系统工程的竣工技术资料应包括下列内容。
① 竣工图纸。
② 设备材料进场检验记录及开箱检验记录。
③ 系统中文检测报告及中文测试记录。
④ 工程变更记录及工程洽商记录。
⑤ 随工验收记录，分项工程质量验收记录。
⑥ 隐蔽工程验收记录及签证。
⑦ 培训记录及培训资料。
（3）竣工技术文件应保证质量，做到外观整洁、内容齐全、数据准确。

7.4.2 系统工程检验内容

综合布线系统工程应按 GB/T 50312—2016 标准中的"附录 A 综合布线系统工程检验项目及内容"所列项目、内容进行检验，具体检验项目及内容如表 7-4 所示。

检验应作为工程竣工资料的组成部分及工程验收的依据之一，并应符合下列规定。

（1）系统工程安装质量检查。各项指标符合设计要求，被检项的检查结果应为合格状态；被检项的合格率为 100%，工程安装质量应为合格状态。

（2）当竣工验收需要抽验系统性能时，抽样比例不应低于 10%，抽样点应包括最远布线点。

（3）系统性能检测单项合格判定应符合下列规定。

① 如果一个被测项目的技术参数测试结果不合格，则该项目不合格。当某一被测项目的检测结果与相应规定的差值在仪表准确度范围内时，该被测项目合格。

② 按 GB/T 50312—2016 标准的指标要求，采用 4 对对绞电缆作为水平电缆或主干电

缆，若组成的链路或信道有一项指标测试结果不合格，则该水平链路、信道或主干链路、信道不合格。

③ 在主干布线大对数电缆中，对 4 对对绞线对进行测试，若有一项指标不合格，则该线对不合格。

④ 当光纤链路、信道测试结果不满足指标要求时，该光纤链路、信道不合格。

⑤ 未通过检测的链路、信道的电缆线对或光纤可在修复后复检。

表 7-4　具体检验项目及内容

阶　段	验收项目	验收内容	验收方式
施工前检查	施工前准备资料	① 已批准的施工图 ② 施工组织计划 ③ 施工技术措施	施工前检查
	环境要求	① 土建施工情况：地面、墙面、门、电源插座及接地装置 ② 土建工艺：机房面积、预留孔洞 ③ 施工电源 ④ 地板铺设 ⑤ 建筑物入口设施检查	
	器材检验	① 按工程技术文件对设备、材料、软件进行进场验收 ② 外观检查 ③ 品牌、型号、规格、数量 ④ 电缆及连接器件电气性能测试 ⑤ 光纤及连接器件特性测试 ⑥ 测试仪表和工具的检验	
	安全、防火要求	① 施工安全措施 ② 消防器材 ③ 危险物的堆放 ④ 预留孔洞防火措施	
设备安装	电信间、设备间、设备机柜、机架	① 规格、外观 ② 安装垂直度、水平度 ③ 油漆不得脱落，标志完整齐全 ④ 各种螺钉必须紧固 ⑤ 抗震加固措施 ⑥ 接地措施及接地电阻	随工检验
	配线模块及8位模块式通用插座	① 规格、位置、质量 ② 各种螺钉必须拧紧 ③ 标志齐全 ④ 安装符合工艺要求 ⑤ 屏蔽层可靠连接	

续表

阶　段	验收项目	验收内容	验收方式
缆线布放（楼内）	缆线桥架布放	① 安装位置正确 ② 安装符合工艺要求 ③ 符合布放缆线工艺要求 ④ 接地	随工检验或隐蔽工程签证
	缆线暗敷	① 缆线规格、路由、位置 ② 符合布放缆线工艺要求 ③ 接地	隐蔽工程签证
缆线布放（楼间）	架空缆线	① 吊线规格、架设位置、装设规格 ② 吊线垂度 ③ 缆线规格 ④ 卡、挂间隔 ⑤ 缆线的引入符合工艺要求	随工检验
	管道缆线	① 使用管孔孔位 ② 缆线规格 ③ 缆线走向 ④ 缆线的防护设施的设置质量	隐蔽工程签证
	埋式缆线	① 缆线规格 ② 敷设位置、深度 ③ 缆线的防护设施的设置质量 ④ 回填土夯实质量	隐蔽工程签证
	通道缆线	① 缆线规格 ② 安装位置、路由 ③ 土建设计符合工艺要求	
	其他	① 通信线路与其他设施的间距 ② 进线间设施安装、施工质量	随工检验或隐蔽工程签证
缆线成端	RJ45、非RJ45通用插座 光纤连接器件 各类跳线 配线模块	符合工艺要求	随工检验
系统测试	各等级的电缆布线系统工程电气性能测试内容	A、C、D、E、E_A、F、F_A	① 连接图 ② 长度 ③ 衰减（只为A级布线系统） ④ 近端串音 ⑤ 传播时延 ⑥ 传播时延偏差 ⑦ 直流环路电阻	竣工检验（随工测试）
		C、D、E、E_A、F、F_A	① 插入损耗 ② 回波损耗	

续表

阶　　段	验收项目	验收内容	验收方式
系统测试	各等级的电缆布线系统工程电气性能测试内容	D、E、E$_A$、F、F$_A$ ① 近端串音功率和 ② 衰减近端串音比 ③ 衰减近端串音比功率和 ④ 衰减远端串音比 ⑤ 衰减远端串音比功率和	竣工检验（随工测试）
		E$_A$、F$_A$ ① 外部近端串音功率和 ② 外部衰减远端串音比功率和	
		屏蔽布线系统屏蔽层的导通	
		为可选的增项测试（D、E、E$_A$、F、F$_A$） ① TLC ② ELTCTL ③ 耦合衰减 ④ 不平衡电阻	
	光纤特性测试	① 衰减 ② 长度 ③ 高速光纤链路 OTDR 曲线	
管理系统	管理系统级别	符合设计文件要求	竣工检验
	标识符与标签设置	① 专用标识符类型及组成 ② 标签设置 ③ 标签材质及色标	
	记录和报告	① 记录信息 ② 报告 ③ 工程图纸	
	智能配线系统	作为专项工程	
工程总验收	竣工技术文件	清点、交接技术文件	
	工程验收评价	考核工程质量，确认验收结果	

注：系统测试内容的验收也可在随工中进行检验。光纤到用户单元系统工程由建筑建设方承担的工程部分验收项目参照此表内容。

7.4.3　验收合格标准

（1）竣工检测综合合格判定应符合下列规定。

① 在对对绞电缆布线进行全部检测时，无法修复的链路、信道或不合格线对数量有一项超过被测总数的 1%，应为不合格。在进行光缆布线系统检测时，当系统中有一条光纤链路、信道无法修复时，为不合格。

② 在对对绞电缆布线进行抽样检测时，被抽样检测点（线对）不合格比例不大于被测总数的 1%，应为抽样检测通过，对不合格点（线对）应予以修复并复检。被抽样检测点（线对）不合格比例如果大于 1%，则应为一次抽样检测未通过，应进行加倍抽样，加倍抽样不合格比例不大于 1%，应为抽样检测通过。当不合格比例仍大于 1%时，应为抽样检测不通过，应进行全部检测，并按全部检测要求进行判定。

③ 当全部检测或抽样检测的结论为合格时，竣工检测的最后结论应为合格；当全部

检测的结论为不合格时，竣工检测的最后结论应为不合格。

（2）综合布线管理系统的验收合格判定应符合下列规定。

① 标签和标识应按 10%的比例抽检，系统软件功能应全部检测。当检测结果符合设计要求时，应为合格。

② 智能配线系统应检测电子配线架链路、信道的物理连接，以及与管理软件中显示的链路、信道连接关系的一致性，按 10%的比例抽检；连接关系全部一致应为合格，当有一条及以上链路、信道不一致时，应整改后重新抽测。

（3）在光纤到用户单元系统工程中，用户光缆的光纤链路应 100%测试并合格，此时工程质量判定为合格。

第8章 通信建设工程概预算

8.1 通信建设工程造价与定额

8.1.1 通信建设工程造价

工程造价是指建设一项工程预期开支的全部固定资产投资费用。

1. 工程造价的作用

工程造价涉及国民经济各部门、各行业社会再生产中的各个环节，也直接关系人民群众的相关利益，因此，它的作用范围和影响程度都很大，其作用主要体现在以下几方面。
（1）建设工程造价是项目决策的工具。
（2）建设工程造价是制订投资计划和控制投资的有效工具。
（3）建设工程造价是筹集建设资金的依据。
（4）建设工程造价是合理利益分配和调节产业结构的手段。
（5）建设工程造价是评价投资效果的重要指标。

2. 工程造价的影响因素

工程造价的特点决定了工程造价具有单件性、多次性、组合性和方法多样性的特征。了解这些特征，对工程造价的确定与控制是非常必要的。

工程造价依据的复杂性特征决定了影响工程造价的因素主要可分为以下7类。
（1）计算设备和工程量的依据包括项目建设书、可行性研究报告、设计图纸等。
（2）计算人工、材料、机械等实物消耗量的依据包括投资估算指标、概算定额、预算定额等。
（3）计算工程单价的依据包括人工单价、材料价格、机械和仪表台班价格等。
（4）计算设备单价的依据包括设备原价、设备运杂费、进口设备关税等。
（5）计算措施费、间接费和工程建设其他费用的依据主要是相关的费用定额和指标。
（6）政府规定的税、费。
（7）物价指数和工程造价指数。

工程造价依据的复杂性不但使计算过程复杂，而且要求计价人员熟悉各类依据，并要正确加以利用。

8.1.2 建设工程定额

所谓定额，就是指在一定的生产技术和劳动组织条件下，完成单位合格产品在人力、物力、财力的利用和消耗方面应当遵守的标准。

建设工程定额是工程建设中各类定额的总称。为了对建设工程定额有一个全面的了解，可以按照不同的原则和方法对其进行科学的分类。

1．按建设工程定额反映的物质消耗内容分类

（1）劳动消耗定额。
（2）材料消耗定额。
（3）机械（仪表）消耗定额。

2．按定额的编制程序和用途分类

（1）施工定额。
（2）预算定额。
（3）概算定额。
（4）投资估算指标。
（5）工期定额。

3．按主编单位和适用范围分类

（1）行业定额。
（2）地区性定额（包括省、自治区、直辖市定额）。
（3）企业定额。
（4）临时定额。

8.1.3　建设工程定额管理

建设工程定额是国家、行业、企业对建设工程实施过程及结果进行有计划的监控的基本依据，是体现工程价值、劳动分配、质量评估的有效标准。在建设工程定额的编制、使用、修订过程中，要加强管理，坚持严密、严格、严肃的管理原则，保证建设工程定额的科学性、权威性和有效性。

建设工程定额管理工作是一项复杂的系统工程，需要全面掌握国际经济形势、国家建设政策、行业发展趋势和专业技术规范等各种信息与因素，适时总结定额使用过程中的实践经验，认真分析和研究影响定额发挥作用的关键问题，及时调整定额编制和修订方案，不断完善定额管理体系。一般来说，建设工程定额管理工作包含以下几项内容。

（1）制订定额的编制计划和编制方案。
（2）积累、收集、分析、整理基础资料。
（3）编制修订定额。
（4）审批和发行。
（5）组织新编定额的征询意见。
（6）整理和分析意见、建议，诊断新编定额中存在的问题。
（7）对新编定额进行必要的调整和修改。
（8）组织新编定额交底和一定范围内的宣传、解释和答疑。
（9）从各方面为新编定额贯彻创造条件，积极推行新编定额。
（10）监督和检查定额的执行，主持定额纠纷的仲裁。
（11）收集、储存定额执行情况，反馈信息。

8.2　通信建设工程预算定额

8.2.1　预算定额的作用

预算定额是在工程设计的基础上进行工程计价的基础，对工程招投标、工程施工效率的提高都会产生深远的影响。预算定额的作用表现在以下几方面。

（1）预算定额是编制施工图预算、确定和控制建筑安装工程造价的计价基础。

（2）预算定额是落实和调整年度建设计划，对设计方案进行技术经济比较、分析的依据。

（3）预算定额是施工企业进行经济活动分析的基础。

（4）预算定额是编制标底、投标报价的基础。

（5）预算定额是编制概算定额和概算指标的基础。

8.2.2　预算定额的编制原则与依据

预算定额是决定工程造价和施工建设质量及工程效率的重要依据，因此，在进行预算定额的编制过程中，一定要严格把握以下原则和依据。

（1）预算定额的编制和修订应以国家有关政策精神与相关部委的文件规定为依据，坚持实事求是的原则，做到科学合理，便于操作和维护。

（2）预算定额的编制和修订应坚持"控制量、量价分离和技普分开"的原则。其中，控制量是指预算定额中的人工、主要原材料和机械台班的消耗量是法定的，任何单位和个人不得擅自调整；量价分离是指预算定额中只反映人工、主要原材料、机械台班的消耗量，而不反映其单价，单价由主管部门或造价管理归口单位另行发布；技普分开是指凡由技工操作的工序内容均按技工计取工日，由非技工操作的工序内容均按普工计取工日，军民共建通信建设工程中的普工均按成建制普工计取工日。

（3）预算定额子目编号规定由 3 部分组成：第一部分为汉语拼音字母缩写，表示预算定额的名称；第二部分为一位阿拉伯数字，表示定额子目所在章节的章号；第三部分为 3 位阿拉伯数字，表示定额子目在章内的序号，如图 8-1 所示。例如，TXL2-003 表示通信线路工程预算定额第二章第三子目的"专用塑料管道内敷设光缆"预算定额。

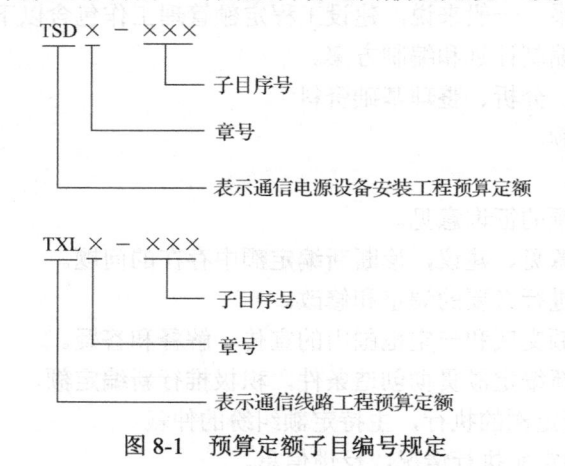

```
TSD × - × × ×
          │   └── 子目序号
          └────── 章号
└────────────── 表示通信电源设备安装工程预算定额

TXL × - × × ×
          │   └── 子目序号
          └────── 章号
└────────────── 表示通信线路工程预算定额
```

图 8-1　预算定额子目编号规定

8.2.3 预算定额的编制程序

预算定额的编制程序包括以下几方面。

1. 工程图纸的识读

在编制预算定额之前，首先要正确识读工程施工图纸，全面了解工程概况、工程类型、业务范围和图纸包含的各种数据信息，避免出现误解和错漏。对于工程图纸的绘制方法、技术标准和常用标注惯例应了然于心，并善于发现工程图纸中的问题。

2. 人工工日及消耗量的确定

根据图纸上显示的数据和信息，区分各工程类型对应的人工（技工、普工），准确计算其人工工日及消耗量。

3. 主要材料及消耗量的确定

根据工程技术规范的要求和工程类型，对照图纸相关数据，确定各主材的规格型号、使用数量等。

4. 施工机械台班及消耗量的确定

中等规模的建设工程一般都需要消耗机械台班，应根据实际工程需要统计机械台班的种类和消耗量，保证预算合理。

8.3 通信建设工程费用定额

费用定额是指工程建设过程中各项费用的计取标准。通信建设工程费用定额依据通信建设工程的特点，对其费用构成、定额及计算规则进行了相应的规定。

8.3.1 通信建设工程的费用构成

通信建设工程总费用由各单项工程总费用构成；各单项工程总费用由工程费、工程建设其他费、预备费、建设期利息 4 部分构成，如图 8-2 所示。

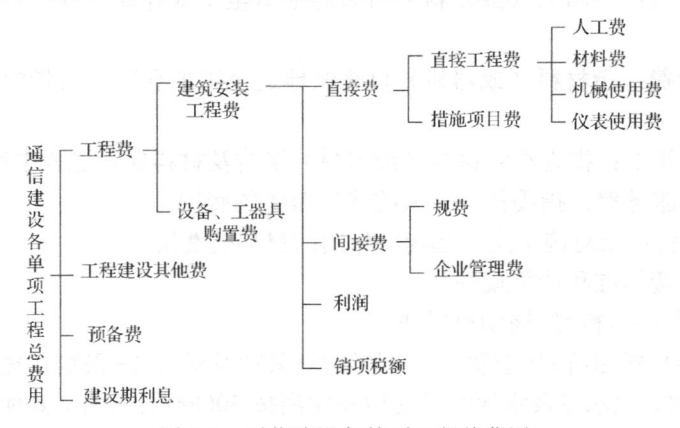

图 8-2 通信建设各单项工程总费用

8.3.2 建筑安装工程费

建筑安装工程费由直接费、间接费、利润和销项税额组成，其中，直接费又由直接工程费和措施项目费构成。

1. 直接工程费

直接工程费指施工过程中耗用的构成工程实体和有助于工程实体形成的各项费用。

（1）人工费。

① 具体的人工费用指直接从事建筑安装工程施工的生产人员开支的各项费用。

a. 基本工资：指发放给生产人员的岗位工资和技能工资。

b. 工资性补贴：指规定标准的物价补贴，煤/燃气补贴、交通费补贴、住房补贴、流动施工津贴等。

c. 辅助工资：指生产人员年平均有效施工天数以外非作业天数的工资，包括职工学习、培训期间的工资，调动工作、探亲、休假期间的工资，因气候影响而停工的工资，女工哺乳期间的工资，病假在 6 个月以内的工资及产、婚、丧假期的工资。

d. 职工福利费：指按规定标准计提的职工福利费。

e. 劳动保护费：指规定标准的劳动保护用品的购置费及修理费，徒工服装补贴，防暑降温等保健费用。

② 人工费计费标准和计算规则。

a. 通信建设工程不分专业和地区工资类别，综合取定人工费。人工费单价为：技工为 114 元/工日；普工为 61 元/工日。

b. 人工费=技工费+普工费。

c. 技工费=技工单价×概算、预算的技工总工日。

d. 普工费=普工单价×概算、预算的普工总工日。

（2）材料费。

① 具体的材料费用：指施工过程中实体消耗的原材料、辅助材料、构配件、零件、半成品的费用和周转使用材料的摊销，以及采购材料发生的费用总和。

a. 材料原价：供应价或供货地点价。

b. 材料运杂费：指材料（或器材）自来源地运至工地仓库（或指定堆放地点）所发生的费用。

c. 运输保险费：指材料（或器材）自来源地运至工地仓库（或指定堆放地点）所发生的保险费用。

d. 采购及保管费：指为组织材料（或器材）采购及材料保管过程中所需的各项费用。

e. 采购代理服务费：指委托中介采购代理服务的费用。

f. 辅助材料费：指对施工生产起辅助作用的材料的费用。

② 材料费计费标准和计算规则。

a. 材料费=主要材料费+辅助材料费。

主要材料费=材料原价+运杂费+运输保险费+采购及保管费+采购代理服务费。

在编制概算时，除水泥及水泥制品的运输距离按 500km 计算外，其他类型材料的运输距离均按 1500km 计算。

b．运杂费=材料原价×器材运杂费费率。器材运杂费费率如表 8-1 所示。

表 8-1 器材运杂费费率

运距L/km	费率/%					
^	光缆	电缆	塑料及塑料制品	木材及木制品	水泥及水泥构件	其他
L≤100	1.3	1.0	4.3	8.4	18.0	3.6
100<L≤200	1.5	1.1	4.8	9.4	20.0	4.0
200<L≤300	1.7	1.3	5.4	10.5	23.0	4.5
300<L≤400	1.8	1.3	5.8	11.5	24.5	4.8
400<L≤500	2.0	1.5	6.5	12.5	27.0	5.4
500<L≤750	2.1	1.6	6.7	14.7	—	6.3
750<L≤1000	2.2	1.7	6.9	16.8	—	7.2
1000<L≤1250	2.3	1.8	7.2	18.9	—	8.1
1250<L≤1500	2.4	1.9	7.5	21.0	—	9.0
1500<L≤1750	2.6	2.0	—	22.4	—	9.6
1750<L≤2000	2.8	2.3	—	23.8	—	10.2
L>2000km（每增250km增加的费率）	0.3	0.2	—	1.5	—	0.6

c．运输保险费=材料原价×保险费率（0.1%）。

d．采购及保管费=材料原价×采购及保管费费率。采购及保管费费率如表 8-2 所示。

表 8-2 采购及保管费费率

工 程 专 业	计 算 基 础	费率/%
通信设备安装工程	材料原价	1.0
通信线路工程	^	1.1
通信管道工程	^	3.0

e．采购代理服务费按实计列。

f．辅助材料费=主要材料费×辅助材料费费率。辅助材料费费率如表 8-3 所示。

表 8-3 辅助材料费费率

工 程 专 业	计 算 基 础	费率/%
有线、无线通信设备安装工程	主要材料费	3.0
电源设备安装工程	^	5.0
通信线路工程	^	0.3
通信管道工程	^	0.5

凡由建设单位提供的利旧材料，其材料费不计入工程成本，但作为计算辅助材料费的基础。

（3）机械使用费。

① 具体的机械使用费用：指施工机械作业所发生的机械使用费及机械安拆费。

a. 折旧费：指施工机械在规定的使用年限内陆续收回其原值及购置资金的时间价值。

　　b. 大修理费：指施工机械按规定的大修理间隔台班进行必要的大修理，以恢复其正常功能所需的费用。

　　c. 经常修理费：指施工机械除大修理以外的各级保养和临时故障排除所需的费用，包括为保障机械正常运转所需替换设备与随机配备工具和附具的摊销、维护费用，机械运转中日常保养所需润滑与擦拭的材料费用及机械停滞期间的维护、保养费用等。

　　d. 安拆费：指施工机械在现场进行安装与拆卸所需的人工、材料、机械和试运转费用，以及机械辅助设施的折旧、搭设、拆除等费用。

　　e. 人工费：指机上操作人员和其他操作人员在工作台班定额内的人工费用。

　　f. 燃料动力费：指施工机械在运转作业中消耗的固体燃料（煤、木柴）、液体燃料（汽油、柴油）及水、电等。

　　g. 税费：指施工机械按照国家规定应缴纳的车船使用税、保险费及年检费等。

　　② 机械使用费计费标准和计算规则。

　　机械使用费=机械台班单价×概算、预算的机械台班量。

　　（4）仪表使用费。

　　① 具体仪表使用费：指施工作业所发生的属于固定资产的仪表使用费。

　　a. 折旧费：指施工仪表在规定的年限内陆续收回其原值及购置资金的时间价值。

　　b. 经常修理费：指施工仪表的各级保养和临时故障排除所需的费用，包括为保证仪表正常使用所需备件（备品）的摊销和维护费用。

　　c. 年检费：指施工仪表在使用寿命期间的定期标定与年检费用。

　　d. 人工费：指施工仪表操作人员在工作台班定额内的人工费。

　　② 仪表使用费计费标准和计算规则。

　　仪表使用费=仪表台班单价×概算、预算的仪表台班量。

2. 措施项目费

措施项目费指为完成工程项目施工，发生于该工程前和施工过程中非工程实体项目的费用。

（1）文明施工费。

① 文明施工费：指施工现场为达到环保要求及文明施工所需的各项费用。

② 文明施工费计费标准和计算规则。

文明施工费=人工费×文明施工费费率。文明施工费费率如表8-4所示。

表8-4　文明施工费费率

工 程 专 业	计 算 基 础	费率/%
无线通信设备安装工程	人工费	1.1
通信线路工程、通信管道工程		1.5
有线通信设备安装工程、电源设备安装工程		0.8

(2) 工地器材搬运费。

① 工地器材搬运费：指由工地仓库至施工现场转运器材而发生的费用。

② 工地器材搬运费计费标准和计算规则。

工地器材搬运费=人工费×工地器材搬运费费率。工地器材搬运费费率如表8-5所示。

表 8-5 工地器材搬运费费率

工 程 专 业	计 算 基 础	费率/%
通信设备安装工程	人工费	1.1
通信线路工程		3.4
通信管道工程		1.2

注：当因施工场地条件限制造成一次运输不能到达工地仓库时，可在此费用中按实计列二次搬运费用。

(3) 工程干扰费。

① 工程干扰费是指通信建设工程受市政管理、交通管制、人流密集、输配电设施等影响工效的补偿费用。

② 工程干扰费计费标准和计算规则。

工程干扰费=人工费×工程干扰费费率。工程干扰费费率如表8-6所示。

表 8-6 工程干扰费费率

工 程 专 业	计 算 基 础	费率/%
通信线路工程（干扰地区）、通信管道工程（干扰地区）	人工费	6.0
无线通信设备安装工程（干扰地区）		4.0

注：干扰地区指城区、高速公路隔离带、铁路路基边缘等施工地带。城区的界定以当地规划部门规划文件为准。

(4) 工程点交、场地清理费。

① 工程点交、场地清理费是指按规定编制竣工图及资料，工程点交、施工场地清理等发生的费用。

② 工程点交、场地清理费计费标准和计算规则。

工程点交、场地清理费=人工费×工程点交、场地清理费费率。工程点交、场地清理费费率如表8-7所示。

表 8-7 工程点交、场地清理费费率

工 程 专 业	计 算 基 础	费率/%
通信设备安装工程	人工费	2.5
通信线路工程		3.3
通信管道工程		1.4

(5) 临时设施费。

① 临时设施费是指施工企业为进行工程施工所必须设置的生活和生产用的临时建筑物、构筑物与其他临时设施费用等。临时设施费用包括临时设施的租用或搭设、维修、拆除费用或摊销费用。

② 临时设施费计费标准和计算规则。

临时设施费按施工现场与企业的距离划分为35km以内（含35km）、35km以外两挡。临时设施费=人工费×临时设施费费率。临时设施费费率如表8-8所示。

表8-8 临时设施费费率表

工程专业	计算基础	费率/% 距离≤35km	费率/% 距离>35km
通信设备安装工程	人工费	3.8	7.6
通信线路工程	人工费	2.6	5.0
通信管道工程	人工费	6.1	7.6

（6）工程车辆使用费。

① 工程车辆使用费是指工程施工中接送施工人员、生活用车等（含过路、过桥）费用。

② 工程车辆使用费计费标准和计算规则。

工程车辆使用费=人工费×工程车辆使用费费率。工程车辆使用费费率如表8-9所示。

表8-9 工程车辆使用费费率

工程专业	计算基础	费率/%
无线通信设备安装工程、通信线路工程	人工费	5.0
有线通信设备安装工程、电源设备安装工程、通信管道工程	人工费	2.2

（7）夜间施工增加费。

① 夜间施工增加费是指因夜间施工所发生的夜间补助费、夜间施工降效、夜间施工照明设备摊销及照明用电等费用。

② 夜间施工增加费计费标准和计算规则。

夜间施工增加费=人工费×夜间施工增加费费率。夜间施工增加费费率如表8-10所示。

表8-10 夜间施工增加费费率

工程专业	计算基础	费率/%
通信设备安装工程	人工费	2.1
通信线路工程（城区部分）、通信管道工程	人工费	2.5

注意：此项费用不考虑施工时段，均按相应费率计取。

（8）冬雨季施工增加费。

① 冬雨季施工增加费是指在冬雨季施工时所采取的防冻、保温、防雨、防滑等安全措施及工效降低所增加的费用。

② 冬雨季施工增加费计费标准和计算规则。

冬雨季施工增加费=人工费×冬雨季施工增加费费率。冬雨季施工增加费费率如表8-11所示，冬雨季施工地区分类如表8-12所示。

表8-11 冬雨季施工增加费费率

工程专业	计算基础	费率/% Ⅰ	费率/% Ⅱ	费率/% Ⅲ
通信设备安装工程（室外部分）	人工费	3.6	2.5	1.8
通信线路工程、通信管道工程				

表 8-12 冬雨季施工地区分类

地区分类	省、自治区、直辖市名称
Ⅰ	黑龙江、青海、新疆、西藏、辽宁、内蒙古、吉林、甘肃
Ⅱ	陕西、广东、广西、海南、浙江、福建、四川、宁夏、云南
Ⅲ	其他地区

注意：此费用在编制预算时不考虑施工所处季节，均按相应费率计取。如果工程跨越多个地区分类档，则按高档计取该项费用。综合布线工程不计取该项费用。

（9）生产工具用具使用费。

① 生产工具用具使用费是指施工所需的不属于固定资产的工具用具等的购置、摊销、维修费。

② 生产工具用具使用费计费标准和计算规则。

生产工具用具使用费=人工费×生产工具用具使用费费率。生产工具用具使用费费率如表 8-13 所示。

表 8-13 生产工具用具使用费费率

工程专业	计算基础	费率/%
通信设备安装工程	人工费	0.8
通信线路工程、管道工程		1.5

（10）施工用水电蒸汽费。

① 施工用水电蒸汽费是指施工生产过程中使用水、电、蒸汽所发生的费用。

② 施工用水电蒸汽费计费标准和计算规则：通信建设工程依照施工工艺要求按实计列施工用水电蒸汽费。

（11）特殊地区施工增加费。

① 特殊地区施工增加费是指在原始森林地区、2000m 以上高原地区、沙漠地区、山区无人值守站、化工区、核工业区等特殊地区施工所需增加的费用。

② 特殊地区施工增加费计费标准和计算规则。

特殊地区施工增加费=特殊地区补贴金额×总工日。特殊地区分类及补贴如表 8-14 所示。

表 8-14 特殊地区分类及补贴

地区分类	高海拔地区		原始森林、沙漠、化工、核工业、山区无人值守站地区
	4000m 以下	4000m 以上	
补贴金额/（元/天）	8	25	17

注意：如果工程所在地同时存在上述多种情况，则按高档计取该项费用。

（12）已完工程及设备保护费。

已完工程及设备保护费是指在竣工验收前，对已完工程及设备进行保护所需的费用。已完工程及设备保护费费率如表 8-15 所示。

表 8-15 已完工程及设备保护费费率

工 程 专 业	计 算 基 础	费率/%
通信线路工程	人工费	2.0
通信管道工程		1.8
无线通信设备安装工程		1.5
有线通信及电源设备安装工程（室外部分）		1.8

（13）运土费。

① 运土费是指在工程施工中，需要从远离施工地点取土或向外倒运土方所发生的费用。

② 运土费计费标准和计算规则。

运土费=工程量（t·km）×运费单价（元/(t·km)）。

工程量由设计按实计列，运费单价按工程所在地运价计算。

（14）施工队伍调遣费。

① 施工队伍调遣费是指因建设工程的需要而应支付给施工队伍的调遣费用，其内容包括调遣人员的差旅费、调遣期间的工资、施工工具与用具等的运费。

② 施工队伍调遣费计费标准和计算规则：施工队伍调遣费按调遣费定额计算。

当施工现场与企业的距离在 35km 以内时，不计取此项费用。

施工队伍调遣费=单程调遣费定额×调遣人数×2。施工队伍单程调遣费定额如表 8-16 所示，施工队伍调遣人数定额如表 8-17 所示。

表 8-16 施工队伍单程调遣费定额

调遣里程 L/km	调遣费/元	调遣里程 L/km	调遣费/元
35<L≤100	141	1600<L≤1800	634
100<L≤200	174	1800<L≤2000	675
200<L≤400	240	2000<L≤2400	746
400<L≤600	295	2400<L≤2800	918
600<L≤800	356	2800<L≤3200	979
800<L≤1000	372	3200<L≤3600	1040
1000<L≤1200	417	3600<L≤4000	1203
1200<L≤1400	565	4000<L≤4400	1271
1400<L≤1600	598	L>4400km 后，每增加 200km 增加的调遣费	48

注：调遣里程依据铁路里程计算，铁路无法到达的里程部分依据公路、水路里程计算。

表 8-17 施工队伍调遣人数定额

工程专业	概（预）算技工总工日	调遣人数/人	概（预）算技工总工日	调遣人数/人
通信设备安装工程	500 工日以下	5	4000 工日以下	30
	1000 工日以下	10	5000 工日以下	35
	2000 工日以下	17	5000 工日以上，每增加 1000 工日增加的调遣人数	3
	3000 工日以下	24		

续表

工程专业	概（预）算技工总工日	调遣人数/人	概（预）算技工总工日	调遣人数/人
通信线路工程、通信管道工程	500 工日以下	5	9000 工日以下	55
	1000 工日以下	10	10000 工日以下	60
	2000 工日以下	17	15000 工日以下	80
	3000 工日以下	24	20000 工日以下	95
	4000 工日以下	30	25000 工日以下	105
	5000 工日以下	35	30000 工日以下	120
	6000 工日以下	40	30000 工日以上，每增加 5000 工日增加调遣人数	3
	7000 工日以下	45		
	8000 工日以下	50		

（15）大型施工机械调遣费。

① 大型施工机械调遣费是指大型施工机械调遣所发生的运输费用。

② 大型施工机械调遣费计费标准和计算规则。

大型施工机械调遣费=调遣用车运价×调遣运距×2。大型施工机械吨位如表 8-18 所示，调遣用车吨位及运价如表 8-19 所示。

表 8-18 大型施工机械吨位

机 械 名 称	吨位/t	机 械 名 称	吨位/t
混凝土搅拌机	2	水下光（电）缆沟挖冲机	6
电缆拖车	5	液压顶管机	5
微管微缆气吹设备	6	微控钻孔敷管设备（25t 以下）	8
气流敷设吹缆设备	8	微控钻孔敷管设备（25t 以上）	12
回旋钻机	11	液压钻机	15
型钢剪断机	4.2	磨钻机	0.5

表 8-19 调遣用车吨位及运价表

名 称	吨位/t	运价/（元/千米）	
		单程运距≤100km	单程运距>100km
工程机械运输车 1	5	10.8	7.2
工程机械运输车 2	8	13.7	9.1
工程机械运输车 3	15	17.8	12.5

3．间接费

间接费由规费、企业管理费构成，各项费用均为不包括增值税可抵扣进项税额的税前造价。

（1）规费。

① 规费是指政府和有关部门规定必须缴纳的费用。

a．工程排污费：指施工现场按规定缴纳的工程排污费。

b．社会保险费：包含以下几项。

养老保险费：指企业按规定标准为职工缴纳的基本养老保险费。

失业保险费：指企业按照规定标准为职工缴纳的失业保险费。

医疗保险费：指企业按照规定标准为职工缴纳的基本医疗保险费。

生育保险费：指企业按照规定标准为职工缴纳的生育保险费。

工伤保险费：指企业按照规定标准为职工缴纳的工伤保险费。

c. 住房公积金：指企业按照规定标准为职工缴纳的住房公积金。

d. 危险作业意外伤害保险费：指企业为从事危险作业的建筑安装施工人员支付的意外伤害保险费。

② 规费计费标准和计算规则。

a. 工程排污费：根据施工所在地政府部门的相关规定确定。

b. 社会保险费=人工费×社会保障费费率。

c. 住房公积金=人工费×住房公积金费率。

d. 危险作业意外伤害保险费=人工费×危险作业意外伤害保险费费率。

规费费率如表 8-20 所示。

表 8-20 规费费率

费用名称	工程专业	计算基础	费率/%
社会保险费	各类通信工程	人工费	28.5
住房公积金			4.19
危险作业意外伤害保险费			1.00

（2）企业管理费。

① 企业管理费是指施工企业组织施工生产和经营管理所需的费用。

a. 管理人员工资：指管理人员的基本工资、工资性补贴、职工福利费、劳动保护费等。

b. 办公费：指企业管理办公用的文具、纸张、账表、印刷、邮电、书报、办公软件、现场监控、会议、水电、烧水和集体取暖/降温（包括现场临时宿舍取暖/降温）等费用。

c. 差旅交通费：指职工因公出差、调动工作的差旅费、住勤补助费，市内交通费和误餐补助费，职工探亲路费，劳动力招募费，职工离退休、退职一次性路费，工伤人员就医路费，工地转移费，管理部门使用的交通工具的油料、燃料等费用。

d. 固定资产使用费：指管理和试验部门及附属生产单位使用的属于固定资产的房屋、设备、仪器等的折旧、大修、维修或租赁费。

e. 工具用具使用费：指管理使用的不属于固定资产的生产工具、器具、家具、交通工具和检验、测绘、消防用具等的购置、维修与摊销费。

f. 劳动保险费：指由企业支付离退休职工的异地安家补助费、职工退职金、6 个月以上的病假人员工资、按规定支付给离退休干部的各项经费。

g. 工会经费：指企业按职工工资总额计提的工会经费。

h. 职工教育经费：指按职工工资总额的规定比例计提，企业为职工进行专业技术和职业技能培训，专业技术人员继续教育、职工职业技能鉴定、职业资格认定，以及根据需要对职工进行各类文化教育所发生的费用。

i. 财产保险费：指施工管理用财产、车辆保险等的费用。

j. 财务费：指企业为施工生产筹集资金或提供预付款担保、履约担保、职工工资支付担保等发生的各种费用。

k. 税金：指企业按规定缴纳的城市维护建设税、教育费附加税、地方教育费附加税、房产税、车船使用税、土地使用税、印花税等。

l. 其他：包括技术转让费、技术开发费、投标费、业务招待费、绿化费、广告费、公证费、法律顾问费、审计费、咨询费等。

② 企业管理费计费标准和计算规则。

企业管理费=人工费×企业管理费费率。企业管理费费率如表 8-21 所示。

表 8-21 企业管理费费率

工 程 专 业	计 算 基 础	费率/%
各类通信工程	人工费	27.4

4．利润

① 利润是指施工企业完成所承包工程获得的盈利。

② 利润计费标准和计算规则。

利润=人工费×利润率。利润率如表 8-22 所示。

表 8-22 利润率

工 程 专 业	计 算 基 础	费率/%
各类通信工程	人工费	20.0

5．销项税额

① 销项税额是指按国家税法规定应计入建筑安装工程造价的增值税销项税额。

② 销项税额计费标准和计算规则。

销项税额=(人工费+乙供主材费+辅材费+机械使用费+仪表使用费+措施费+规费+企业管理费+利润)×11%+甲供主材费×适用税率。

（注：甲供主材适用税率为材料采购税率；乙供主材指建筑服务方提供的材料。）

8.3.3 设备、工器具购置费

1．设备、工器具购置费的概念

设备、工器具购置费是指根据设计提出的设备（包括必需的备品备件）、仪表、工器具清单，按设备原价、运杂费、采购及保管费、运输保险费和采购代理服务费计算的费用。

2．设备、工器具购置费计费标准和计算规则

设备、工器具购置费=设备原价+运杂费+运输保险费+采购及保管费+采购代理服务费。其中各项的含义如下。

（1）设备原价：供应价或供货地点价。

（2）运杂费=设备原价×设备运杂费费率。设备运杂费费率如表 8-23 所示。

表 8-23 设备运杂费费率

运输里程 L/km	取费基础	费率/%	运输里程 L/km	取费基础	费率/%
L≤100	设备原价	0.8	1000<L≤1250	设备原价	2.0
100<L≤200		0.9	1250<L≤1500		2.2
200<L≤300		1.0	1500<L≤1750		2.4
300<L≤400		1.1	1750<L≤2000		2.6
400<L≤500		1.2	L>2000km 时，每增 250km 增加		0.1
500<L≤750		1.5			
750<L≤1000		1.7	—		—

（3）运输保险费=设备原价×运输保险费费率。

（4）采购及保管费=设备原价×采购及保管费费率。

（5）采购代理服务费按实计列。

进口设备（材料）的国外运输费、国外运输保险费、关税、增值税、外贸手续费、银行财务费、国内运杂费、国内运输保险费、进口设备（材料）国内检验费、海关监管手续费等按进口货价计算后计入相应的设备材料费中。单独引进软件不计关税，只计增值税。

8.3.4 工程建设其他费

工程建设其他费是指应在建设项目的建设投资中开支的固定资产其他费用、无形资产费用和其他资产费用。

1. 建设用地及综合赔补费

（1）建设用地及综合赔补费是指按照《中华人民共和国土地管理法》等规定建设项目征用土地或租用土地应支付的费用。

① 土地征用及迁移补偿费：经营性建设项目为通过出让方式购置的土地使用权（或建设项目通过划拨方式取得无限期的土地使用权）而支付的土地补偿费、安置补偿费、地上附着物和青苗补偿费、余物迁建补偿费、土地登记管理费等；行政事业单位的建设项目为通过出让方式取得土地使用权而支付的出让金；建设单位在建设过程中发生的土地复垦费用和土地损失补偿费用；建设期间临时占地补偿费。

② 征用耕地按规定一次性缴纳的耕地占用税；对征用城镇土地在建设期间按规定每年缴纳的城镇土地使用税；征用城市郊区菜地按规定缴纳的新菜地开发建设基金。

③ 建设单位租用建设项目土地使用权而支付的租地费用。

④ 建设单位在建设项目期间租用建筑设施、场地费用，以及因项目施工造成所在地企事业单位或居民的生产、生活干扰而支付的补偿费用。

（2）计费标准和计算规则。

① 根据应征建设用地面积、临时用地面积，按建设项目所在省、市、自治区人民政府制定颁发的土地征用补偿费、安置补助费标准，以及耕地占用税、城镇土地使用税标准计算。

② 建设用地上的建（构）筑物如果需要迁建，则其迁建补偿费应按迁建补偿协议计列或按新建同类工程造价计算。

2．项目建设管理费

（1）项目建设管理费是指项目建设单位从项目筹建之日起至办理竣工财务决算之日止发生的管理性质的支出，包括不在原单位发工资的工作人员工资及相关费用、办公费、办公场地租用费、差旅交通费、劳动保护费、工具用具使用费、固定资产使用费、招募生产工人费、技术图书资料费（含软件）、业务招待费、施工现场津贴、竣工验收费和其他管理性质开支。

实行代建制管理的项目，代建管理费按照不高于项目建设管理费标准核定。一般不得同时列支代建管理费和项目建设管理费，确需同时发生的，两项费用之和不得高于项目建设管理费限额。

（2）计费标准和计算规则。

建设单位可根据《关于印发<基本建设项目建设成本管理规定>的通知》（财建〔2016〕504号），结合自身实际情况制定项目建设管理费取费规则。

如果建设项目采用工程总承包方式，则其总包管理费由建设单位与总包单位根据总包工作范围在合同中商定，从项目建设管理费中列支。

3．可行性研究费

（1）可行性研究费是指在建设项目前期工作中，编制和评估项目建议书（或预可行性研究报告）、可行性研究报告所需的费用。

（2）计费标准和计算规则。

根据《国家发展改革委关于进一步放开建设项目专业服务价格的通知》（发改法规〔2015〕299号）文件的要求，可行性研究服务收费实行市场调节价。

4．研究试验费

（1）研究试验费是指为本建设项目提供或验证设计数据、资料等进行必要的研究试验，以及按照设计规定在建设过程中必须进行试验、验证所需的费用。

（2）计费标准和计算规则。

① 根据建设项目研究试验内容和要求进行编制。

② 研究试验费不包括以下项目。

a．应由科技三项费用（新产品试制费、中间试验费和重要科学研究补助费）开支的项目。

b．应在建筑安装费用中列支的施工企业对材料、构件进行一般鉴定、检查所发生的费用及技术革新的研究试验费。

c．应从勘察设计费或工程费中开支的项目。

5．勘察设计费

（1）勘察设计费是指委托勘察设计单位进行工程勘察、工程设计所发生的各项费用。

（2）计费标准和计算规则。

根据《国家发展改革委关于进一步放开建设项目专业服务价格的通知》（发改法规〔2015〕299号）文件的要求，勘察设计服务收费实行市场调节价。

6. 环境影响评价费

（1）环境影响评价费是指按照《中华人民共和国环境保护法》《中华人民共和国环境影响评价法》等的规定，为全面、详细评价本建设项目对环境可能产生的污染或造成的重大影响所需的费用，包括编制环境影响报告书（含大纲）、环境影响报告表和评估环境影响报告书（含大纲）、评估环境影响报告表等所需的费用。

（2）计费标准和计算规则。

根据《国家发展改革委关于进一步放开建设项目专业服务价格的通知》（发改法规〔2015〕299号）文件的要求，环境影响评价服务收费实行市场调节价。

7. 建设工程监理费

（1）建设工程监理费是指建设单位委托工程监理单位实施工程监理的费用。

（2）计费标准和计算规则。

根据《国家发展改革委关于进一步放开建设项目专业服务价格的通知》（发改法规〔2015〕299号）文件的要求，建设工程监理服务收费实行市场调节价，可参照相关标准作为计价基础。

8. 安全生产费

（1）安全生产费是指施工企业按照国家有关规定和建筑施工安全标准，购置施工防护用具、落实安全施工措施，以及改善安全生产条件所需的各项费用。

（2）计费标准和计算规则。

参照《关于印发<企业安全生产费用提取和使用管理办法>的通知》财企〔2012〕16号文规定执行。

9. 引进技术及进口设备其他费

（1）引进技术及进口设备其他费费用内容如下。

① 引进项目图纸资料翻译复制费、备品备件测绘费。

② 出国人员费用：包括买方人员出国设计联络、出国考察、联合设计、监造、培训等所发生的差旅费、生活费、制装费等。

③ 来华人员费用：包括卖方来华工程技术人员的现场办公费用、往返现场交通费用、工资、食宿费用、接待费用等。

④ 银行担保及承诺费：指引进项目由国内外金融机构出面承担风险和责任担保所发生的费用，以及支付贷款机构的承诺费用。

（2）计费标准和计算规则。

① 引进项目图纸资料翻译复制费：根据引进项目的具体情况计列或按引进设备到岸价的比例估列。

② 出国人员费用：依据合同规定的出国人次、期限和费用标准计算。生活费及制装费按照财政部、外交部规定的现行标准计算，差旅费按中国民航公布的国际航线票价计算。

③ 来华人员费用：应依据引进合同有关条款规定计算。引进合同价款中已包括的费用内容不得重复计算；来华人员接待费用可按每人次费用指标计算。

④ 银行担保及承诺费：应按担保或承诺协议计取。

10. 工程保险费

（1）工程保险费是指建设项目在建设期间根据需要对建筑工程、安装工程及机器设备进行投保而发生的保险费用，包括建筑安装工程一切险、进口设备财产和人身意外伤害险等。

（2）计费标准和计算规则。

① 不投保的工程不计取此项费用。

② 不同的建设项目可根据工程特点选择投保险种，根据投保合同计列保险费用。

11. 工程招标代理费

（1）工程招标代理费是指招标人委托代理机构编制招标文件、编制标底、审查投标人资格、组织投标人踏勘现场并答疑、组织开标、评标、定标，以及提供招标前期咨询、协调合同的签订等业务所收取的费用。

（2）计费标准和计算规则。

根据《国家发展改革委关于进一步放开建设项目专业服务价格的通知》（发改法规〔2015〕299号）文件的要求，工程招标代理服务收费实行市场调节价。

12. 专利及专用技术使用费

（1）专利及专用技术使用费费用内容如下。

① 国外设计及技术资料费、引进有效专利、专有技术使用费和技术保密费。

② 国内有效专利、专有技术使用费。

③ 商标使用费、特许经营权费等。

（2）计费标准和计算规则。

① 按专利使用许可协议和专有技术使用合同的规定计列。

② 专有技术的界定应以省、部级鉴定机构的批准为依据。

③ 项目投资中只计取需要在建设期支付的专利及专有技术使用费。协议或合同规定在生产期支付的使用费应在成本中核算。

13. 其他费用

（1）其他费用是指根据建设任务的需要，必须在建设项目中列支的其他费用，如中介机构审查费等。

（2）计费标准和计算规则：根据工程实际计列。

14. 生产准备及开办费

（1）生产准备及开办费是指建设项目为保证正常生产（或营业、使用）而发生的人员培训费、提前进场费，以及投产使用初期必备的生产生活用具、工器具等购置费。

① 人员培训费及提前进场费：自行组织培训或委托其他单位培训的人员工资、工资性补贴、职工福利费、差旅交通费、劳动保护费、学习资料费等。

② 为保证初期正常生产、生活（或营业、使用）所必需的生产办公、生活家具用具购置费。

③ 为保证初期正常生产（或营业、使用）必需的第一套不够固定资产标准的生产工

具、器具、用具购置费（不包括备品备件费）。

(2) 计费标准和计算规则。

① 新建项目以设计定员为基数计算，改扩建项目以新增设计定员为基数计算。

② 生产准备及开办费=设计定员×生产准备费指标(元/人)。

③ 生产准备及开办费指标由投资企业自行测算，此项费用列入运营费。

8.3.5 预备费

预备费是指在初步设计阶段编制概算时难以预料的工程费用。预备费包括基本预备费和价差预备费。

预备费=(工程费+工程建设其他费)×预备费费率。

1. 基本预备费

（1）在技术设计、施工图设计和施工过程中，在批准的初步设计概算范围内增加的工程费用。

（2）由一般自然灾害造成的损失和预防自然灾害所采取的措施项目费用。

（3）竣工验收时为鉴定工程质量而必须开挖和修复隐蔽工程的费用。

2. 价差预备费

（1）价差预备费是指设备、材料的价差。

（2）计费标准和计算规则。

预备费费率如表 8-24 所示。

表 8-24 预备费费率

工 程 专 业	计 算 基 础	费率/%
通信设备安装工程		3.0
通信线路工程	工程费+工程建设其他费	4.0
通信管道工程		5.0

8.3.6 建设期利息

（1）建设期利息是指建设项目贷款在建设期内发生并应计入固定资产的贷款利息等财务费用。

（2）计费标准和计算规则：按银行当期利率计算。

8.4 通信建设工程概预算的编制

通信建设工程设计概算、预算是初步设计概算和施工图设计预算的统称。设计概算、预算实质上是工程造价的预期价格。如何控制和管理好工程项目设计概算、预算是建设项目投资控制过程中的一个重要环节。

8.4.1 概算、预算的概念

通信建设工程概算、预算是设计文件的重要组成部分,是根据各个不同设计阶段的深度和建设内容,按照设计图纸和说明,以及相关专业的预算定额、费用定额、费用标准、器材价格、编制方法等有关资料,对通信建设工程预先计算和确定从筹建至竣工交付使用所需全部费用的文件。

通信建设工程概算、预算应按不同的设计阶段进行编制。

(1) 当工程采用三阶段设计时,初步设计阶段编制设计概算,技术设计阶段编制修正概算,施工图设计阶段编制施工图预算。

(2) 当工程采用两阶段设计时,初步设计阶段编制设计概算,施工图设计阶段编制施工图预算。

(3) 当工程采用一阶段设计时,编制施工图预算,但施工图预算应反映全部费用内容,即除工程费和工程建设其他费之外,还应计列预备费、建设期利息等费用。

8.4.2 概算、预算的作用

1. 设计概算的作用

设计概算是用货币形式综合反映和确定建设项目从筹建至竣工验收的全部建设费用。它的主要作用如下。

(1) 概算是确定和控制固定资产投资、编制和安排投资计划、控制施工图预算的主要依据。

(2) 概算是核定贷款额度的主要依据。

(3) 概算是考核工程设计技术经济合理性和工程造价的主要依据。

(4) 概算是筹备设备、材料和签订订货合同的主要依据。

(5) 概算在工程招标承包制中是确定标底的主要依据。

2. 施工图预算的作用

施工图预算是设计概算的进一步具体化。它是根据施工图计算出的工程量,依据现行预算定额及取费标准,以及签订的设备材料合同价或设备材料预算价格等进行计算和编制的工程费用文件。它的主要作用如下。

(1) 预算是考核工程成本、确定工程造价的主要依据。

(2) 预算是签订工程承/发包合同的依据。

(3) 预算是工程价款结算的主要依据。

(4) 预算是考核施工图设计技术经济合理性的主要依据。

8.4.3 概算、预算的编制依据

1. 设计概算的编制依据

编制概算都应以现行规定和咨询价格为依据,不能随意套用作废或停止使用的资料与依据,以防概算失控、不准。概算编制的主要依据如下。

（1）批准的可行性研究报告。
（2）初步设计或扩大设计图纸、设备材料表等有关技术文件。
（3）有关主管部门发布的设备、材料、工器具价格及相关文件。
（4）通信建设工程概算定额及编制说明。
（5）通信建设工程费用定额及有关文件。

2．施工图预算的编制依据

（1）批准的初步设计概算及有关文件。
（2）施工图、通用图、标准图及说明。
（3）国家有关主管部门发布的设备、材料、工器具价格及相关文件。
（4）通信建设工程预算定额及编制说明。
（5）通信建设工程费用定额及有关文件。

8.4.4 概算、预算文件的组成

概算、预算文件由编制说明和概算、预算表组成。

1．编制说明

编制说明一般由工程概况、编制依据、投资分析和其他需要说明的问题4部分组成。

（1）工程概况：说明项目规模、用途、概预算总价值、产品品种、生产能力、公用工程及项目外工程的主要情况等。
（2）编制依据：主要说明编制时所依据的技术经济文件、各种定额、材料设备价格、地方政府的有关规定和主管部门未做统一规定的费用计算依据与说明。
（3）投资分析：主要说明各项投资的比例及类似工程投资额的比较、分析投资额高的原因、工程设计的经济合理性、技术的先进性及其适宜性等。
（4）其他需要说明的问题：如建设项目的特殊条件和特殊问题，需要上级主管部门和有关部门帮助解决的其他有关问题等。

2．概算、预算表的组成

通信建设工程概算、预算表是按照费用结构的划分，由建筑安装工程费用系列表格、设备购置费用表格（包括需要安装和不需要安装的设备）、工程建设其他费用表格，以及概算、预算总表组成的。

汇总表，即《建设项目总____算表》，编制建设项目总概算（预算）使用，建设项目的全部费用在本表中汇总，如表8-25所示。

表一，即《工程____算总表》，编制单项（单位）工程概算（预算）使用，如表8-26所示。

表二，即《建筑安装工程费用____算表》，编制建筑安装工程费使用，如表8-27所示。

表三甲，即《建筑安装工程量____算表》，编制工程量，并计算技工和普通总工日数量使用，如表8-28所示。

表三乙，即《建筑安装工程机械使用费____算表》，编制本工程所列的机械费用汇总使用，如表8-29所示。

表三丙，即《建筑安装工程仪器仪表使用费____算表》，编制本工程所列的仪表费用汇总使用，如表 8-30 所示。

表四甲，即《国内器材____算表》，编制本工程主要材料、设备和工器具的数量与费用使用，如表 8-31 所示。

表四乙，即《进口器材____算表》，编制引进工程的主要材料、设备和工器具的数量与费用使用（一般不计），如表 8-32 所示。

表五甲，即《工程建设其他费____算表》，编制国内工程计列的工程建设其他费使用，如表 8-33 所示。

表五乙，即《进口设备工程建设其他费____算表》，编制引进工程计列的工程建设其他费使用（一般不计），如表 8-34 所示。

表 8-25 建设项目总_____算表（汇总表）

建设项目名称：　　　建设单位名称：　　　表格编号：　　　第　页

序号	表格编号	费用名称	小型建筑工程费	需要安装的设备费	不需要安装的设备、工器具	建筑安装工程费	其他费用	预备费	总价值				生产准备及开办费
									除税价	增值税	含税价	其中外币（ ）	
			（元）										（元）
Ⅰ	Ⅱ	Ⅲ	Ⅳ	Ⅴ	Ⅵ	Ⅶ	Ⅷ	Ⅸ	Ⅹ	Ⅺ	Ⅻ	ⅩⅢ	ⅩⅣ

设计负责人：　　　审核：　　　编制：　　　编制日期：　　　年　　月

表 8-26 工程_____算总表（表一）

建设项目名称：

序号	表格编号	费用名称	小型建筑工程费	需要安装的设备费	不需要安装的设备、工器具	建筑安装工程费	其他费用	预备费	总价值			
									除税价	增值税	含税价	其中外币()
			(元)										
I	II	III	IV	V	VI	VII	VIII	IX	X	XI	XII	XIII
		工程费										
		工程建设其他费										
		合计										
		预备费										
		建设期利息										
		总计										
		其中回收费用										

工程名称：　　建设单位名称：　　表格编号：　　第　页

设计负责人：　　审核：　　编制：　　编制日期：　　年　月

表 8-27 建筑安装工程费用_____算表（表二）

工程名称：　　建设单位名称：　　表格编号：　　第　页

序号	费用名称	依据和计算方法	合计/元	序号	费用名称	依据和计算方法	合计/元
I	II	III	IV	I	II	III	IV
	建安工程费（含税价）			7	夜间施工增加费		
	建安工程费（除税价）			8	冬雨季施工增加费		
一	直接费			9	生产工具用具使用费		
(一)	直接工程费			10	施工用水电蒸汽费		
1	人工费			11	特殊地区施工增加费		
(1)	技工费			12	已完工程及设备保护费		
(2)	普工费			13	运土费		
2	材料费			14	施工队伍调遣费		
(1)	主要材料费			15	大型施工机械调遣费		

续表

序号	费用名称	依据和计算方法	合计/元	序号	费用名称	依据和计算方法	合计/元
（2）	辅助材料费			二	间接费		
3	机械使用费			（一）	规费		
4	仪表使用费			1	工程排污费		
（二）	措施项目费			2	社会保险费		
1	文明施工费			3	住房公积金		
2	工地器材搬运费			4	危险作业意外伤害保险费		
3	工程干扰费			（二）	企业管理费		
4	工程点交、场地清理费			三	利润		
5	临时设施费			四	销项税额		
6	工程车辆使用费						

设计负责人：　　　　审核：　　　　编制：　　　　编制日期：　　　年　　月

表8-28　建筑安装工程量_____算表（表三甲）

工程名称：　　　　建设单位名称：　　　　表格编号：　　　　第　　页

序号	定额编号	项目名称	单位	数量	单位定额值/工日		合计值/工日	
					技工	普工	技工	普工
Ⅰ	Ⅱ	Ⅲ	Ⅳ	Ⅴ	Ⅵ	Ⅶ	Ⅷ	Ⅸ

设计负责人：　　　　审核：　　　　编制：　　　　编制日期：　　　年　　月

表 8-29 建筑安装工程机械使用费_____算表（表三乙）

工程名称：　　　　　建设单位名称：　　　　　表格编号：　　　　　第　页

序号	定额编号	项目名称	单位	数量	机械名称	单位定额值		合计值	
						消耗量/台班	单价/元	消耗量/台班	合价/元
I	II	III	IV	V	VI	VII	VIII	IX	X

设计负责人：　　　审核：　　　编制：　　　编制日期：　　　年　月

表 8-30 建筑安装工程仪器仪表使用费_____算表（表三丙）

工程名称：　　　　　建设单位名称：　　　　　表格编号：　　　　　第　页

序号	定额编号	项目名称	单位	数量	仪表名称	单位定额值		合计值	
						消耗量/台班	单价/元	消耗量/台班	合价/元
I	II	III	IV	V	VI	VII	VIII	IX	X

设计负责人：　　　审核：　　　编制：　　　编制日期：　　　年　月

表8-31　国内器材_____算表（表四甲）

（　　　）表

工程名称：　　　　　　建设单位名称：　　　　　　表格编号：　　　　　第　页

序号	名称	规格程式	单位	数量	单价/元	合价/元			备注
					除税价	除税价	增值税	含税价	
I	II	III	IV	V	VI	VII	VIII	IX	X

设计负责人：　　　　审核：　　　　编制：　　　　编制日期：　　　年　月

表8-32　进口器材_____算表（表四乙）

（　　　）表

工程名称：　　　　　　建设单位名称：　　　　　　表格编号：　　　　　第　页

序号	中文名称	外文名称	单位	数量	单价		合价			
					外币（　）	折合人民币/元	外币（　）	折合人民币/元		
						除税价		除税价	增值税	含税价
I	II	III	IV	V	VI	VII	VIII	IX	X	XI

设计负责人：　　　　审核：　　　　编制：　　　　编制日期：　　　年　月

表 8-33　工程建设其他费_____算表（表五甲）

工程名称：　　　　　建设单位名称：　　　　　表格编号：　　　　　第　页

序号	费用名称	计算依据及方法	金额/元			备注
			除税价	增值税	含税价	
Ⅰ	Ⅱ	Ⅲ	Ⅳ	Ⅴ	Ⅵ	Ⅶ
1	建设用地及综合赔补费					
2	项目建设管理费					
3	可行性研究费					
4	研究试验费					
5	勘察设计费					
6	环境影响评价费					
7	建设工程监理费					
8	安全生产费					
9	引进技术及进口设备其他费					
10	工程保险费					
11	工程招标代理费					
12	专利及专利技术使用费					
13	其他费用					
	总计					
14	生产准备及开办费（运营费）					

设计负责人：　　　审核：　　　编制：　　　编制日期：　　　年　月

表 8-34　进口设备工程建设其他费_____算表（表五乙）

工程名称：　　　　　建设单位名称：　　　　　表格编号：　　　　　第　页

序号	费用名称	计算依据及方法	金　额				备注
			外币（　）	折合人民币/元			
				除税价	增值税	含税价	
Ⅰ	Ⅱ	Ⅲ	Ⅳ	Ⅴ	Ⅵ	Ⅶ	Ⅷ

设计负责人：　　　审核：　　　编制：　　　编制日期：　　　年　月

8.4.5 概算、预算的编制方法

通信建设工程概算、预算采用实物法编制。实物法首先根据工程设计图纸分别计算出分项工程量；其次套用相应的人工、材料、机械台班、仪表台班的定额用量；然后以工程所在地或所处时段的实际单价计算出人工费、材料费、机械使用费和仪器仪表使用费，进而计算出直接工程费，根据通信建设工程费用定额给出的各项取费的计费原则和计算方法计算其他各项；最后汇总单项或单位工程总费用。

当使用实物法编制概预算文件时，应按图 8-3 所示的程序进行编制。

收集资料、熟悉图纸 → 计算工程量 → 套用定额、选用价格 → 计算各项费用及造价 → 复核 → 编写编制说明 → 审核

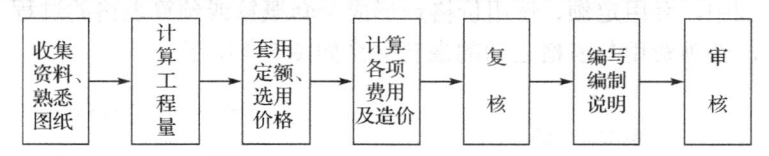

图 8-3　概预算编制程序

1．收集资料、熟悉图纸

在编制概预算文件前，针对工程具体情况和所编概预算内容收集有关资料，包括概预算定额、费用定额，以及材料、设备价格等。对施工图进行一次全面的检查，检查图纸是否完整、各部分尺寸是否有误、有无施工说明等，重点要明确施工意图。

2．计算工程量

工程量是编制概预算文件的基本数据，计算准确与否直接影响工程造价的准确度。在计算工程量时，要注意以下几点。

（1）要先熟悉图纸的内容和相互关系，注意搞清有关标注和说明。
（2）计算的单位一定要与编制概预算时依据的概预算定额单位一致。
（3）计算的方法一般可依照施工图顺序由上而下、由内而外、由左而右依次进行。
（4）要防止误算、漏算和重复计算。
（5）最后将同类项加以合并，并编制工程量汇总表。

3．套用定额，选用价格

工程量经复核无误后方可套用定额。在套用相应定额时，由工程量分别乘以各子目人工、主要材料、机械台班、仪表台班的消耗量，计算出各分项工程的人工、主要材料、机械台班、仪表台班的用量，然后汇总得出整个工程各类实物的消耗量。在套用定额时，应核对工程内容与定额内容是否一致，以防误套。

用当时、当地或行业标准的实际单价乘以相应的人工、材料、机械台班、仪表台班的消耗量，计算出人工费、材料费、机械使用费、仪表使用费，并汇总得出直接工程费。

4．计算各项费用及造价

根据《信息通信建设工程概预算编制规程》《信息通信建设工程费用定额》《信息通信建设工程预算定额》的计算规则、标准分别计算各项费用，并按通信建设工程概预算表格的填写要求填写表格。

5. 复核

对上述表格内容进行一次全面检查。检查所列项目、工程量、计算结果、套用定额、选用价格、取费标准及计算数值等是否正确。

6. 编写编制说明

复核无误后，进行对比、分析，编写编制说明。凡概预算表格不能反映的一些事项及编制中必须说明的问题，都应用文字表达出来，以供审批单位审查。

在上述步骤中，套用定额、选用价格是形成全套概算或预算表格的过程，根据单项工程费用的构成，各项费用与表格之间的嵌套关系如图8-4所示。

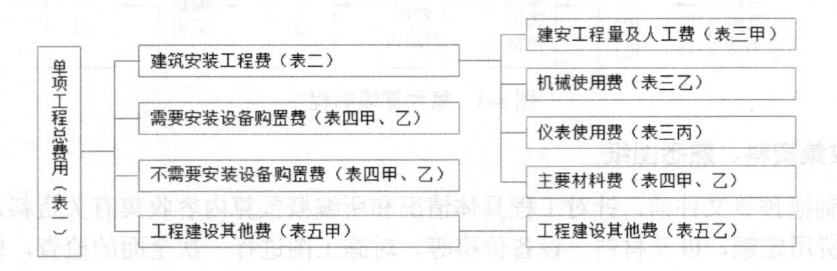

图8-4 各项费用与表格之间的嵌套关系

在编制全套表格的过程中，应按图8-5所示的顺序进行。

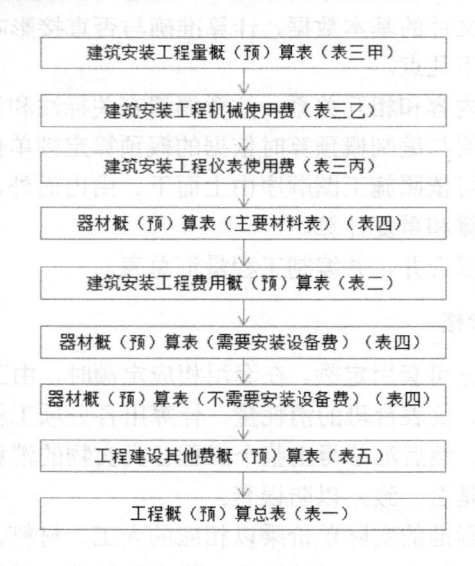

图8-5 概（预）算表格填写顺序

7. 审核

审核工程概预算的目的是核实工程概预算的造价，在审核过程中，要严格按照国家有关工程项目建设的方针、政策和规定对费用进行实事求是的逐项核实。

第 9 章 管理与培训

9.1 管理

目前，中国电信、中国移动、中国联通三大电信运营商有数万个基层单位（班组）承担着日常工作。线务员所在的生产单位（班组）主要从事信息通信网络传输线路及天馈线架（敷）设和维护、综合布线及宽带接入与维护等工作。编制好通信线路施工安全措施、通信线路检修作业计划、通信线路故障应急抢修方案，做好通信线路的更新改造，对保证通信畅通，提高通信质量具有重大意义。

9.1.1 通信线路施工安全措施

通信线路工程具有点多、面广、施工协调范围大、隐蔽工程较多、危险性大、干扰因素多、外部环境变化大、野外作业、工作环境恶劣等特征。在所有通信工程类别中，线路工程的施工环境最为复杂，受外界的影响也最大，出现安全事故的概率最高。通信线路工程安全管理是激发安全生产形成的有效措施，对保障通信线路工程的质量有着非常重要的作用和意义。

通信线路施工的安全措施包括以下几方面。

（1）安全生产责任制。单位负责人作为安全生产第一责任人，对安全生产工作负全面责任，形成责任制；要对安全生产情况进行监控；每个工程项目都要设立专职安全员，对工程安全重要部位要随时进行抽查，发现隐患立即消除。

（2）安全生产规章制度和操作规程、安全技术措施。针对不同类型的工程项目，分别编制不同侧重点的安全生产操作规程，辨识潜在的危险源和重大危险源，制定管理目标和控制措施，最大限度消除事故隐患。另外，还要有相应的奖惩措施，做到有奖有罚。施工项目负责人要认真组织编写施工方案和安全技术措施，查找事故隐患，确定安全生产具体目标，指派专职安全员，要进行分部分项工程的安全技术交底，并随时进行检查，特别是安全关键部位的防护措施。

（3）重视培训，提高企业员工技术水平。对员工进行定期教育考核，将通信线路工程建设安全技术知识列为员工培训、考核内容之一，特别是新员工的岗前培训。保证所用员工具备一定的安全生产素质。

（4）安全资金及安全设施到位。要保证通信线路工程建设安全生产资金投入的有效实施，安全生产费一定要用在安全方面，保证专款专用。现场的安全防护措施必须到位，安全防护用品必须齐全，而且必须要投入使用。

（5）监督检查。监督检查也是安全生产工作的一个重点，要制订对员工进行安全教育的培训计划，要有定期或不定期检查施工中的安全生产工作的办法，要有现场安全员检查工程中安全生产的频次。对于重点部位,要有安全专项检查制度,以及发现隐患的处理办法和整改要求。

(6) 要有安全生产事故应急救援预案,包括人身伤亡、通信阻断、消防等,并定期进行演练,储备各种应急救援物资、机具、仪表、人员、车辆等,要及时检查更新,确保在发生突发事件时能够保证应急救援的及时性。另外,还要确保不隐瞒,在发生安全事故时,要根据事故严重程度及时向有关各方报告事故情况,切不可瞒报或不报。

9.1.2 通信线路检修作业计划

检修是通信线路日常维护的主要方法之一,是预防通信线路发生障碍的重要措施,是通信线路维护人员的主要任务。为保证通信线路的安全、可靠运行,加强线路的维护管理,应当根据上级制定的通信线路维护规程等文件及各地的实际情况,制订通信线路的检修作业计划。线务员必须参照通信线路质量标准,按照规定的通信线路日常维护项目、周期对通信线路进行巡视维护。通信线路设备维护项目和周期如表9-1所示。

表9-1 通信线路设备维护项目和周期

项目	维护内容	周期	备注
架空线路	整理、更换挂钩,检修吊线	1次/年	根据巡查情况可随时增加次数
	清除电缆、光缆和吊线上的杂物	不定期进行	
	检修杆路、线担等	1次/半年	根据周围环境情况可适当增减次数
管道线路	人孔检修	1次/2年	清除孔内杂物,抽除孔内积水
	人孔盖检查	随时进行	报告巡查情况,随时处理
	进线室检修(电/光缆整理、编号,地面清洁、堵漏等)	1次/半年	—
	检查局前井和地下室有无地下水与有害气体侵入	1次/月	当有地下水和有害气体侵入时,应追查来源并采取必要的措施。汛期应适当增加次数
交接分线设备	交接设备、分线设备内部清扫,门、箱盖检查,内部装置及接地线的检查	不定期进行	结合巡查工作进行
	交接设备跳线整理、线序核对	1次/季	
	交接设备加固、清洁、补漆	1次/2年	应做到安装牢固,门锁齐全,无锈蚀,箱内整洁,箱号、线序号齐全,箱体接地符合要求
	交接设备接地电阻测试	1次/2年	
	分线设备清扫、整理上杆皮线	1次/2年	应做到安装牢固、箱体完整、无严重锈蚀,盒内元件齐,无积尘,盒编号齐全、清晰
	分线设备油漆	1次/2年	
	分线设备接地电阻测试	20%/2年	

在制订通信线路检修作业计划时,要考虑到以下几方面。

(1) 应根据上级维护主管部门制定的维护规程中规定的线路设备维护项目和周期制订检修作业计划。检修作业计划中的光/电缆测试项目应按维护规程中的规定执行,所列项目和周期未经上级维护主管部门批准不得更改。

(2) 检修作业计划的主要内容包括检修作业的任务、目的、基本内容、进度和周期;

检修作业的质量要求；检修作业中发现问题的处理方法和措施；检修作业中的人员分工和责任划分等。

（3）要求线路维护人员严格执行检修作业计划，并详细记录执行情况。当因特殊情况不能达到预期质量和进度时，要查清原因，限期解决。

（4）检修作业计划的各项执行记录应妥善保管，备查。

9.1.3 重大、全阻通信线路故障处理

工业和信息化部于 2009 年 4 月 24 日发布《电信网络运行监督管理办法》。该办法是为加强电信网络运行监督管理，保障电信网络运行稳定可靠，预防电信网络运行事故发生，促进电信行业持续稳定发展而制定的。该办法于 2009 年 5 月 1 日正式执行。

1．电信网络运行事故的划分

该办法对电信网络运行事故的划分如下。

（1）特别重大事故是指符合下列条件之一的情况。

① 3 条以上国际通信陆海光（电）缆中断，或通达某一国家的国际电话通信全阻持续超过 1 小时。

② 5 个以上卫星转发器通信中断持续超过 1 小时。

③ 不同基础电信业务经营者的网间电话通信全阻持续超过 5 小时。

④ 省际长途电话通信 1 个方向全阻持续超过 2 小时。

⑤ 固定电话通信中断影响超过 50 万户，且持续超过 1 小时。

⑥ 移动电话通信中断影响超过 50 万户，且持续超过 1 小时。

⑦ 短消息平台、多媒体消息平台及其他增值业务平台中断服务持续超过 5 小时。

⑧ 省级以上党政军重要机关、与国计民生和社会安定直接有关的重要企事业单位相关通信中断。

（2）重大事故是符合下列条件之一且不属于特别重大事故的情况。

① 1 条以上国际通信陆海光（电）缆中断。

② 1 个以上卫星转发器通信中断持续超过 1 小时。

③ 不同基础电信业务经营者的网间电话通信全阻持续超过 2 小时或者直接影响范围 5 万（用户×小时）以上。

④ 长途电话通信 1 个方向全阻超过 1 小时。

⑤ 固定电话通信中断影响超过 10 万户，且持续超过 1 小时。

⑥ 移动电话通信中断影响超过 10 万户，且持续超过 1 小时。

⑦ 短消息平台、多媒体消息平台及其他增值业务平台中断服务持续超过 1 小时。

⑧ 地市级以上党政军重要机关、与国计民生和社会安定直接有关的重要企事业单位相关通信中断。

⑨ 具有重大影响的会议、活动期间等相关通信中断。

（3）较大事故是符合下列条件之一且不属于特别重大、重大事故的情况。

① 卫星转发器通信中断持续超过 20 分钟。

② 不同基础电信业务经营者的网间电话通信全阻持续超过 20 分钟或者直接影响范围

1万（用户×小时）以上。

③ 长途电话通信 1 个方向全阻持续超过 20 分钟。

④ 固定电话通信中断影响超过 3 万户，且持续超过 20 分钟。

⑤ 移动电话通信中断影响超过 3 万户，且持续超过 20 分钟。

⑥ 短消息平台、多媒体消息平台及其他增值业务平台中断服务持续超过 20 分钟。

⑦ 地市级以下党政军重要机关、与国计民生和社会安定直接有关的重要企事业单位相关通信中断。

（4）一般事故是符合下列条件之一且不属于特别重大、重大、较大事故的情况。

① 卫星转发器通信中断。

② 不同基础电信业务经营者的网间电话通信全阻。

③ 长途电话通信 1 个方向全阻。

④ 固定电话通信中断影响超过 1 万户。

⑤ 移动电话通信中断影响超过 1 万户。

⑥ 短消息平台、多媒体消息平台及其他增值业务平台中断服务。

注："网络运行事故划分"中所称"以上"包括本数，所称"以下"不包括本数。

2. 重大、全阻通信线路故障处理原则及要求

（1）故障处理的总原则是"先抢通，后修复；先核心，后边缘；先本端，后对端；先网内，后网外，分故障等级进行处理"。当两个以上的故障同时发生时，对特别重大故障、重大故障、影响重要大客户的故障等予以优先处理。

（2）故障的等级划分。根据影响范围，故障一般分为特别重大故障、重大故障、较大故障、一般故障和其他故障。

（3）故障处理的原则及要求。

① 发生故障时，维护人员应遵循发现故障、确认故障、派单、处理、回单、确认修复和销障等流程，形成闭环管理，确保及时处理。对于较大故障，应安排技术骨干前往处理；对于特别重大故障或重大故障，相关单位领导应到现场指挥抢修。

② 维护人员在处理故障时，必须对现场各种告警信息、故障显示、故障记录报告等进行认真分析处理，应不影响正在使用的业务或任意扩大影响范围，并严格按照故障处理相关办法进行处理。在处理故障时，未经上级运行维护主管部门同意，不得擅自对关键设备进行重启，以免造成更大范围的影响。

③ 为保证在发生特别重大故障、重大故障或业务中断时，业务能够迅速恢复，相关部门应制定应急抢通预案。预案内容应具备可操作性，并应根据网络情况不定期进行修改完善。

④ 故障上报要求。应树立全程全网的故障处理观念，建立故障逐级上报制度。各级维护单位应当按照相关规程和时限要求及时、真实、准确地报告特别重大故障及重大故障状况，严禁弄虚作假。

9.1.4 通信线路工程设计知识要点

通信线路工程设计在通信线路工程的施工中具有重要作用和意义，它能够有效地缩短通信线路工程的施工工期，有效地降低施工企业的施工成本，提高企业的经济效益，保证通信线路施工的质量和建设效益。

1. 通信线路工程设计的主要任务

（1）选择合理、可行的通信线路路由，并根据路由选择情况组织线缆网络。

（2）根据工程设计任务书提出的原则确定干线及分歧线缆的容量、程式，以及各线缆局/站和节点的设置。

（3）根据工程设计任务书提出的原则确定线路的敷设方式。

（4）对通信线路沿途经过的特殊区段加以分析，并提出相应的保护措施（如过河，过隧道，穿（跨）越铁路、公路及其他障碍物等措施）。

（5）对通信线路经过之处可能遭到的强电、雷击、腐蚀、鼠（蚁）害的影响加以分析，并提出保护措施。

（6）对设计方案进行全面的政治、经济、技术方面的比较，进而综合设计、施工、维护等方面的因素，提出设计方案，绘制有关图纸。

（7）根据国家住房和城乡建设部与工业和信息化部概预算编制要求，结合工程的具体情况编制工程概预算。

（8）形成图纸、文字，出版能够指导工程施工的设计文件。

2. 通信线路工程设计程序的划分

（1）在进行通信线路工程设计以前，应首先由建设单位根据电信发展的长远计划，并结合技术和经济等方面的要求，编制出设计任务书，经上级机关批准后进行设计工作。

（2）设计任务书应该指出设计中必须考虑的原则，工程的规模、内容、性质和意义；对设计的特殊要求；建设投资、时间和"利旧"的可能性等。

（3）设计必须根据工程规模和技术复杂程度等具体情况划分阶段，并严格按设计程序进行。目前，建设项目的设计工作一般按两阶段进行，即初步设计和施工图设计。

3. 通信线路工程设计需要遵循的原则

（1）必须贯彻执行国家基本建设方针、通信技术、经济政策；合理利用资源，重视环境保护。

（2）必须保证通信质量，做到技术先进、经济合理、安全可靠、适用性强；满足施工、运营和使用维护的需求。

（3）设计中应进行多方案比较，兼顾近期和远期通信发展的需要，合理利用已有的网络设施、设备和资源；保证建设项目的经济效益和社会效益；不断降低工程造价和维护成本。

（4）设计采用的产品必须符合国家标准和行业标准，未经试验和鉴定合格的材料与设备不得在工程中使用。

（5）必须执行科技进步的方针，广泛采用适合我国国情的国内外成熟的先进技术和先进材料及设备。

（6）全面考虑系统的容量、业务流量、投资额度、经济效益和发展前景；保证系统正常工作的其他配套设施和结构合理，方便施工、安装、维护等相关因素。总之，应满足对系统建设的总体要求。

4. 通信线路工程设计的内容

（1）初步设计。

初步设计是根据已批准的可行性报告、设计任务书、初步设计勘测资料和有关的设计规范进行的。在初步设计阶段，若发现建设条件发生变化，则应重新论证设计任务书，当有必要修改原设计任务书的部分内容时，应向原批准单位报批，经批准后方能做相应的改变。

初步设计文件一般包括目录、说明、概算及图纸4部分。

（2）施工图设计。

施工图设计的目的是按照经过批准的初步设计进行定点定线测量，确定防护段落和各项技术措施具体化，是工程建设的施工依据。因此，设计图必须有详细的尺寸、具体的做法和要求；图上应注有明确的位置、地点，使施工人员按照图纸就可以施工。

施工图设计文件可另行装订，一般可分为封面、目录、设计说明、设备与器材修正表、图纸等内容。

（3）设计说明。

设计文件的文字说明要简明扼要，应使用规定的通用名词、符号、术语和图例（当有新补充的符号和图例时，需要加注释或附图例）说明，应概括说明工程全貌，并简述所选定的设计方案、主要设计标准和措施等。

设计说明的内容：概述，包括工程概况、设计意图、范围、设计分工、设计任务书中有变更的内容及原因、工程规模及主要工程量表、经济指标等内容；路由论述，包括路由选择的原则、沿线自然条件的简述、干线路由方案及选定的理由，如果有多个路由方案，则应该各自论述和比选；系统配置及传输指标的计算；相关设备、器材的主要技术和质量要求；施工、安装技术要求和措施；防护和保护措施；系统维护及维护机构的人员配备；其他需要说明的问题等。

（4）工程概预算。

概预算应包括概预算依据、概预算说明（包括经济指标分析）、概预算表格等内容。

① 概预算依据：说明本设计概预算是根据何种概预算指标编制的；人工、机械台班和单价、仪表台班和单价预算定额，通信工程概预算编制办法，国家发展和改革委员会、住房和城乡建设部颁布的相关经济法律法规，行业部门发布的规定文件都可以作为概预算编制的依据。

② 概预算说明：根据本工程的实际需要对原概预算指标、施工定额及费率等有关项目进行调整；说明特殊工程项目概算指标，施工定额的编制及其他有关的主要问题。

③ 概预算表格：目前，国内通信设备安装工程的概预算表格主要有5种：工程概预算总表（表一），建筑安装工程费用概预算表（表二），建筑安装工程量概预算表（表三甲）、建筑安装工程机械使用费概预算表（表三乙）、建筑安装工程仪器仪表使用费概预算表（表三丙），国内器材概预算表（表四甲）（国内需要安装的设备）、国内器材概预算表（表四甲）（主要材料），工程建设其他费用概预算表（表五）。随着时代的不断变化，不同时期概预算表格的形式也是不断变化的。

（5）图纸。

图纸的规格、种类和比例要严格执行《通信工程制图与图形符号规定》（通信行业标准 YD/T 5015—2015）的规定。图纸应包括反映设计意图及施工所必需的有关图纸。

① 在初步设计中，应根据不同工程的实际需要绘制工程设计的主要图纸，如线路方案比较图、线路路由图、线路系统配置图、敷设方式图、杆面图、交叉配区图、各种电（光）缆结构断面图、电（光）缆配线图、管道施工图、水底电缆平/断面图，以及一些工程中常见的通用图等。在设计图纸的过程中，插入沿途拍摄的现场彩色照片，对建设和施工单位更深入了解工程情况与设计意图将起到更好的效果。

② 图纸的规格和比例。以往采用手工铅笔绘图，施工图纸是有严格的规格和比例的；后来采用计算机绘图往往就没有严格执行。图框规格是 285mm×800mm（线路路由图）。绘图比例：直埋、架空、桥上光缆施工图是 1:200；市区管道施工图是 1:500 或 1:1000；水底光缆施工平面图是 1:1000 或 1:2000；断面图是 1:100；进入城市规划区内的光缆施工图，按 1:5000 或 1:10000 地形图正确放大，按比例绘入地形地物。

③ 初步设计编制完后应装订成册，分发至建设单位、施工单位、监理单位、上级主管单位等，具体出版份数可由建设单位提出并在设计合同中明确。

9.2 培 训

9.2.1 培训准备

培训准备阶段主要是做好培训需求分析、确立培训目标、制订培训计划和撰写培训教案 4 方面的工作。

1. 培训需求分析

培训需求分析是指了解线务员需要参加何种培训的过程。这里的需求包括企业的需求和线务员自身的需求，一般以前者为主，但也要引发和关注后者，只有这样，才能使培训达到预期的效果。

（1）培训需求分析的参与者。

企业培训需求分析的参与者包括人力资源部工作人员、线务员本人、上级、同事、下属、有关专家及其他相关人员。

（2）现有记录分析。

现有记录分析是获取培训需求信息的重要方面。通信线路工作现有记录主要包括维修数量、服务质量、事故率、绩效评估、年报、工作描述、聘用标准、个人档案等。

（3）培训需求分析的方法。

培训需求分析的方法主要有个人面谈、小组面谈、问卷、操作测试、评价中心、观察法、关键事件、工作分析、任务分析等。

2. 确立培训目标

以培训需求分析为基础确定培训目标。要确定通过培训，希望线务员获取哪方面的知识,在行为、工作、能力等方面达到什么程度。

确立目标时应注意以下几点:一是要和长远目标相吻合;二是一次培训的目标不要太多;三是目标应具体,可操作性强。

【实例】某通信企业电信机房新员工岗前培训。

某通信企业拟对新员工在正式上岗前进行培训(岗前培训),培训课程安排如下。

第一阶段为业务知识培训:重点是公司情况介绍、机房情况介绍、各业务技术类别、套餐业务、资费标准、业务办理、漫游、网络知识等方面。这一阶段使学员完全掌握公司整体技术业务知识点,考核方式以笔试为主。

第二阶段为技能知识培训:重点为法律法规(电信服务标准、电信条例、消费者权益法)、机房规章制度知识、设备障碍处理流程及方法。这一阶段使学员能够用自己掌握的技术知识解决简单的实际问题。

第三阶段为实习演练培训:在机房里接听记录来自各个方面的电话,以老带新(一带一、一带多)处理实际问题。这一阶段主要是在机房实操演练,边演练边总结,最终独立上岗。

3. 制订培训计划

培训计划包括长期计划、中期计划、短期计划和临时计划。具体的培训计划主要包括以下几方面的内容。

(1) 培训目的,即希望达到的结果。

(2) 培训原则,如脱产培训、不脱产培训等。

(3) 参加培训的人员,包括应该参加培训的人员(如初级线务员、新上岗的线务员等)和必须参加培训的人员(如某岗位或某级别的线务员必须参加等)。

(4) 培训内容,包括培训科目或课目、培训教材及培训中需要解决的问题等。

(5) 培训方法,如讲授、个案讨论、角色扮演等。

(6) 培训安排,包括培训的时间、地点、食宿、要求等。

(7) 培训预算,要根据培训的种类、内容等各方面因素确定每人每天的预算,并报主管部门批准。

4. 撰写培训教案

教案是培训师的课前设计蓝图,对培训师的教学具有真正的指导帮助作用,因此不要流于形式,而应充满自主性和个性,是发挥自我的空间。教案的写法不拘一格,大致包括以下几方面内容。

(1) 指导思想设计。

指导思想设计旨在依照国家职业技能标准确立正确的教学目标,循序渐进地完成教学任务。指导思想设计包括以下内容。

① 认知目标:知识体系。

② 技能目标:能力培养。

③ 情感目标:思想德育渗透。

（2）教学内容设计。
① 知识点：重点，难点，以点带面。
② 能力培养：通过传授知识提高哪方面技能。
③ 课堂实践教学：知识与专业实际相结合，在实践中运用和检验。
④ 在设计教学内容时，应注意时间的安排、内容的详略取舍、步骤的合理性、节奏的张弛。
（3）教学方法设计。
根据课型、内容、阶段、对象，可采用如下不同的教学方法。
① 讲解分析法。
② 提问启发法。
③ 小组讨论法。
④ 辩论法。
⑤ 图解法。
⑥ 列表法。
⑦ 总结归纳法。
⑧ 试题模拟法。
（4）教学媒体设计。
根据每节课的教学内容，采用讲述、光盘、录音、录像、课件等不同的教学媒体。
（5）教学过程设计。
① 导入环节。
导入环节包括新知识的切入点、在知识体系中的坐标点、与已有知识和现实生活的联系点、学员容易激发的兴趣点。
② 互动环节。
互动环节是指在教学过程中与学员的沟通互动，以及学员的积极参与。
③ 课堂小结环节。
课堂小结环节是对知识点的系统归纳、强化和总结。
④ 课后巩固环节。
所谓课后巩固环节，就是指通过课后作业，促进对所学知识的掌握，引发学员对新知识的兴趣。
（6）教学板书设计。
对教学板书设计的要求是直观、简练、扼要、规范、美观、容易唤起记忆。
（7）编写培训讲义的基本要求。
① 应根据信息通信网络线务员的国家职业技能标准来编写。
② 应结合通信线路自身的特点来编写。
③ 应结合编写者本人及本企业长期积累的实践经验来编写。
④ 培训讲义采用的标准应符合国家的最新标准，名词术语规范，物理量和计量单位正确，内容严谨准确。
⑤ 信息通信网络线务员各等级的培训讲义的知识与技能要合理衔接，不能重复，也不能遗漏。

⑥ 语言生动，通俗易懂，要贴近生产实际。
⑦ 应能充分体现信息通信行业在新技术、新设备等方面的发展趋势及管理科学的进步。

9.2.2 培训师基本要求

1. 仪容仪表

作为培训师，首先要懂得言传身教、为人师表，形象对培训师来说非常重要。培训师仪容仪表要整洁、得体、大方、协调，符合本单位的理念要求，具体做法如下。

第一，穿本单位统一制服+正装皮鞋。

第二，女士要着淡妆，男士要整洁干净。

第三，在步入培训教室前，要进行自检 7 问：头发梳理好了吗？脸上干净吗？牙刷了吗？衣服整洁吗？扣子拉链没问题吗？面带微笑吗？情绪饱满吗？当以上答案都为肯定时，就可以昂首挺胸地步入培训教室了。

2. 教态要求

教态要求总的原则是自然、端庄、大方、沉着、稳重，切忌呆板枯燥、严峻清冷、活泼过分。

为了创造更好的听课氛围，可用一些特别的方式吸引学员，如用激昂的声音问好，并邀请所有的学员给予回答，当听到所有学员的回答，看到所有学员的注意力都集中到培训师这里的时候，就可以开始授课了。

3. 基本姿势

（1）站姿。

男士站姿体现"劲"的壮美：两脚分开，小八字，或者两脚平行与肩同宽，上身挺直。

女士站姿体现"静"的柔美，两脚呈"V"字形或丁字步，或者并拢。

禁忌斜靠讲台，以手托脸，手把桌子，长时间站在同一地方等。

（2）坐姿。

对于坐姿的要求是头正身直，稍向前倾；下巴微收；双脚平行着地，略分开；手放在桌面；端正、稳重，"坐如钟"。

（3）走姿。

对于走姿的要求是踱步徐行，动作舒缓，中心均衡，体现动态美。注意：走动中不要挡住教具，不要突然走近学员，与学员保持 1.2~4m 的距离为宜。

4. 声音

声音要清晰悦耳、自然、音量适中，要讲普通话。

至于音量控制和语速控制，以"耳感"为调节依据，适当变换，可短暂沉默引起学员的注意；正常语速每分钟应在 150 字左右，根据内容、目的、方法等调节语速，语速快可以起到刺激和激励的作用，语速慢可以起到强调、威慑、渲染和控制的作用。

5．非言语行为的运用

非言语行为是指人与人交流时通过表情、动作传递的信息。通过面部表情表达的语言（包括挥手、点头、摆头等）能达到此时无声胜有声的效果。

非言语行为的应用原则如下。

（1）相互尊重——尊重是人际交往中很重要的原则。

（2）师生共议——师生理解一致，老师对学生必须给予赞扬。

（3）协调一致——与课堂气氛、讲课内容、民族习惯等协调一致。

（4）程度控制——不要过于频繁使用身体语言、幅度不要过大。

（5）最优搭配——自己的身体语言要有助于语言的表达。

9.2.3　培训方法

培训方法有很多种，在实施过程中，应该根据具体情况选用适当的方法。几种常用的培训方法如下。

1．行为示范法

行为示范法是指给受训者提供一个演示关键行为的模型，然后为他们提供实践这些关键行为的机会，适于学习某一种技能或行为，是传授人际关系和计算机技能的有效方法。

（1）行为示范法的步骤如下。

① 介绍：通过录像演示关键行为，给出技能模型的理论基础，受训者讨论应用这些技能的经历。

② 技能准备与开发：观看示范演习，参与角色扮演和实践活动；接受有关关键行为的执行情况的口头或录像反馈。

③ 应用规划：设定改进目标，明确可应用关键行为的情形，承诺关键行为在实践应用中的作用。

（2）行为示范法的实施要点：提供一些对关键行为的解释与说明；演示能清楚地展示关键行为，演示过程中的音乐和场景不会干扰受训者观看与理解关键行为；示范者对受训者来说是可信的；每种关键行为都放两遍，向受训者说明示范者采用的行为与关键行为之间的关系；重新总结回顾一下所包括的关键行为；提供正确使用关键行为和错误使用关键行为的两种模式。

2．解决问题讨论法

解决问题讨论法是一种让面临问题的团队成员通过问题的讨论过程，互相刺激和影响，使员工顺着所属团队的思考方式思考，以提高团队思考能力和解决问题能力的方法。采用这种培训方法的目的是培养学员的团队意识，提高学员解决问题的能力，培训方式是会议式的讨论方式，培训时间一般为 15 小时左右。

解决问题讨论法的实施步骤如下。

（1）准备阶段。

准备阶段的工作要点：确定会议室、会议时间和培训员工；列出培训计划表，如表 9-2 所示。

表 9-2　解决问题讨论法培训计划表范例

步　骤	内　　容	所需时间/h
介绍	培训师向学员简介培训目标、培训方法、应注意的问题；提出议题、发表个案并接受相关内容的咨询	2
休息	—	0.5
集中学员	让学员各自了解和分析问题，并订立解决策略	4
休息	—	1
寻找对策	分组发表学员意见，并相互讨论，寻找本组共同提出的对策	3
休息	结束第一会议	—
制订计划	全体讨论问题对策，制订实施计划	3
休息	—	1
交流	讲评培训报告，交流培训感想。此时，培训师同样要点评各组的对策，并督促学员深入思考，找出最理想的对策	1

（2）实施阶段。

① 向学员简介培训目标和方法，发表个案，提出应解决问题并接受相关内容的咨询。

② 学员个人作业，了解问题点并说明自己准备采取何种对策。

③ 学员各自发表准备好的对策，并分组讨论。

④ 培训师听取讨论意见，点评各组提出的对策。培训师应从可行性、经济性各方面考虑各组提出的对策是否适当，并督促其进一步深入探讨或修改全体商讨解决问题的策略。

⑤ 讲评会议结果，并回顾整个研究过程，发表自己的感想。

实施解决问题讨论法的注意问题如下。

（1）讨论执行前应注意的问题。

① 为了避免同事间因业务上的竞争、级别关系、业绩差别等因素影响发言的真实性，所培训员工最好都是同一部门的，这样对提出的个案才会使全体成员产生"共同感"。

② 所培训员工如果是管理阶层人员，那么，在确定议题时，要选择现在面临或不久可能发生的人际关系或领导能力等问题，作为个案予以研究分析；尤其注意事先对问题的有关材料的收集。

（2）讨论执行时应注意的问题。

① 应按步骤进行，当讨论过程混乱无序时，培训师应及时引导其走上有效讨论轨道，以免讨论无法产生具体结论。

② 在制订对策时，应着重把握问题的背景、经过、原因等重点，注意通过咨询方式确认学员对问题是否有正确的理解。

（3）讨论执行后应注意的问题。

① 注意交流各自的心得感想。

② 对得出的具体结论，必须制订一个执行计划，以保证问题得到及时解决、处理。

3．案例教学法

案例教学法是指根据不同学员的不同理解，补充新的教学内容，鼓励学员独立思考，引导学员变注重知识为注重能力，重视培训师与学员间的双向交流。

（1）案例教学法的实施步骤。

① 学员自行准备。

在开始集中讨论前 1~2 周，把案例材料发给学员，让学员阅读材料，查阅指定的资料，搜集必要的信息，并积极地思索，初步形成关于案例中的问题的原因分析和解决方案。培训师可以在这个阶段给学员列出一些思考题，让学员有针对性地开展准备工作。

② 小组讨论准备。

培训师根据学员的年龄、学历、职位因素、工作经历等，将学员划分为由 3~7 人组成的几个小组。小组成员要多样化，有助于表达不同的意见，加深对案例的理解。各小组的讨论地点应该彼此分开。

③ 小组集中讨论。

各个小组派出自己的代表，发表本小组对于案例的分析和处理意见。发言时间一般控制在 30min 以内，发言完毕，发言人要接受其他小组成员的询问并给予解释，本小组的其他成员可以代替发言人回答问题。此时，培训师充当的是组织者和主持人的角色，可以提出几个意见比较集中的问题和处理方式，组织各小组对这些问题进行重点讨论。

④ 总结阶段。

在集中讨论完成后，培训师应该留出一定的时间让学员自己进行思考和总结。这种总结可以是总结规律和经验，也可以是获取这种知识和经验的方式。

（2）案例教学法的要求。

① 讲究真实可信。

案例是为教学目标服务的，因此，它应该具有典型性，且应该与所对应的理论知识有直接联系。但它一定是经过深入调查研究的，来源于实践，绝不可由培训师主观臆测，虚构而作。

② 讲究客观生动。

培训师要摆脱乏味教科书的编写方式，尽可能调动些文学手法，如采用场景描写、心理刻画、人物对白等，甚至可以加些议论，但议论不可暴露案例编写者的意图，更不能产生导引结论的效果。案例可随带附件，诸如该企业的有关规章制度、文件决议、合同摘要等。

③ 讲究案例的多样化。

案例应该只有情况没有结果，有激烈的矛盾冲突没有处理办法和结论。后面未完成的部分，应该由学员去决策和处理，而且不同的办法会产生不同的结果。从这个意义上讲，案例越复杂，就越有价值。

4．课堂培训法

课堂培训法是员工培训的最基本方法，主要有课堂讲授和课堂讨论两部分。该方法的特点是：内容丰富，进度较快；讲授内容广泛而灵活；讲授内容有探索性深度；讲授与自学并重。

（1）课堂培训法的实施步骤。

① 提供讨论提纲。

题目有代表性和启发性，难度适中，数量不宜多，最好只有一个。

题目要事先布置给学员做好充分的准备。培训师也要认真研究课堂讨论的内容，明确要解决的问题，设计课堂讨论进程，确定讨论的中心发言人选，准备课堂讨论的总结发言。

② 在课堂上组织讨论。

课堂讨论主要凭培训师的经验和能力来把握。因此，培训师应重点做好以下几方面的工作。

一是公布讨论要求，安排讨论程序，确定讨论形式。

二是引导讨论进程。当讨论不起来时，应提出一些小问题，引导学员思考、辩论；当讨论双方争执不下时，要及时指明论点上有什么实质性的区别，把讨论引向深入阶段。

三是营造讨论气氛。对有胆怯心理的学员，要及时鼓励，打消其不必要的顾虑；对理解程度比较好的学员，可指定其进行比较完整的发言。

四是总结正确结论。应采取全面总结和重点阐述相结合的方法，既要纠正讨论中出现的错误观点，又要充分肯定正确意见。

五是评价讨论效果。一方面要根据教学目标检查是否达到预期的要求；另一方面要关心学员的进步，对每位学员的发言情况做出分析，为评定成绩提供依据。

（2）课堂培训法中的课堂讲授存在的问题。

① 课堂讲授本质上是一种单向性的思想传递方式。

学员对这种"单放机"式的讲课，唯一可行的选择要么是仔细倾听，要么是置之不理或逃避。如果在教学过程中过量地使用课堂讲授，就会助长学习的被动性。

② 课堂讲授不能使学员直接体验知识和技能。

讲授仅仅是一种语言媒介，只能促使学员想象和思考，无法给学员提供最直接的感性认识，这样有时会给学员理解知识、应用知识造成困难。

③ 课堂讲授的记忆效果相对不佳。

由于讲授缺乏感性直观，学员没有直接参与，所以很容易忘记讲授内容。而且，随着讲课时间的延长，记忆效果呈下降趋势。

④ 课堂讲授难于贯彻因材施教原则。

采用统一资料、统一要求、统一方法来授课，不能充分照顾学员的个别差异。

9.2.4　培训时间的分配和掌控

培训时间的分配和掌控直接影响培训的实际效果，在培训时应注意以下3个问题。

1. 准时开始、准时结束

准时开始、准时结束这一点无论对培训师还是学员都十分重要，是考验一个培训师是否严谨的标志。

2. 合理分配时间

学员的注意力集中的时间范围是比较规律的，培训师可以根据学员的这个特点，在培训过程中，安排适当的中途休息时间。间隔时间比集中时间更有效果。

（1）课程开始之初，学员的投入最初呈现上升趋势。

（2）课程逐渐深入，由于对内容产生厌倦，所以兴趣及注意力逐渐下降，而且会导致学员疲劳。

（3）课程临近结束，由于对下课的盼望会抵消一部分疲劳，所以课堂气氛有所活跃。

3．灵活判断情绪

对一个高强度的教学过程，可以通过学员的一些动作来判断他是否疲劳。学员消极的肢体动作有摇头、短暂闭眼、揉鼻子或鼻梁、挠头、摘下眼镜、频繁喝水、腿抖动、打哈欠、伸懒腰、局部按摩、手下垂并晃动、与同桌聊天、凝视一点不动、无目的地翻阅资料、频繁看表等。如果有这些动作出现，则说明学员需要休息了。

9.2.5 培训过程中的沟通

良好的沟通能力也是一个优秀培训师的基本素质要求。优秀培训师除了在培训前期要与客户人力资源部门、学员进行很好的沟通，还需要在培训开始前友善地与每位学员进行沟通，充分了解学员在培训现场的动机和心态，在培训过程中的休息期间和学员进行交流，从而在课程中和学员进行与培训主题紧密结合的充分互动。

1．培训师语言表达方面的要求

（1）讲述的时候，要条理清晰。

（2）讲故事的时候，要用轻柔、自然的声音娓娓道来，内容充分、深入浅出，并善于添枝加叶，打动人心。

（3）进行案例分析的时候，要有理有据，具有说服力。

（4）在和学员进行互动游戏的过程中，要放下培训师的威严，用风趣幽默的语言和生动的示范动作，打破课堂的沉闷氛围，消除学员间的隔膜。

2．培训师在与学员的互动中应具备的能力

（1）应变能力。

在培训中，人员、任务或环境发生变化是常有的事情。例如，投影仪突然失灵、计算机软件发生故障，这时要不露痕迹地拖延时间，并取得学员的谅解，等待机械师的迅速修复或通过幽默来化解尴尬的气氛。

（2）观察能力。

观察能力简单来说就是指培训师在培训课堂上要善于"察言观色"：学员的眼神有没有游离、动作是否长时间保持不变、对培训师的提问有没有反应。从以上这些反应中可以看出学员对培训内容的理解和掌握的程度。培训师应该时刻注意，并随时调整自己的授课进度或方法以配合学员的心理状态。

（3）控制能力。

培训师调动气氛和实现互动主要是通过提问这种看似简单的技巧来实现的。通过引导提问并提供很有说服力的回答来博得学员的好感与尊重，从而使学员的参与积极性和热情得到大大的提高，以至于在培训过程中争相提问。而在这样的互动过程中，培训师确实又扮演着咨询师的角色。

参 考 文 献

[1] 罗建标，陈岳武. 通信线路工程设计、施工与维护[M]. 北京：人民邮电出版社，2012.
[2] 通信行业职业技能鉴定指导中心. 线务技师、高级线务技师——国家二级/一级[M]. 北京：北京邮电大学出版社，2008.
[3] 陈昌海. 通信电缆线路[M]. 北京：人民邮电出版社，2005.
[4] 刘世春，胡庆. 本地网光缆线路维护读本[M]. 北京：人民邮电出版社，2006.
[5] 李立高. 光缆通信工程[M]. 北京：人民邮电出版社，2004.
[6] 陈昌宁. 电信线务员维护技术手册[M]. 北京：人民邮电出版社，2007.
[7] 张开栋，阚劲松. 通信光缆施工[M]. 北京：人民邮电出版社，2008.
[8] 张永红，宋禹廷，张晓洲. 光缆线路的维护与管理[M]. 北京：人民邮电出版社，2007.
[9] 工业和信息化部通信工程定额质监中心. 信息通信建设工程概预算管理与实务[M]. 北京：人民邮电出版社，2017.